中国科学院科学出版基金资助出版

U0313608

信息科学技术学术著作丛书

免疫调度原理与应用

左兴权　莫宏伟　著

科学出版社

北　京

内 容 简 介

　　人工免疫系统作为一种新兴的计算智能,已被应用于很多领域。近几年来,基于人工免疫的调度方法发展很快,涌现出大量的研究成果。本书旨在全面总结免疫调度算法的最新成果,展现其发展动态,为各行业调度领域的研究人员提供借鉴和参考。本书共 7 章,首先介绍调度的基本概念和知识,然后分别介绍免疫遗传、克隆选择、疫苗抽取、免疫多智能体、混合免疫调度算法及其在加工制造、项目管理、交通运输、计算机、通信、发电、炼钢等领域中的应用情况。

　　本书适合大中专院校、科研院所从事人工智能、运筹学、自动化、计算机、通信、交通运输等相关领域的科研技术人员、高等学校教师、研究生、本科生的科研参考书或教材。

图书在版编目(CIP)数据

免疫调度原理与应用/左兴权,莫宏伟著 . —北京:科学出版社,2013
(信息科学技术学术著作丛书)
ISBN 978-7-03-038420-1

Ⅰ. 免⋯　Ⅱ.①左⋯　②莫⋯　Ⅲ. 免疫技术-应用-调度程序-研究
Ⅳ. TP315

中国版本图书馆 CIP 数据核字(2013)第 194397 号

责任编辑:魏英杰　杨向萍 / 责任校对:刘小梅
责任印制:张　倩 / 封面设计:陈　敬

科 学 出 版 社 出版
北京东黄城根北街 16 号
邮政编码:100717
http://www.sciencep.com

双青印刷厂 印刷
科学出版社发行　各地新华书店经销
*
2013 年 7 月第　一　版　　开本:B5(720×1000)
2013 年 7 月第一次印刷　　印张:16
字数:302 000

定价:75. 00 元
(如有印装质量问题,我社负责调换)

《信息科学技术学术著作丛书》序

21世纪是信息科学技术发生深刻变革的时代,一场以网络科学、高性能计算和仿真、智能科学、计算思维为特征的信息科学革命正在兴起。信息科学技术正在逐步融入各个应用领域并与生物、纳米、认知等交织在一起,悄然改变着我们的生活方式。信息科学技术已经成为人类社会进步过程中发展最快、交叉渗透性最强、应用面最广的关键技术。

如何进一步推动我国信息科学技术的研究与发展;如何将信息技术发展的新理论、新方法与研究成果转化为社会发展的新动力;如何抓住信息技术深刻发展变革的机遇,提升我国自主创新和可持续发展的能力?这些问题的解答都离不开我国科技工作者和工程技术人员的求索和艰辛付出。为这些科技工作者和工程技术人员提供一个良好的出版环境和平台,将这些科技成就迅速转化为智力成果,将对我国信息科学技术的发展起到重要的推动作用。

《信息科学技术学术著作丛书》是科学出版社在广泛征求专家意见的基础上,经过长期考察、反复论证之后组织出版的。这套丛书旨在传播网络科学和未来网络技术,微电子、光电子和量子信息技术、超级计算机、软件和信息存储技术,数据知识化和基于知识处理的未来信息服务业,低成本信息化和用信息技术提升传统产业,智能与认知科学、生物信息学、社会信息学等前沿交叉科学,信息科学基础理论,信息安全等几个未来信息科学技术重点发展领域的优秀科研成果。丛书力争起点高、内容新、导向性强,具有一定的原创性;体现出科学出版社"高层次、高质量、高水平"的特色和"严肃、严密、严格"的优良作风。

希望这套丛书的出版,能为我国信息科学技术的发展、创新和突破带来一些启迪和帮助。同时,欢迎广大读者提出好的建议,以促进和完善丛书的出版工作。

中国工程院院士

原中国科学院计算技术研究所所长

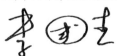

前　言

　　调度问题广泛存在于加工制造、交通运输、计算机、通信、发电、炼钢等领域。由于调度问题的复杂性、难以求解性以及应用的广泛性,其一直受到相关领域的学者和工程技术人员的广泛关注和研究。历经半个多世纪的发展,调度问题的求解方法由20世纪五六十年代的精确算法,发展到七八十年代的启发式算法以及现代启发式算法(以遗传算法、模拟退火和禁忌搜索为代表)。从20世纪90年代开始,出现了一些新的现代启发式算法,包括微粒群算法、蚁群算法和人工免疫算法等。

　　人工免疫系统是20世纪90年代出现的一类基于人类免疫系统的计算智能方法。近十年来,人工免疫系统发展很快,已出现多种免疫模型和算法,被大量用于解决优化计算、数据分析、故障诊断、异常检测、模式识别、信息安全、自动控制和机器人协同等领域中的问题。在人工免疫系统的研究背景下,人们不断地探索基于人工免疫原理的调度算法(免疫调度算法)来更有效地解决各领域中的调度问题。相比其他现代启发式算法,免疫调度算法的特色在于算法的多样性,不同免疫调度算法间的差异性较大,这是由人类免疫机理的多样性所决定,也为调度问题的研究提供了多种启发和新颖的解决思路。

　　近几年来,国内外涌现出大量免疫调度算法的文献,出现了多种免疫调度算法,包括免疫遗传、克隆选择、疫苗抽取、免疫多智能体以及混合免疫调度算法等。本书旨在对免疫调度算法的最新研究成果进行归纳和总结,展现其最新的发展动态,为相关领域的研究人员提供借鉴和参考。

　　全书共分七章。第1章介绍调度问题、调度算法、人工免疫系统及其应用进展,免疫调度算法框架及其分类。第2章介绍调度的一些基本概念,包括调度问题的常用模型(析取图模型、数学规划模型、仿真模型)、调度问题的分类及描述、调度解的类型、调度解的编码和解码。第3章介绍免疫遗传调度算法。调度问题的解空间非常庞大,求解过程中容易陷入局部最优。免疫遗传算法利用抗体多样性保持机理来避免算法陷入局部最优,利用免疫记忆机制来加快算法收敛。第4章介绍克隆选择调度算法。该类算法是基于适应性免疫应答中B细胞进化机理,包括选择、克隆和免疫应答等操作。第5章介绍其他形式的免疫调度算法,包括基于疫苗抽取的免疫调度算法、基于树枝细胞算法的调度异常检测、基于免疫智能体的任务分配等。免疫算法与其他算法混合可构造更优秀的算法,包括与调度规则、遗传算法、禁忌搜索、模拟退火、微粒群算法和蚁群算法等混合。第6章介绍免疫算法与其他算法构成的混合算法。第7章介绍免疫调度算法在各领域中的应用情况,包括加工制造、项目管理、交通运输、计算机、通信、发电和炼钢等领域。

最后,感谢清华大学的吴澄院士,范玉顺教授,西安电子科技大学的焦李成教授,公茂果教授的大力支持,感谢 IBM T. J. Watson 研究中心的谭伟博士、哈尔滨工程大学的徐志丹博士在本书的部分内容研究及资料整理方面的工作。感谢国家自然科学基金项目(61075113;60504028)、中央高校基本科研业务重大专项(HEUCFZ1209)、中央高校基本科研业务费项目(2009RC0208)和黑龙江省杰出青年基金项目(JC201212)的资助。

由于作者水平有限,本书难免存在不足和疏漏之处,诚请各位读者和专家批评指正。

于北京邮电大学　哈尔滨工程大学

2013 年 3 月

目　　录

第 1 章 调度问题与免疫调度算法

调度问题广泛存在于很多领域中。在过去的几十年中，人们对各领域的调度问题进行了大量研究。从 20 世纪 50 年代起[1-3]，调度问题就受到应用数学、运筹学、工程技术等领域研究人员的重视[4, 5]，当时主要采用传统的最优化技术来解决简单调度问题，如分支定界、动态规划等算法。这类算法能够获得小规模调度问题的最优解，然而对于大规模调度问题，因为调度问题的 NP 性质，这类算法不能在合理的时间内得到大规模问题的最优解。

解决工程中的调度问题时，往往不苛求调度解的最优性，只需获得问题的次优解或满意解。因此，通常采用启发式算法（Heuristic），即近似算法来解决大规模调度问题。一种常用的启发式算法为调度规则（也称为优先级规则），其根据实际经验总结出若干规则来处理调度过程中的资源冲突问题，通过一次仿真得到一个可行的调度方案，因此又称为基于仿真的调度方法。该方法的优点是能快速获得调度问题的近似解，但解的质量不高，很难通过理论分析来判断解在多大程度上接近于最优解。

自 20 世纪 70 年代以来，人们倾向于采用基于自然或生物原理的现代启发式算法（meta-heuristic），又称智能优化算法来解决调度问题。20 世纪 70 年代，美国的 Holland 把生物进化中的适应性和优化机理引入到机器学习和优化计算领域，提出了遗传算法。80 年代，出现了模拟退火和禁忌搜索算法。90 年代，出现了微粒群算法、蚁群算法、差分进化和免疫算法等新的现代启发式算法。这些算法很快被用于解决各领域的调度问题，可用较少的时间代价获得较高质量的调度解[6-8]。

利用免疫算法解决调度问题始于 20 世纪 90 年代。近几年来，随着人工免疫系统的发展，免疫调度算法被大量用于解决各类调度问题。人工免疫系统是借鉴免疫系统机制和理论免疫学发展起来的各种人工范例的统称。在人工免疫系统的背景下，人们借鉴免疫模型和算法来解决调度问题，设计了多种免疫调度算法[9]。与遗传算法、模拟退火、微粒群算法和蚁群算法等算法相比，免疫调度算法的一个特点是其模型和算法具有较大的多样性，即各种算法间差异性较大，这源于人工免疫系统模型和算法的多样性。

本章首先介绍调度问题和调度解的概念，然后介绍常用的调度算法及其分类，接着介绍人工免疫系统及其在各领域中的应用现状，最后介绍免疫调度算法及其分类。

1.1　调度问题和调度解

调度问题存在于很多领域,包括生产制造过程、交通运输、电力系统、计算机系统、通信系统等。归结这些调度问题,可总结出其共同特点,即对于一系列的任务,调度问题是指在满足一定约束的条件下如何在任务执行过程中把资源合理地分配给这些任务,以使一项或多项性能指标最优。任务的执行需要资源,而资源是有限的,一个资源通常不能被多个任务同时使用,由此带来如何合理分配资源的问题,即调度问题。

以制造领域的车间调度问题为例,该问题可描述为有 n 个工件 $\{J_i\}_{i=1}^{n}$ 要在 m 台机器 $\{M_j\}_{j=1}^{m}$ 上加工,每个工件 J_i 有 n_i 个操作 $\{O_{ik}\}_{k=1}^{n_i}$,这些操作加工顺序一定且所需要的机器固定。调度就是要寻求每台机器上的操作的加工顺序以及每个操作的起始加工时间,以使某项性能指标最优。假设有 3 个工件要在 3 台机器上加工,第 1 个工件有 3 个操作 O_{11},O_{12},O_{13};第 2 个工件有 2 个操作 O_{21},O_{22};第 3 个工件有 2 个操作 O_{31},O_{32}。每一个工件的加工需要满足工件加工约束,即只有前一个操作加工完毕才能加工后一个操作。每台机器在同一时间只能加工一个操作,且加工过程不允许中断。每个操作的加工时间和所需机器如表 1.1 所示。其中括号中的第一项表示操作的加工时间,第二项表示所需机器。

表 1.1　一个车间调度问题的工件和机器加工约束及加工时间

	工件 1	工件 2	工件 3
操作 1	$(7,M_1)$	$(10,M_2)$	$(7,M_1)$
操作 2	$(12,M_2)$	$(17,M_1)$	$(22,M_2)$
操作 3	$(15,M_3)$		

调度问题的解(即调度解)表示为每台机器上的各操作的加工顺序以及各操作的开始时间。调度解可用甘特图表示,图 1.1 为一个调度解的甘特图,给出了每台机器操作的加工排序以及每个操作的开始加工时间。由图 1.1 可以看出,该调度解满足工件加工约束和机器加工约束,是一个可行调度解。事实上,满足约束条件的可行调度解有很多,即使对于一个 10 工件 10 机器的车间调度问题,可行调度解的数量也是非常庞大的,要想获得针对某项性能指标最优的调度解,就需要借助某种算法,即调度算法。

图 1.1 所示的调度解的甘特图为面向机器的甘特图。此外,还可用面向工件的甘特图表示调度解,如图 1.2 所示,图中给出了各工件的操作在各机器上的加工情况。

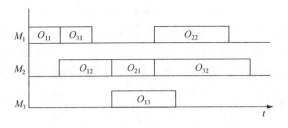

图 1.1　面向机器的甘特图

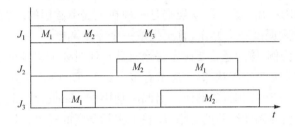

图 1.2　面向工件的甘特图

1.2　调度算法分类

一般来说,调度问题可行解的数目非常庞大,从中找到针对某项性能指标最优的调度解非常困难,不可能通过遍历所有可行解来寻找,因此需要借助某种算法来获取问题的最优或次优解,即调度算法。

调度算法可分为精确方法和启发式方法。精确方法采用传统的最优化技术,例如数学规划来获得调度问题的最优解。启发式方法又称为近似算法,可在短时间内得到问题的最优或次优解,但不能保证调度解的最优性。以下分类中,数学规划方法属于精确方法,其他为启发式方法。

1.2.1　数学规划方法

这类方法首先把调度问题建模为整数规划(integer programming)或混合整数规划(mixed integer programming)模型,然后采用分支定界算法(branch and bound algorithm)[10]、优化软件包(如 CPLEX、Lingo)来获得最优解。这类方法能得到小规模调度问题的最优解。由于调度问题的 NP 性质,算法的计算时间将随着问题的规模呈指数增长。因此,当解决大规模调度问题时,算法的计算时间太长而在工程实际中无法接受[11]。

拉格朗日松弛方法(Lagrangian relaxation approach)[12, 13]和分解方法(decomposition method)[14]可降低规划方法求解所用的时间,但只能得到问题的近似解,因此属于启发式算法。拉格朗日松弛方法采用一个拉格朗日乘子对约束条件进行松弛。分解方法把原问题分解为一系列小规模问题,然后再分别求解。

1.2.2　调度规则

工程中通常只需要调度问题的满意解,而不苛求解的最优性。启发式算法可在合理时间内生成大规模调度问题的次优解,具有容易实施、计算复杂性小的特点,因此在实际中应用广泛。调度规则是一种在工程中常用的启发式算法,其每次迭代按照优先规则调度一个操作,直至生成一个完整调度。

以车间调度为例,该问题是要确定每台机器在何时要加工哪个工件。当一台机器完成一个操作而变为空闲状态后,通常有多个操作请求在该机器上加工。此时,需要决定该机器下一步完成哪个操作。用调度规则(dispatching rules)可做出这一决策。调度规则是实际调度经验的总结,反映了实际调度的经验知识。调度规则为等待加工的工件分配优先级,再根据优先级进行决策,因此也称为优先规则(priority rules)[15]。

调度规则可针对静态调度环境来事先生成一个调度。此时,需要利用仿真来模拟各工件在机器上的加工过程。在仿真过程中,利用调度规则决定机器应加工的工件。仿真结束后,得到各机器上各操作的开始加工时间,生成一个调度解。调度规则也适合于解决动态调度问题[16]。静态调度问题在开始加工之前,所有工件均已到达。对于动态调度问题,在加工过程中,工件按给定时间到达或随机到达。调度规则不需要复杂的计算,其时间开销小,但不易获得高质量的调度解,只能得到满意的调度解。

Panwalker 和 Iskander[17]总结了 133 个调度规则,这些调度规则可分为不同类型。根据确定工件优先级的信息局部性和全局性,分为局部规则和全局规则。当某一机器空闲,多个工件需要该机器加工,局部规则只考虑等待工件的特性来确定工件的优先级,而全局规则除了工件信息之外,还要考虑其他工件信息或车间信息。根据工件的优先级是否随时间变化,局部规则可进一步分为时间无关的规则和时间相关的规则。时间无关的规则是指工件的优先规则一经确定就不再随时间改变。时间相关的规则是指工件的优先级在调度过程中需要重新计算,优先级随着时间变化。

1. 调度规则的分类及举例

(1) 局部调度规则
① 时间无关的规则。

随机属性

RANDOM,FCFS,FASFS

工件加工属性

SPT,LPT,LWKR,MWKR,FOPNR,GOPNR,TWORK

工件交货期属性

DD,ODD

② 时间相关的规则。

ALL,SL,CR,ALL/OPN,S/OPN,S/WKR,S/ALL,OSL,OCR

(2) 全局调度规则。

NINQ,WINQ,XWINQ

以上列举的规则的含义如下：

① RANDOM(random priority),给定操作的优先级为一个$[0,1]$均匀分布的随机值,选取优先级最小的操作先加工。

② FCFS(first come, first served),先到等待队列的操作先加工(即先到先服务)。操作O_{ij}的优先级为其直接工件前继操作$O_{i,j-1}$的完成时间$C_{i,j-1}$。

③ FASFS(first arrival at shop, first served),先到车间的工件先加工(即先到车间先服务)。工件J_i的优先级为其到达时间r_i。

④ SPT(shortest processing time),具有最短加工时间的操作先加工。操作O_{ij}的优先级为其加工时间p_{ij}。

⑤ LPT(longest processing time),具有最长加工时间的操作先加工。操作O_{ij}的优先级为$-p_{ij}$。

⑥ LWKR(least work remaining),剩余操作的总加工时间最短的工件先加工。操作O_{ij}的优先级为$\sum_{q=j}^{n_i} p_{iq}$,其中n_i为工件J_i包含的操作数目。

⑦ MWKR(most work remaining),剩余操作的总加工时间最长的工件先加工。操作O_{ij}的优先级为$-\sum_{q=j}^{n_i} p_{iq}$。

⑧ FOPNR(fewest number of operations remaining),剩余操作数目最小的工件先加工。操作O_{ij}的优先级为n_i-j+1。

⑨ GOPNR(greatest number of operations remaining),剩余操作数目最大的工件先加工。操作O_{ij}的优先级为$-(n_i-j+1)$。

⑩ TWORK(greatest total work),总加工时间最大的工件先加工。工件J_i的优先级为$\sum_{j=1}^{n_i} p_{ij}$。

⑪ DD(earliest due-date),具有最早交货期的工件先加工。工件J_i的优先级

为其交货期 d_i。

⑫ ALL(smallest allowance),具有最小允许时间的工件先加工。工件 J_i 的优先级为 d_i-t,其中 t 为调度过程中的当前时间。

⑬ SL(smallest slack),具有最小空闲时间的操作先加工。操作 O_{ij} 的优先级为 $d_i-t-\sum_{q=j}^{n_i}p_{iq}$。

⑭ CR(smallest critical ratio),具有最小临界比率的操作先加工。操作 O_{ij} 的优先级为 $(d_i-t)/\sum_{q=j}^{n_i}p_{iq}$。

⑮ ALL/OPN (smallest ratio of allowance per number of operations remaining),剩余操作的平均允许时间最小的工件先加工。操作 O_{ij} 的优先级为 $(d_i-t)/(n_i-j+1)$。

⑯ S/OPN(smallest ratio of slack per number of operations remaining),剩余操作的平均空闲时间最小的工件先加工。操作 O_{ij} 的优先级为 $(d_i-t-\sum_{q=j}^{n_i}p_{iq})/(n_i-j+1)$。

⑰ S/WKR(smallest ratio of slack per work remaining),剩余操作的空闲时间与加工时间的比值小的工件先加工。操作 O_{ij} 的优先级为 $(d_i-t-\sum_{q=j}^{n_i}p_{iq})/\sum_{q=j}^{n_i}p_{iq}$。

⑱ S/ALL(smallest ratio of slack per allowance),剩余操作的空闲时间与允许时间的比值小的工件先加工。操作 O_{ij} 的优先级为 $(d_i-t-\sum_{q=j}^{n_i}p_{iq})/(d_i-t)$。

⑲ ODD(earliest operation due date),交货期最早的操作先加工。操作 O_{ij} 的优先级为其交货期 d_{ij}。

⑳ OSL(smallest operation slack),空闲时间最小的操作先加工。操作 O_{ij} 的优先级为 $d_{ij}-t-p_{ij}$。

㉑ OCR(smallest operation critical ratio),操作临界比率最小的操作先加工。操作 O_{ij} 的优先级为 $(d_{ij}-t)/p_{ij}$。

㉒ NINQ(least number of jobs in the queue of its next operation),若一个操作的下一操作所在的队列中等待的工件数目最小,则该操作先加工。操作 O_{ij} 的优先级为 $N_{i,j+1}(t)$。$N_{i,j}(t)$ 表示在时刻 t 包含操作 O_{ij} 的队列中等待工件的数目。

㉓ WINQ(least total work in the queue of its next operation),若一个操作的下一操作所在的队列中等待工件的总加工时间最小,则该操作先加工。操作 O_{ij} 的优先级为 $Y_{i,j+1}(t)$。$Y_{i,j}(t)$ 表示在时刻 t 包含操作 O_{ij} 的队列中等待工件的加工时

间的和。

㉔ XWINQ(least total work in the queue of its next operation, both present and expected)，若一个操作的下一操作所在的队列中等待工件以及将要到达工件的总加工时间最小，则该操作先加工。操作 O_{ij} 的优先级为 $Y'_{i,j+1}(t)$。$Y'_{i,j}(t)$ 表示在时刻 t 包含操作 O_{ij} 的队列中等待工件（包括"将要"到达的工件）的加工时间之和。若在时刻 t 一个工件的前继操作正在加工，则该工件将到达。

2. Giffler & Thompson 算法[18]

Giffler 和 Thompson 提出两个算法分别用于产生活动调度和非延迟调度，这两个算法是以上调度规则的基础。算法在每次迭代中，从可调度的操作（即其前继操作均已完成）集合中选择一个操作进行加工。如果操作间存在冲突，即有多个操作可供选择，则由调度规则来决定选择哪个操作。

令 PS_t 为包含 t 个已调度操作的部分调度；S_t 为第 t 次迭代时可调度操作的集合；σ_i 为操作 $i \in S_t$ 的最早可加工时间；ϕ_i 为操作 $i \in S_t$ 的最早可完成时间；C_t 为算法在第 t 次迭代时的冲突操作集合。

生成活动调度的 Giffler 和 Thompson 算法如下：

Step 1，令 $t=1$，部分调度 PS_t 为空，S_t 中包含所有没有前继操作的操作（即所有工件的第一个操作）。

Step 2，确定 $\phi_t^* = \min_{i \in S_t}\{\phi_i\}$，以及实现 ϕ_t^* 所用的机器 m^*。

Step 3，对于每个在机器 m^* 上加工且 $\sigma_i < \phi_t^*$ 的操作 $i \in S_i$，按优先规则计算其优先级，并将其加入到冲突集合 C_t 中。从 C_t 中选出一个优先级最小的操作，加入 PS_t 中尽早加工，由此得到新部分调度 PS_{t+1}。

Step 4，把选中的操作从 S_t 中删除，同时把该操作的直接后继操作加入 S_t。令 $t=t+1$。

Step 5，返回 Step 2，直到生成一个完整调度。

生成非延迟调度的 Giffler 和 Thompson 算法如下：

Step 1，令 $t=1$，部分调度 PS_t 为空，S_t 中包含所有没有前继操作的操作（即所有工件的第一个操作）。

Step 2，确定 $\sigma_t^* = \min_{i \in S_t}\{\sigma_i\}$，以及实现 σ_i 所用的机器 m^*。若存在多个机器满足条件，则随机选择一个。

Step 3，对于每个在机器 m^* 上加工且 $\sigma_i < \sigma_t^*$ 的操作 $i \in S_t$，按优先规则计算其优先级，并将其加入到冲突集合 C_t 中。从 C_t 中选出一个优先级最小的操作，加入 PS_t 中尽早加工，由此得到新部分调度 PS_{t+1}。

Step 4，把选中的操作从 S_t 中删除，同时把该操作的直接后继操作加入 S_t。令 $t=t+1$。

Step 5,返回 Step 2,直到生成一个完整调度。

1.2.3　基于邻域搜索的调度算法

邻域搜索是解决调度问题的一类非常有效的算法。一般来说,采用析取图为调度问题建模,然后基于析取图模型构造调度解的邻域。贪婪随机自适应搜索 (greedy randomised adaptive search process)[19]和阈值接受算法(threshold accepting algorithm)[20]是典型的邻域搜索算法。

邻域搜索的基本思想是在每次迭代中,选取当前解的邻域中的最好解作为下一个解,只要目标函数值减少,该过程就不断继续,直到找到局部最优点。算法步骤如下:

初始化

　　　　选择一个初始解 $s \in X, X$ 为问题的解空间;

　　　　$s^* \leftarrow s$;

repeat

　　　　产生解 s 的邻域 $N(s)$;

　　　　确定邻域内的解 s',使得 $f(s') = \min\limits_{s'' \in N(s)} f(s'')$;

　　　　$s \leftarrow s'$;

　　　　If $f(s) < f(s^*)$,then $s^* \leftarrow s$;

until $s \neq s^*$

对于调度问题,通常选择邻域内的所有或若干邻居中评价值最小的作为下一个解。该算法的优点是计算简单、能很快发现问题的局部最优解,缺点是一旦找到局部最优就无法脱离,难以发现全局最优解。

为了避免陷入局部最优,相继出现了一些复杂的局部搜索算法,如模拟退火和禁忌搜索。这些算法具有更强的全局搜索能力,不易陷入局部最优,其基本思想是通过接受比当前解更差的解来脱离局部最优。

（1）模拟退火算法

模拟退火算法是 Kirkpatrick[21]基于物理中固体物质的退火过程设计的一种通用的寻优算法。1953 年,Metropolis 等[22]采用 Monte Carlo 方法来描述固体物质的退火过程,即物质从一个初始状态出发向热力学平衡态演化过程。在这一方法中,新状态由原子在一定范围内的随机扰动产生,令新状态与原状态的能量差为 ΔE,如果 $\Delta E < 0$,则由原状态变为新状态;如果 $\Delta E \geqslant 0$,则原子变为新状态的概率为

$$\text{prob}(\Delta E, t) = \exp\left(\frac{-\Delta E}{k_B \cdot t}\right)$$

其中,t 为物质的温度;k_B 为玻尔兹曼常数。

Metropolis 的研究表明,给定物质一个初始状态,利用上述方法不断更新状

态,最终将会达到热力学平衡态。

1983 年,Kirkpatrick 等[21]把这一思想用于解决组合优化问题,提出了模拟退火算法。模拟退火算法是一种局部搜索算法,通过循环迭代来获取最优解,采用 Metropolis 以一定概率接受新解的方法。令 X 为解空间,问题的一个解 $s \in X$ 的邻域 $N(s)$ 中包含 s 的所有邻居,每一次迭代在 $N(s)$ 中找到一个邻居 s',如果 s' 比当前解 s 更优,则接受该解;否则,以概率 $\mathrm{prob}(\Delta f, t)$ 接受解 s'。$\mathrm{prob}(\Delta f, t)$ 由 $\Delta f = f(s') - f(s)$ 和温度 t 确定,其中 $f(\cdot)$ 为评价函数。在迭代过程中,每经过一定的迭代次数,温度 t 降低一次。当算法在某一温度下的所有迭代都不能接受新解时,算法结束。

模拟退火算法步骤如下:

初始化

　　选择一个初始解 $s \in X$;

　　$s^* \leftarrow s$;　　　　　 $// s^*$ 为当前发现的最好解

　　$k \leftarrow 0$;　　　　　　 // 迭代次数

　　new_cycle←true;// 标识是否得到新解

　　$t \leftarrow t_0$;　　　　　　 $// t_0$ 为初始温度

迭代过程

　　while (new_cycle=true) do

　　　　nbiter←0;

　　　　new_cycle=false;

　　　　while(nbiter<nbiter_cycle)do

　　　　　　$k \leftarrow k + 1$;

　　　　　　nbiter←nbiter+1;

　　　　　　随机产生一个解 $s' \in N(s)$;

　　　　　　$\Delta f \leftarrow f(s') - f(s)$;

　　　　　　if $\Delta f < 0$, then $s \leftarrow s'$, new_cycle=true

　　　　　　else

　　　　　　　　$\mathrm{prob}(\Delta f, t) \leftarrow \exp(-\Delta f / t)$;

　　　　　　　　随机产生一个随机数 q,其在[0,1]区间服从正态分布;

　　　　　　　　if $q < \mathrm{prob}(\Delta f, t)$, then $s \leftarrow s'$, new_cycle=true;

　　　　　　　　end if

　　　　　　　　if $f(s) < f(s^*)$, then $s^* \leftarrow s$;

　　　　end while

　　　　令 $t = a.t$　　　　　　 //($0 < a < 1$ 为冷却因子)

　　end while

VanLaarhooven 等[23]把模拟退火用于调度问题,构造了调度解的邻域,邻域中包含着由相同机器上的相邻关键操作交换而产生的移动。目前已有大量基于模拟退火的调度算法文献。

（2）禁忌搜索

禁忌搜索是用于组合优化问题的一种邻域搜索技术。1986 年,Glover 首次用禁忌搜索的思想解决了一个特殊的问题[24],后来又设计了通用的禁忌搜索算法[25, 26]。禁忌搜索是一种解决调度问题的有效的方法,代表性的研究是 Nowicki 和 Smutnicki[27]于 1996 年提出的快速禁忌搜索算法。

禁忌搜索利用禁忌列表来避免陷入局部最优解。其脱离局部最优的方式是当邻域搜索找到某个局部最优解 s 时,下一次迭代向相反的方向搜索,即在 s 的邻域内找到一个新解 $s' \in N(s)$,使得 $f(s') > f(s)$。由于 $s \in N(s')$ 且 $f(s) < f(s')$,故在下一次迭代,s'很可能又移动到 s,由此造成循环搜索。禁忌搜索用一定长度的禁忌列表来记忆其搜索过的解,在每一次迭代中,把当前解加入到禁忌列表中,同时删除最早加入到列表中的解。这样,在一定迭代次数内,禁止搜索过的解作为当前搜索的候选解,使算法有足够的时间脱离局部最优。

禁忌搜索的步骤如下:

初始化

　　　　选择一个初始解 $s \in X$;

　　　　$s^* \leftarrow s$;　　　　　//s^* 为当前发现的最好解

　　　　nbiter$\leftarrow$0;　　　　　//迭代次数

　　　　$T \leftarrow \phi$;　　　　　//禁忌列表

　　　　best_iter$\leftarrow$0;

循环迭代

while (best_iter$<$nbmax) do

　　　　nbiter$\rightarrow$nbiter$+$1;

　　　　产生 s 的邻域的一个子集 $N' \in N(s)$;

　　　　选择 N'中的一个最好的解 $s' \in N'$且 $s' \notin T$;

　　　　$s \leftarrow s'$;

　　　　更新禁忌列表 T;

　　　　If $f(s) < f(s^*)$then $s^* \leftarrow s$, best_iter$\leftarrow$nbiter;

end while

1.2.4　进化算法

进化算法包括遗传算法（genetic algorithm，GA）、进化策略和进化规划。不同于邻域搜索算法的单点串行搜索策略,进化算法是基于生物进化过程中适者生存的思想,采用群体进化方式进行多点并行搜索。进化算法已被广泛用于各种调度问题[28, 29]。

遗传算法是进化算法的典型代表,应用最为广泛。该算法是模拟生物进化的自然选择原理设计的。生物在进化过程中通过自然选择不断适应环境,其实质是一个学习和优化过程。基于这一原理,用一个群体来代表一个生物种群,群体中每个个体代表问题的一个解。通过选择、交叉和变异操作来产生下一世代群体。经过若干世代的进化,最终产生的最优个体即为问题的最优解。

在选择操作中,优秀个体被复制到下一世代的概率大,而较差个体被复制到下一世代的概率小,即个体越优秀,其生存机率越大。交叉操作模拟生物染色体间的交叉,用于个体间交换信息。变异操作模拟染色体的变异,以产生群体的多样性。

基本遗传算法的步骤如下:

Step 1,在解空间中随机产生一些解作为初始群体并评价每个解。

Step 2,若算法满足收敛条件,则输出最优解;否则,执行下一步。

Step 3,对群体施加选择、交叉和变异操作,获得下一世代群体。

Step 4,评价群体中每个个体,返回 Step 2。

与传统优化算法相比,遗传算法的特点是不受优化问题连续性、可导性等特性的限制,把要优化的参数编码为"染色体",只要获得"染色体"的评价信息,就能进行优化,因此其适用范围广。

Storn 等[30]于 1997 年提出了差分进化算法(differential evolution, DE),由于其搜索效率高,克服了遗传算法变异方式的不足,近年来受到广泛的关注。其基本步骤与遗传算法相似,包含选择、交叉和变异操作,其特点在于利用群体中个体间的差分向量进行变异。

1.2.5　蚁群算法

Colorni 等[31-33]提出了蚁群算法。该算法是基于蚂蚁觅食过程中蚂蚁个体行为的协作机理提出的。在蚁群搜索食物的过程中,当一个蚂蚁碰巧发现食物时,它通过在其回来的路上释放一种临时的化学物质来通知其他蚂蚁,这种化学物质就是信息素,用于引导其他蚂蚁找到食物源。当其他蚂蚁找到食物源后,在它们返回蚁穴的途中,这些蚂蚁也释放信息素,从而强化了从食物到蚁穴路途上的信息素。对于那些最常使用的路径,其上的信息素被强化,而那些不常使用的路径上的信息素由于挥发而逐渐减少,最终获得优化的路径。蚁群算法已被大量用于解决各类调度问题。

1.2.6　微粒群算法

基于鸟群和鱼群的群体运动行为,Kennedy[34]于 1995 年提出粒子群优化算法

(particle swarm optimization, PSO)。由于粒子群优化算法具有收敛速度快、设置参数少、易实现等优点，近年来受到学术界的广泛重视，并且提出了许多针对控制参数的改进方案以及混合算法改进方案来增强其脱离局部极小点能力。微粒群算法目前已被用于解决各种调度问题[35]。

1.2.7　人工神经网络

人工神经网络是模拟人脑的神经网络结构而提出的一种智能方法。神经网络有多种形式，其中前馈神经网络（BP 神经网络）可用作决策方法来选择调度方案，Hopfield 神经网络[36]可利用其优化能力来解决调度问题。

1.3　人工免疫系统

人工免疫系统（artificial immune system，AIS）是近年来发展起来的一种新兴的计算智能，已被用于优化计算、数据分析、故障诊断、机器人协同、模式识别、信息安全、异常检测、自动控制和优化设计等多个领域。免疫调度算法源于人工免疫系统的模型和算法，其中涉及免疫系统的一些原理和概念。为此，本节介绍免疫系统的基本概念、原理、主要模型和算法，及其在各领域中的应用现状。

人工免疫系统又称为免疫计算[37]、免疫工程，是借鉴免疫系统机制和理论免疫学而发展的各种人工范例的统称。人类免疫系统表现出高度的智能性，如自组织、自学习、非己识别、危险信号预警、故障耐受、对外界环境干扰的鲁棒性等。基于这些免疫机制和原理，人们设计了各种人工免疫模型和算法。

1.3.1　免疫学中的基本概念

下面给出免疫学中的一些基本概念。

（1）抗原

抗原（antigen, Ag）是指能诱导免疫系统发生免疫应答，并能与免疫应答的产物发生特异性反应的物质。抗原具备免疫原性（immunogenicity）和抗原性（antigenicity）。免疫原性是指抗原分子能诱导免疫应答的特性。抗原性是指抗原分子能与免疫应答产物发生特异反应的特性。

（2）抗体

抗体（antibody, Ab）是指免疫系统受到抗原刺激后，识别抗原的 B 细胞转化为浆细胞，合成和分泌可以与抗原发生特异性结合的免疫球蛋白（immunoglobulin, Ig）。抗体的结构如图 1.3 所示。抗体是由四条肽链组成，两条相同的重链（H 链）和两条相同的轻链（L 链）。每条肽链又分为稳定区和可变区。稳定区的基因保持相对稳定，简称 C 区。可变区为基因发生变化的区域，简称 V 区，用于结合抗原的表位。整个分子呈 Y 型的对称结构。抗体能够识别抗原的部位称为抗体决定基(paratope)，又称互补位。

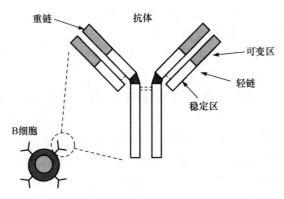

图 1.3　抗体的结构

（3）表位

表位(epitope)又称抗原决定基(antigen determinant)，是指抗原分子表面的决定抗原特异性的特殊化学基团，具有三维结构，如图 1.4 所示。当抗原表位与抗体的互补位结构互补时，该抗原被抗体识别。一个抗原可带有多种表位，分别被不同的抗体识别。

抗体的可变区也呈现出表位的特性，称为独特型(idiotype)。一个抗体的独特型能够被其他抗体识别。每个抗体都有独特型和抗体决定基，即一个抗体既能识别其他抗体，也能被其他抗体识别。

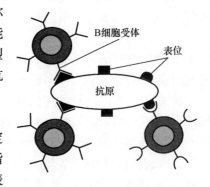

（4）亲和力

匹配(match)是指抗原表位与抗体决定基的结构互补现象。亲和力(affinity)是指抗原表位与抗体决定基间的结合力，抗原表位与抗体决定基的匹配程度越高，二者间的亲和力越大。

图 1.4　受体对抗原的识别[38]

（5）免疫细胞

免疫细胞(immune cell)是指能识别抗原，产生特异性免疫应答的淋巴细胞，以及吞噬细胞、肥大细胞、粒细胞、树突状细胞、抗原提呈细胞及单核吞噬细胞等。

淋巴细胞(lymphocyte)是能特异地识别和区分不同抗原决定基的细胞，根据淋巴细胞的发育部位、表面、受体及功能，可分为 T 淋巴细胞、B 淋巴细胞、K 淋巴细胞和 NK 淋巴细胞等多种，其中 T 细胞和 B 细胞起主要作用[39, 40]。

B 淋巴细胞即骨髓依赖淋巴细胞(bone marrow dependent lymphocyte),简称 B 细胞。B 细胞由骨髓中的淋巴干细胞分化而来,其表面有许多膜抗体,称为受体(receptor)。同一个 B 细胞上受体的结构相同,不同 B 细胞上受体的结构不同。受体能识别抗原表位,当抗原表位与 B 细胞受体的互补位结构互补时,B 细胞识别抗原,如图 1.4 所示。当 B 细胞识别抗原,会受到抗原刺激而活化,增殖分化为浆细胞。浆细胞合成和分泌抗体。抗体在血液中循环,与抗原结合,发挥清除抗原的作用,并促使吞噬细胞消灭抗原。由 B 细胞产生的免疫应答是体液免疫(humoral immunity)。

T 淋巴细胞即胸腺依赖淋巴细胞(thymus dependent lymphocyte),简称 T 细胞。T 细胞是在胸腺中分化而成的,是淋巴细胞中数量最多的一类细胞。根据细胞的功能,T 细胞可分为辅助性 T 细胞(helper T cell),即 Th 细胞;抑制性 T 细胞(suppressor T cell),即 Ts 细胞;细胞毒性 T 细胞(cytotoxic T cell),即 CTL 或 Tc 细胞。

Th 细胞的标志是其表面有 CD4 抗原。Th 细胞能识别抗原,分泌多种淋巴因子,用于辅助 B 细胞增殖与分化,发生体液免疫应答,同时又能辅助 T 细胞发生细胞免疫应答。Ts 细胞在免疫应答后期增多,用于抑制和减弱免疫应答的强度。Tc 细胞能识别暴露于细胞表面并与主要组织相容性复合体(major histocompatibility complex,MHC)结合的抗原肽链,在抗原刺激下经过多次分裂增殖,形成大量效应 Tc 细胞。效应 Tc 细胞与靶细胞(带有抗原的细胞)结合,攻击和杀死靶细胞。

单核吞噬细胞(mononuclear phagocyte)源于骨髓,其成熟和活化后,产生形态各异的细胞类型,能够吞噬外来颗粒,如微生物、大分子,甚至损伤或死亡的自身组织。吞噬细胞发挥非特异性防御功能,同时参与调节免疫应答和免疫监视。一类吞噬细胞能把抗原提呈给淋巴细胞,称为抗原呈递细胞(antigen presenting cell,APC)。它能吞噬抗原,经溶酶体消化后将抗原分解为肽分子。被分解的抗原肽分子与 APC 表面的 MHC 结合,以复合物的形式表达于 APC 表面,供 T 细胞的受体识别,进而刺激 T 细胞,产生免疫应答。

粒细胞在炎症和先天性免疫应答中发挥清除微生物和死亡组织的作用,包括中性粒细胞、嗜酸性粒细胞、嗜碱性粒细胞。

(6) 免疫器官

免疫器官又称淋巴器官(lymphoid organ),是免疫细胞发生、发育和产生效应的部位,主要包括胸腺、腔上囊或类囊器官、骨髓、淋巴结、扁桃体及肠道淋巴组织,分为中枢免疫器官和外围免疫器官[40]。

中枢免疫器官(central lymphoid organ)是 T 淋巴细胞和 B 淋巴细胞产生、发育和成熟的场所,包括骨髓和胸腺。骨髓是一切淋巴细胞的发源地,胸腺则是 T 细胞发育和成熟的场所。

外围免疫器官（peripheral lymphoid organ）是成熟淋巴细胞受抗原刺激后分裂和分化的场所，是对外来抗原产生免疫应答的部位，主要包括脾脏和淋巴结。在抗原刺激下，成熟 B 细胞和 T 细胞增殖分化，产生浆细胞和 T 效应细胞。浆细胞分泌抗体，T 效应细胞产生和释放各种淋巴因子。

（7）免疫应答

免疫应答（immune response）是指免疫系统识别并消灭侵入机体的病原体的过程，包括免疫活性细胞对抗原分子的识别、活化、增殖、分化，以及最终发生免疫效应的一系列复杂的反应过程。免疫应答可分为先天性免疫应答和适应性免疫应答。

先天性免疫又称非特异性免疫，是先天就有的防御病原体的能力，没有特殊的针对性，对任何异己成分都有一定防御作用，主要包括补体和噬菌细胞。先天免疫具有快速应答的特点，可为适应性免疫系统提供足够的时间发生特异性免疫应答。

适应性免疫又称特异性免疫，具有高度的特异性，只对特定抗原起作用，而对其他抗原不起作用。适应性免疫主要通过淋巴细胞起作用，具有记忆性。适应性免疫应答发生得较慢，对于首次感染的病原，通常需要 4～7 天才发生适应性免疫应答。

适应性免疫又可分体液免疫（humoral immunity）和细胞免疫（cellular immunity）。以抗体为主的免疫应答为体液免疫，以 T 细胞为主的免疫应答为细胞免疫。

体液免疫主要通过 B 淋巴细胞起作用。当 B 淋巴细胞受到抗原刺激后，经过增殖、分化为浆细胞。浆细胞分泌大量抗体，抗体通过血液循环，与相应的抗原发生反应。

细胞免疫主要通过 T 细胞来实现的。抗原被 T 细胞识别的前提是抗原肽分子与 APC 的自身 MHC 分子形成复合物。T 细胞仅识别表达于 APC 表面、与 MHC 结合的抗原。T 细胞受到抗原的刺激后，经过增值、分化后，消灭靶细胞。

（8）免疫耐受

免疫耐受（immunologic tolerance）是指免疫活性细胞接触抗原性物质时所表现的一种特异性无应答状态。

1.3.2　免疫系统的基本原理

在免疫学发展过程中，免疫学家逐步揭示了一些免疫机理，来解释免疫识别、免疫自身耐受性、免疫自调节、自稳定、初次和二次免疫应答等免疫现象。这些免疫机理是人工免疫系统的生物免疫学基础。主要介绍免疫机理。

（1）克隆选择原理

免疫学家 Burnet[41] 于 20 世纪 50 年代提出了关于抗体形成的克隆选择学说，该学说得到了大量实验证明，解释了适应性免疫应答现象。

该学说认为，抗原的识别能够刺激淋巴细胞增殖并分化为效应细胞。受到抗原刺激的 B 细胞和 T 细胞进行增殖，即克隆扩增（clonal expansion）。B 细胞在克隆扩增中发生超突变（hypermutation），即 B 细胞受体发生高频变异，其效应细胞分泌抗体；T 细胞在克隆扩增中不发生超突变，其效应细胞是淋巴因子、Tc 或 Th 细胞。

以 B 细胞为例来说明克隆选择过程，如图 1.5 所示[42]。人体 B 细胞表面上的受体有极大多样性，任何时候都能表达 10^{17} 种不同受体。当外部抗原侵入时，存在与抗原匹配的 B 细胞受体的概率极高。若 B 细胞受体与抗原匹配，则二者间产生亲和力而相互结合。在 Th 细胞发出的第二信号作用下，这些 B 细胞被活化，进行增殖（分裂）的同时发生超突变，即 B 细胞受体的三维结构发生改变。超突变一方面产生了 B 细胞受体的多样性，另一方面有机会产生亲和力更高的 B 细胞。经过 B 细胞的不断选择、克隆、超突变过程，最终产生了与抗原高度匹配的 B 细胞受体。

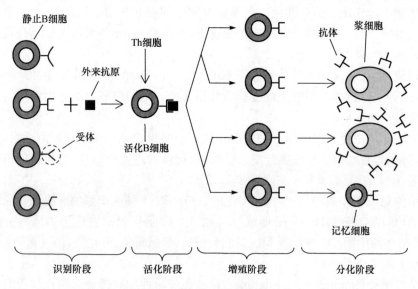

图 1.5　B 细胞的克隆选择过程

这些 B 细胞进一步分化为浆细胞，分泌大量与其受体结构相同的活性抗体，发生体液免疫应答。同时，一部分高亲和力 B 细胞分化为长期存在的记忆细胞。记忆细胞在血液和组织中循环但不产生抗体。当该抗原再次侵入机体时，记忆细胞能够识别抗原，快速分化为浆细胞，分泌出大量的抗体，发生二次免疫应答。二次免疫应答不需要 B 细胞受体的进化过程，因此发生得更加迅速和强烈，能快速消灭抗原,即免疫系统对该抗原有了免疫力。

(2) 反向选择原理

免疫系统能区分"自己"和"非己",具有自身耐受性。反向选择原理(negative selection principle)解释了这种现象。骨髓或胸腺产生的 B 细胞或 T 细胞在成熟过程中经历了反向选择过程,即那些识别自身抗原的淋巴细胞在成熟以前被删除,只有那些不识别自身抗原的淋巴细胞才得以成熟。因此,经历反向选择过程的成熟淋巴细胞就不与自身抗原反应,但却可以识别外来抗原。淋巴细胞的多样性使得免疫系统能够识别各种外来抗原,包括从未遇到过的抗原。

(3) 正向选择原理

正向选择是为了清除无用的 T 淋巴细胞(表面没有受体或者带有无用的受体)。T 细胞只能识别与自身 MHC 分子结合的抗原。未成熟 T 细胞在胸腺中经历正向选择过程,只有那些带有能结合自身 MHC 分子受体的未成熟 T 细胞才能成熟,离开胸腺进入身体循环,并被自身 MHC 分子所呈现的外部抗原激活,而那些不能识别自身 MHC 分子的 T 细胞在成熟前死亡。

(4) 免疫网络理论

克隆选择原理自提出以来,一直在免疫学界占据主流地位。近年来,一些免疫学家发现,免疫应答是由抗体间相互作用、相互合作共同完成的。这一发现导致了对传统克隆选择理论的怀疑。

1974 年,Jerne[43] 提出了免疫网络理论,他用这一理论解释了淋巴细胞活动、抗体产生、预免疫指令系统选择、耐受性和自己/非己识别、免疫记忆等免疫现象。用微分方程来描述免疫网络中的 B 细胞浓度的动态变化特性。Stadler[44] 在 Jerne 的工作基础上提出了一种独特型免疫网络的数学模型,模型中 B 细胞的繁殖由一个非负的、对称的函数控制,用动态方程来描述免疫网络的动态行为。Hirayama[45] 用数学方程描述独特型免疫网络在短时间内的动态行为。

免疫网络理论扩展了克隆选择理论[46]。其基本思想是淋巴细胞通过相互识别而相互刺激或抑制,由此形成一个相互作用的动态网络。即使在没有外来抗原的情况下,免疫细胞和分子间也能相互识别、相互刺激和抑制。免疫系统对外来抗原的应答不仅是部分免疫细胞和分子的局部行为,而且是整个免疫网络共同作用的结果。

根据这一理论,抗体间相互作用如图 1.6 所示。B 细胞(受体)的多样性使得外来抗原能够被某个 B 细胞识别,即该 B 细胞受体的互补位与抗原表位匹配。这种匹配会刺激该 B 细胞。该 B 细胞受体上的独特型又被其他 B 细胞的受体上的互补位识别,这种识别会抑制该 B 细胞。刺激和抑制的强度由互补位和表位间、互补位与独特型间的匹配程度决定,匹配程度越高,则相互作用程度越强。若 B 细胞接收到的刺激达到某一阈值,则发生克隆扩增,发生免疫应答。

　　免疫网络如图 1.7 所示,箭头所指表示对象受到刺激。由于 B 细胞受体与抗体的结构相同,下面用抗体指代 B 细胞上的受体。外部抗原表位被一些与其匹配的抗体决定基集合 P_a 识别。集合 P_a 中的抗体决定基除了可识别抗原表位外,还能识别其他抗体的独特型,这些被识别的抗体独特型集合 i_b 为抗原表位的内部镜像。称其为内部镜像,是因为其与抗原表位一样,都能被集合 P_a 所识别。每个抗体决定基对应一个抗体,而每个抗体都有其独特型,因此集合 P_a 与一个抗体独特型集合 i_a 通过抗体相关联。集合 i_a 中的每个抗体独特型又被一个抗体决定基集合识别,因此 i_a 被一个更大的抗体决定基集合 P_c 所识别。集合 P_c 通过抗体与抗体独特型集合 i_c 相关联。以此类推,识别和被识别的集合越来越大,由此形成免疫网络。

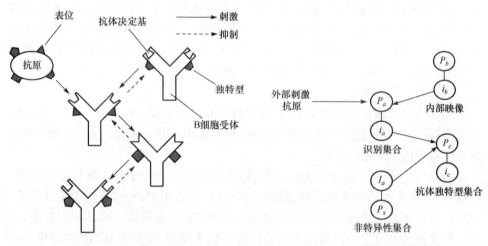

图 1.6　抗体间的相互作用　　　　　图 1.7　独特型免疫网络[43]

（5）免疫危险理论

　　反向选择原理解释了免疫系统区分"非己"的能力,Matzinger[47]在此基础上提出了危险理论,其中心思想是免疫系统只对危险的"非己"作出反应。危险信号由细胞受损或细胞异常死亡产生,之后传递给 APC。APC 在具备外部抗原信号和危险信号的同时提供协同刺激信号给 Th 细胞。健康细胞或正常死亡的细胞不提供危险信号,只有抗原信号而缺乏危险信号的情况下免疫系统不会发生免疫应答,这就解释了免疫系统不对某些外来无害抗原产生应答的原因。

（6）先天性免疫系统

　　先天免疫系统主要包括自然杀伤细胞(natural killer)、树突状细胞(dendritic cells)、巨噬细胞(macrophages)等。之所以称为先天免疫系统是因为其与生俱来就有识别某些微生物或细菌并快速消灭它们的能力。先天免疫细胞受体的结构具有由遗传因素决定的特异性,同一类型的先天免疫细胞的受体具有相同特异性。

先天免疫细胞的一种重要的受体为模式识别受体（pattern recognition receptor, PRR），用以识别病原体相关分子模式（pathogen-associate molecular patterns, PAMP）。PRR 不是识别某一病原体的特性，而是识别某一类病原体的公性。PAMP 只由病原微生物产生，不会由宿主组织产生，因此它们被 PRR 识别时可产生指明病原体存在的信号，使得先天免疫系统能够区分自己和非己组织。

研究表明，先天免疫系统通过与适应性免疫系统的交互作用，在宿主防御中起到中心作用[48]。免疫学的一些进展揭示了 T 细胞受体在决定树突状细胞分化中的作用，也发现先天免疫细胞对外部抗原的识别不但能诱发先天免疫应答，而且具有初始化和调节适应性免疫应答的作用。

（7）免疫调节

免疫调节是指对免疫应答有刺激或抑制作用的免疫细胞和分子间的相互制约与调节，共同调控免疫应答的强度和正、负方向，使免疫应答维持合适的强度以保证内环境的稳定。免疫调节存在于免疫应答的全过程中，控制着免疫应答的发生、发展和消退。

免疫调节主要包括以下方面[49]。

① 抗体浓度调节。

在体液免疫应答中，浆细胞会分泌大量抗体，这些抗体通过循环分布到全身。当抗体浓度达到一定程度时，抗体的分泌就会受到抑制。这种免疫应答的抑制作用是一种反馈控制。

② 免疫细胞调节。

Ts 细胞和 Th 细胞分别用于抑制和刺激免疫应答，它们的正、负反馈调节作用可使免疫系统对抗原迅速应答并快速稳定。当免疫应答达到一定程度时，免疫抑制 T 细胞分泌特异性的抑制因子，终止免疫应答。

③ 免疫网络调节。

免疫网络中免疫细胞受到多方面的牵制，形成动态平衡，以维持免疫系统自身稳定性。一旦外来抗原侵入，某些免疫细胞被刺激而活化，发生免疫应答，此时网络平衡被打破。当抗原被消灭后，通过免疫网络的调控机制，免疫系统重新恢复平衡。

④ 免疫、神经、内分泌系统的相互调节。

免疫系统并非孤立存在。免疫系统、神经系统和内分泌系统三者之间相互作用、相互影响，构成一个复杂网络，共同维持体内环境的平衡。三个系统相互调节，形成一个调节网络，如图 1.8 所示。这种调节作用是通过三个系统的共同介质，即细胞因子、神经递质和内分泌激素及其受体实现的。这些介质被称为网络通用语言，在三个系统的协同作用中发挥着关键作用[50]。

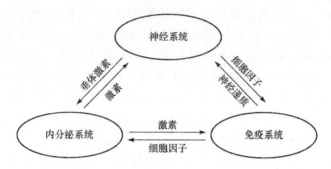

图 1.8　神经、内分泌、免疫系统间的相互作用[50]

（8）免疫记忆

免疫记忆是一种联想记忆，不但能够记忆曾经入侵机体的病原体，而且能够联想记忆类似病原体。当遇到类似病原体时，也会发生二次免疫应答，即对类似病原体也有免疫力。

1.3.3　人工免疫系统的应用

基于以上免疫机理，人们发展了多种免疫模型和算法，主要包括基于克隆选择、反向选择、正向选择、免疫接种原理的免疫算法，以及基于免疫网络、先天免疫、免疫危险理论、免疫联想记忆、免疫抗体库、免疫调节、免疫多智能体的免疫模型[51-55]。下面介绍近几年来 AIS 在各领域中的研究进展。

1. 优化计算

（1）基于克隆选择的优化计算

克隆选择过程与达尔文的自然选择原理类似，都是种群的进化过程，只是二者的作用对象不同，自然选择的对象是自然界中的生物，而克隆选择的对象是免疫系统中的淋巴细胞。基于克隆选择原理，很多学者设计了各种优化算法。de Castro 等[56, 57]于 2000 年提出了克隆选择算法，步骤如下：

Step 1，首先产生一个初始抗体群体。

Step 2，根据群体中每个抗体的亲和力，选出一部分最高亲和力的抗体。

Step 3，每个被选出抗体产生若干克隆，克隆再发生变异，组成下一代群体。

Step 4，将群体中一部分最高亲和力抗体加入到记忆集合，并用记忆集合中一些抗体替换群体中部分抗体。

Step 5，用随机产生的抗体替换群体中部分抗体。

Step 6，返回 Step 2 循环计算，直到满足收敛准则。

文献[58]把一种抗独特型变异引入到克隆选择算法中，构造了一种抗独特型免疫算法用于多峰函数优化。算法通过克隆增殖、抗独特型变异、抗独特型重组和克隆选择等操作实现种群的进化。文献[59]提出一种用于高维优化问题的免疫进化算法,算法基于克隆选择原理,对克隆选择算法进行了改进:抗体克隆时采用随机克隆扩增策略,即抗体克隆的规模是与群体规模相关的随机数;改进了超变异算子,使个体能够向其他个体学习;改进了受体编辑操作,综合多个个体的信息产生后代,以丰富种群的多样性。文献[60]提出了一种动态多目标免疫克隆优化算法用于动态多目标优化问题。不同于静态优化问题,动态多目标优化问题的目标函数、约束条件或相关参数随时间不断变化,需要优化算法不断跟踪问题的最优解。算法采用克隆选择、非一致性变异、均匀性保持等算子来保持 Pareto 最优解的多样性、均匀性和收敛性。

文献[61]设计了一个免疫应答过程的计算框架用于数值优化问题,并综合了各种免疫机制,包括克隆选择、反向选择、正向选择和免疫记忆等过程来模拟免疫应答,把算法用于解决高维函数优化问题和线性系统最优逼近问题。文献[62]把贝叶斯网络引入克隆选择算法中。用群体中的优秀个体构造一个贝叶斯网络,以此表达优秀解的概率分布,然后通过采样方法产生新个体。该方法能充分利用优秀个体中的结构块信息,因此适用于解决优化变量间有复杂关系的优化问题。文献[63]提出一种进化 AIS 用于多目标优化问题,其中采用克隆选择、免疫记忆和基于熵的归档集多样性保持方法。免疫记忆表示为归档集,以保存非支配抗体。首先,随机产生初始群体。然后,评价群体中的抗体,用其中非支配个体来更新记忆集合(归档集),当记忆集合已满时,用基于熵的多样性评估方法来删除其中的无效抗体。接着,采用一种克隆选择方案对记忆集合中的抗体进行克隆,加入到变异池中;同时用锦标赛选择法从进化群体和归档集中选择抗体加入变异池。最后,对变异池中的抗体施加交叉和变异操作。

文献[64]把差分进化算法整合到克隆选择算法中,并用该算法训练级连神经网络。针对克隆选择算法中克隆变异的盲目性,采用差分进化的变异方式对每个克隆进行若干次迭代,从而提高克隆的亲和力。文献[65]将混沌搜索与克隆选择算法结合,构造了一种混沌搜索免疫算法用于模糊神经网络控制器参数的优化设计。文献[66]将免疫系统的克隆选择过程与微粒群算法融合,构造了一种免疫双态微粒群算法,用于优化自抗扰控制器的参数,并将优化的自抗扰控制器用于混沌系统的控制。文献[67]用免疫遗传算法优化支持向量机的参数,将优化的支持向量机用于涡轮泵转子的故障诊断。

(2) 基于免疫网络的优化计算

基于免疫网络理论和免疫记忆机理,一些学者提出了种群多样性保持方法,用来避免算法陷入局部最优,提高全局搜索能力。文献[68]提出了一种免疫算法,该算法根据体细胞和免疫网络理论改进了遗传算法的选择操作,从而保持了群体的多样性,提高了算法的全局寻优性能。通过加入免疫记忆功能,来提高收敛速度。

文献[69]针对智能桁架结构中的主动构件配置和反馈增益的同步优化问题,建立了其有限元模型以及优化的目标函数,采用免疫遗传算法来解决该问题。文献[70]提出了一种变邻域免疫算法,算法采用两层免疫网络来保持群体的多样性,用变邻域策略来平衡算法收敛和群体多样性的矛盾。文献[71]提出了一种基于 AIS 的自组织网络来解决旅行商(TSP)问题,网络中的每个细胞对应于一个城市,标号细胞的排序对应于旅行商所经过的城市的排序。

（3）基于疫苗抽取的优化计算

基于免疫疫苗抽取与接种原理,文献[72]提出了一种基于疫苗的免疫算法,通过在遗传算法中加入免疫算子,以提高算法的收敛速度和防止群体退化。免疫算子包括接种疫苗和免疫选择两个部分,前者为了提高适应度,后者为了防止种群退化。文献[73]对上述免疫算法进行改进,使得疫苗随着种群的进化不断更新。其基本思想是从疫苗库中提取疫苗对种群中的个体进行接种,再用种群中的优秀个体对疫苗进行修正和补充,使疫苗库和种群相互作用、协同进化。

2. 数据分析

Timmis 等[74]提出了一种资源限制人工免疫网络(RAIN)模型及其学习算法。de Castro 等[75]将免疫网络理论和克隆选择算法相结合,提出了一种进化免疫网络(aiNet)学习算法用于数据挖掘和分类,并对算法的参数灵敏度特性进行了分析。在该模型中,每个模式用一个 P 维向量来表示,代表一个细胞节点,这些节点相互连接,形成一个免疫网络。细胞节点间相互竞争,优胜者活化,进行克隆扩增,失败者被清除。通过一个进化学习过程,网络中存活的细胞节点就是数据聚类的结果。

文献[76]在 aiNet 的基础上,提出一种基于免疫的增量特征提取算法,对数据流的增量进行特征提取用于反垃圾邮件系统中。文献[77]提出一种自组织增量聚类算法,其中引入了 Logistic 混沌序列来生成初始抗体种群以增强其多样性。模拟免疫应答来形成记忆抗体,对数据进行聚类。记忆抗体可用于二次免疫应答,即用于识别新增的数据。

针对互连网上信息量太大,人们难以发现对自己有用的信息的问题。文献[78]设计了一种采用协同过滤技术的推荐系统,根据用户数据向特定用户推荐信息。首先,用 aiNet 对用户数据进行压缩,然后用 K-mean 方法对压缩后的数据进行聚类。对于一个活动用户,先确定其最近的聚类,然后找到与其最相似的 k 个用户作为其邻居,通过参考这 k 个邻居来预测该活动用户的行为,据此向其推荐信息。

文献[79]把 aiNet 用于心瓣膜疾病的诊断中。首先,对超声心脏声音信号数据进行预处理,包括滤波、去噪处理。然后,对处理过的信号进行小波分解、短时傅立叶变换，抽取信号的特征，利用 aiNet 来压缩特征空间。最后，用模糊 K-mean 方法对特征数据进行聚类，用聚类结果来诊断患者是否有心瓣膜疾病。文献[80] 采用 B 细胞识别方法来诊断帕金森症。患者在临摹图画时，其临摹的速度与帕金森症存在关联，利用记录的画图的速度来诊断这种病症。采用的方法是每个 B 细胞包括一个受体和三个独特型，独特型为受体的变异形式。一个 B 细胞的独特型可被其他 B 细胞的受体识别。随机产生一个 B 细胞池，用帕金森症患者和正常行为者的绘图速度数据进行训练。若随机产生的 B 细胞不与患者数据匹配，则重新产生。然后，根据每个 B 细胞与患者和正常数据的匹配情况来计算其适应值。群体中适应值最高的 B 细胞直接进入下一世代，一部分适应值最高的 B 细胞进行变异，其他 B 细胞用最高亲和力的 B 细胞替换然后再变异。经过若干世代的进化，用训练好的 B 细胞来识别绘图速度数据，若匹配值达到某一阈值，则诊断为帕金森症。文献[81]提出一种人工免疫系统用于心脏病和肝病的分类问题。每个抗原用一个串表示，代表一个患者的属性数据，串中的每个基因位表示患者的一个属性。首先利用若干抗原生成记忆抗体集合，然后采用 K 最近邻法对记忆集合进行分类。记忆集合的生成过程是对每个抗原，随机产生一个抗体群体，选出与该抗原距离最近的 m 个抗体进行克隆和变异，把变异抗体中 m 个与抗原最近的抗体加入记忆集合，若这 m 个抗体中与抗原最近的抗体 Ab_cand 与抗原的距离小于给定阈值，则停止；否则，把 Ab_cand 加入记忆集合，再执行下一世代。

文献[82]提出了一种简单人工免疫系统(simple artificial immune system, SAIS)用于分类。算法用一个 B 细胞来表示分类器，该 B 细胞包含若干样本，每个类对应一个或多个样本。其计算过程是加载抗原群体(训练数据)，并随机初始化当前 B 细胞；对当前 B 细胞进行克隆和变异；评价变异后的 B 细胞的分类效果；用具有最好分类性能的变异 B 细胞作为一个新 B 细胞；如果新 B 细胞的性能优于当前 B 细胞，则用新 B 细胞替换当前 B 细胞。当达到给定迭代次数后，算法停止，获得的当前 B 细胞作为分类器。该算法的优点是分类器被整体优化，同时不需要控制分类器样本的规模。

文献[83]提出了一种基于亲和力的侧向互作用人工免疫模型用于数据分类。模型包括输入处理层，即抗原提呈细胞层；竞争协作层，即 Th 细胞层；输出层，即 B 细胞层。抗原和抗体分别对应于网络的输入和输出。免疫细胞的相互作用表现为它们间的连接权值。抗原用一个包含 M 个元素的实数向量表示，每个元素作为一个抗原提呈细胞的输入。Th 细胞层包括 N 个 Th 细胞，每个 Th 细胞与抗原提呈细胞之间有连接权值。输出层的每个 B 细胞与 Th 细胞相连，也存在连接权值。首先对抗原进行规范化处理，然后计算每个 Th 细胞接收到的输入信号，接收输入信号最大的 Th 细胞被激活；同时，其他亲和力最高的 d 个 Th 细胞也被激活。B 细胞层中的细胞接受激活的 Th 细胞的信号，同时也接收规范化的抗原信号。采用改进的自组织映射方法来调节抗原提呈细胞与激活 Th 细胞,以及激活 Th 细胞与 B 细胞的权值。

文献[84]把聚类问题归结为优化问题,基于克隆选择原理构造一种人工免疫算法用来解决这一问题。针对欧氏距离无法反映数据分布的一致性问题,采用流形距离来计算数据之间的相似性,以此放大位于不同流形上的数据点间的距离,同时缩小位于同一流形上的数据点间的距离。

文献[85]比较了用生物启发式算法和基于梯度的算法训练神经网络用于分类问题的效果。生物启发式算法包括 opt-aiNet[86]、微粒群算法、进化算法。基于梯度的算法包括标准反向传播学习算法、拟牛顿法、比例共轭梯度法。用分类的精度和分类器的多样性指标来评价分类效果。实验结果表明,opt-aiNet、拟牛顿法、比例共轭梯度法在分类精度和多样性方面性能较好,而其他两种启发算法的多样性较差。

文献[87]用一个抗体集合来保存个人的基本特征和信用(违约和不违约)关系,然后用这个抗体集合来预测具有某种特征的客户是否违约以及违约的概率。所用数据来源于某商业银行的个人贷款数据库中随机抽取的 2000 个样本。用 Logistic 回归分析方法确定影响个体是否违约的显著水平高的个体属性,包括职业、最高学历、岗位性质和居住状况。构造抗体集合,集合中的抗体分为两类:违约用户抗体和非违约用户抗体。每类抗体中包含若干抗体,每个抗体长度为 5,前 4 个基因为个体的 4 个属性,最后 1 个基因为同时具有这 4 个属性的个体数目。当要预测一个个体是否违约时,需要将其看作抗原(也有 4 个属性)。分别计算该抗原与两类抗体间的距离最小值,这两个最小距离中的大者为该抗原所属类别的范围。用范围内的违约抗体与所有抗体的比值来表示抗原所代表的个体的违约概率。经过观察期后,判别该抗原是否违约,然后将其加入抗体集合中,用来更新抗体集合。

文献[88]研究了海量数据的简化问题,把数据简化中的实例选择问题转化为一个组合优化问题,并基于克隆选择原理,提出了一种免疫克隆数据简化算法,用标准数据集对算法的有效性进行了验证。文献[89]利用道路交通流量数据,提出一种基于免疫网络的聚类算法对交通时段进行自动划分。

3. 故障诊断

文献[90]用独特型免疫网络诊断热传感器的故障,网络中的每个节点代表一个传感器,对应一个状态,节点间的连接权值表示各节点间的关系,根据节点的状态判断传感器是否故障。文献[91]基于免疫网络理论提出控制系统中传感器的故障诊断方法,这一方法包括训练模型和诊断模型,用温度传感器故障检测的仿真实验验证了该方法的有效性。

文献[92]在 aiNet 的基础上提出一种免疫网络聚类算法,构造了一种独特型模糊识别球,用来指导抗体的变异和执行抗体死亡策略,实现了网络的更新。同时,构造了模块性聚类准则函数来调整抗体网络中的超球,获取记忆抗体网络来划分输人模式空间。该算法应用于一个四级往复式压缩机的故障诊断中,并与 aiNet 等免疫网络聚类算法进行了比较。

4. 机器人协同

文献[93]用免疫网络模型确定机器人的行为决策,将机器人的每个行为看作一个抗体,机器人所处的环境看作抗原,多个抗体相互刺激或抑制,最终选择一个抗体(行为)作为机器人的行为决策。免疫网络模型还被用于协调多个机器人的行为决策。文献[94]基于免疫网络理论提出分布自治机器人的协作控制方法,将每个机器人看作一个 B 细胞,每一个环境状态看作一个抗原,机器人的行为决策看作抗体。当环境发生变化时,每个机器人都产生一定的行为策略,B 细胞(机器人)相互刺激或抑制,最终确定每个机器人的行为决策。文献[95]提出一种结合独特型免疫网络和强化学习算法的方法用于多机器人控制。

文献[96]提出一个免疫驱动的分布自治机器人结构。该结构模拟免疫系统的多层免疫应答能力,使得每个机器人可针对外部环境变化产生多个应答信号进行行为决策。其中基于先天免疫系统来产生快速应答信号,模拟适应性免疫系统来产生有针对性的特殊应答信号。

文献[97]提出一种基于 AIS 的控制框架来协同分布环境中的自治多智能体,建立了一个分布式的自组织多智能体系统,用于分布式物料装卸系统中智能车辆的协同。系统包括探索域、目标域和协作域。在探索域中,探索 Agent 在其邻域内检测任务,若没有检测到任务,则其位置变为以 r 为半径的邻域内的一点;若在一个区域内的探索 Agent 数目超过一个阈值时,则通过限制其移动范围来保持其分散性;若探索 Agent 检测到一些任务,则选择一个任务处理。在目标域中,Agent 接近任务并完成任务,包括智能体根据亲和力阈值来接近任务和智能体根据应答操作来完成任务。协作域的目的是完成任务之间的协作,其智能体分为初始智能体和应答智能体。初始智能体向其通信能力范围之内的智能体发送刺激信号,应答智能体接受刺激信号,若信号大于激活阈值,则该智能体参与到任务协作中;否则,该智能体被抑制,寻找新的任务。

5. 模式识别

文献[98],[99]提出了一种多值免疫网络模型用于模式识别,这种模型不但具有良好的记忆能力,而且还可以抑制噪声。在模型中,抗原作为输入模式,B 细胞作为输入层,辅助 T 细胞作为输出层,辅助 T 细胞与 B 细胞的连接权值作为记忆模式,抗体作为输入模式与记忆模式之间的误差。多值免疫网络通过模式输入,激活 T 细胞,记忆模式与输入模式的比较,调节 T 细胞与 B 细胞连接权值 4 个步骤来学习,最终使记忆模式接近输入模式,达到模式识别的目的。文献[100]提出离散联想记忆模型用于模式识别。该模型用 n 维空间中的某些点来记忆模式,分为学习和回忆两阶段。学习阶段可以找到代表输入模式的空间中的某些特定点。回忆阶段可以在学习得到的模式中找到与输入模式匹配的模式。

6. 信息安全

人类免疫系统具有独特的异常检测机制,不需要预先知道异常信息的模式,就能正确判断是"自己"还是"非己"。基于这种异常检测机制,Forrest 等[101]提出了反向选择算法用于计算机病毒检测,步骤如下:

Step 1,产生一个检测器集合,使每个检测器与被保护数据不匹配。

Step 2,不断将检测器集合中的每个检测器与被保护数据比较,如果检测器与被保护数据发生匹配,则判断被保护数据发生了变化。

Forrest 用概率分析方法估计了算法的可靠性与检测集合大小的关系。该算法的特点是异常检测时不需要先验知识,具有很强的鲁棒性,缺点是当被保护的数据变长时,集合中检测器的数量按指数率增加,产生检测器的代价过大。文献[102]进一步提出了一个分布式检测模型 ARTIS 用于分布式系统的入侵检测。它由一系列模拟淋巴结的节点构成,每个节点由多个检测器构成,独立的产生训练接测器。

检测器生成方法是反向选择算法的一个关键问题。文献[103]提出了一种利用多种群遗传算法进行检测器生成的算法。该方法首先根据自体集合特征将其划分为若干子集,然后针对每个自体子集采用遗传算法独立地产生检测器,最后将所有的检测器集合合并得到成熟的检测器集合。该算法能减少检测器的规模,同时保持检测器的多样性。文献[104]针对反向选择算法中的检测器生成方法生成检测器时存在"漏洞"和冗余检测器问题,提出一种检测器长度可变的检测器生成算法,通过检测器匹配长度的变化来伸缩检测器的覆盖范围,消除漏洞区域和漏洞点,减少冗余检测器,从而提高检测器的检测效率。

文献[105]提出了一种带有惩罚因子的阴性选择算法用于恶意程序检测。该模型从指令频率和包含相应指令的文件频率两个角度提取了代表恶意程序的恶意程序指令库,进而利用这些指令,提取恶意程序的特征信息。与反向选择算法不同,该算法并不删除那些与"自身"发生匹配的"异体"特征,而是对其施加一个惩罚因子并加以保存,使这些在反向选择算法中本应丢弃的危险特征能够为模型提供有用的信息来提高模型的检测效果。文献[106]改进了反向选择算法用于恶意代码检测。该方法根据 I/O 请求包(IRP)序列来检测恶意代码。首先,提取恶意训

练样本中的所有 IRP。然后,采用反向选择算法过滤掉与正常训练样本匹配的
IRP。最后,将剩下的仅在恶意样本中出现的 IRP 集合用于恶意代码检测。

文献[107]提出了一种基于正向选择算法的蠕虫检测系统。与已有的反向选
择异常检测方法不同,该方法通过监测主机发出的网络服务请求信息来构造自体
字符串。若该自体字符串不在自体字符串集合 S 中,则将其加入集合 S。训练完
成后,得到一个描述主机正常网络行为的自体字符串集合 S,用于对主机的网络行
为进行监视。对于主机发出的网络服务请求,通过查询 S 中是否有对应项,来判
断该网络请求属于正常请求还是可疑服务请求。

在存储层次上较容易发现入侵行为,如植入后门、篡改日志、改变文件属性等。
文献[108]利用反向选择算法,从数据存储层面发现入侵行为,即通过检测存储数
据的异常来发现入侵。

文献[109]提出了基于危险理论的入侵检测系统,通过对各种警报的对比做出
反应从而检测到入侵攻击。文献[110]研究了树突状细胞(dendritic cell,DC)的
分化机制,抽象出了 DC 的信息处理过程,定义了未成熟、完全成熟与半成熟 DC
Agent,刻画了分化模型与演化过程。实验表明 DC 分化机制能够降低入侵检测的
误报率,增强计算机系统的安全性。

文献[111]将无线 Mesh 网络看作整个机体,利用不同的 Agent 来模拟免疫
系统中各种淋巴细胞的功能,设计了一个安全防护模型,实现对网络的入侵检测
和主动防护。文献[112]提出了一种基于免疫多智能体的入侵检测模型。模型中
包括传感 Agent(用于监测网络异常行为)、分析 Agent(用来收集和关联传感
Agent传来的不同位置的事件信息)、管理 Agent(综合分析 Agent 和告警 Agent
传来的信息)、消息Agent和告警 Agent。传感 Agent 又分为未成熟、成熟、记忆等
类型。在模型中,抗原为网络或服务行为的特征,是从 IP 包中抽取的固定长度的
二进制串,其中包含源和目的地址、端口、协议等信息。抗体的结构与抗原相同。
自己集合包括表示正常网络行为的抗体。非己集合中包含代表网络攻击行为的
抗体。

7. 异常检测

文献[113]提出了一种基于免疫非己识别和神经网络的故障检测方法来检测
航空发动机的性能。首先定义了系统状态的自己空间和非己空间,分别包含系统
正常状态和故障状态的特征向量。通过学习算法获取非己空间的检测器,再利用
检测器来训练神经网络,最后利用训练好的神经网络来检测发动机异常程度。文
献[114]把 ARTIS[102]用于航班延误状态的实时检测,把各周次的航班看作为检测
系统的一个结点。每个结点包括若干航班延误状态检测器,这些检测器经历两个
阶段,即初始化和训练阶段,最后,用这些节点检测器来检测航班的延误状态。

8. 自动控制

基于 T 细胞的反馈调节机理，文献[115]设计了一种免疫反馈控制器。该控制器采用两种免疫反馈机制，一种为辅助 T 细胞对被激活 B 细胞的作用，另一种为抑制 T 细胞对适应性免疫应答的抑制作用。文献[116]提出一种用于激光热疗法中组织温度控制的免疫反馈控制器。

文献[117]提出一种多目标克隆选择算法用于设计 H_2/H_∞ 控制器，使闭环系统的 H_2 范数最小，同时 H_∞ 范数小于给定的值 γ。在控制对象不确定的情况下，由于不存在名义系统且只有系统的有界集合，因此优化目标为最差情况下的 H_2/H_∞ 性能最小。

9. 优化设计

文献[118]提出一种基于克隆选择原理的多目标优化算法用于层合板结构元件的设计。决策变量包括层数、堆积顺序以及板的厚度。优化目标为层合板的重量和总成本。采用目标切换克隆选择算法，算法首先以第一个目标为适应度函数进行优化，再以第二个目标为适应度函数进行优化，直到完成最后一个目标的优化，然后再返回优化第一个目标。这一过程循环返复，直到达到给定的评价次数。

文献[119]把传感网络中的节点看作是免疫网络中的淋巴细胞。根据免疫系统中淋巴细胞间的相互作用关系，来判断各节点是否被激活以参与事件信息的传递。由此确定合适的节点来传递信息，以减少节点数目，降低能耗。

文献[120]把反向选择算法用于硬件/软件划分问题。把一系列的基本调度块(basic schedule blocks, BSB)用一个控制数据流图描述，其中的节点表示 BSB，弧表示 BSB 间的数据流。划分算法决定图中节点是由硬件执行还是由软件执行。用抗体表示候选解，其中 0 表示对应的任务由软件执行，1 表示任务由硬件执行，用自己集合来保存较差候选解。在每一世代，将群体中的抗体与自己集合中的抗体进行比较，若抗体与自己集合中的抗体匹配，则将其删除。每世代中，用较差抗体来更新自己集合。

1.4　免疫调度算法

人工免疫系统的一个重要应用是解决各领域的调度问题。本节介绍免疫调度算法的框架及分类，以后各章将分别介绍各类免疫调度算法。

大多数免疫调度算法都是基于免疫优化机理设计的，框架如图 1.9 所示[121]。该类算法中，调度问题被隐喻为抗原，抗体被隐喻为候选解，抗体与抗原间的亲和力表示解的评价值，抗体间亲和力表示解的相似度。抗体为整数或实数编码，通过群体进化来生成高亲和力抗体。免疫调度算法一般是基于克隆选择、免疫网络、疫苗接种等机理,或与其他算法构成混合算法,通过采用记忆机制来提高优化效率。

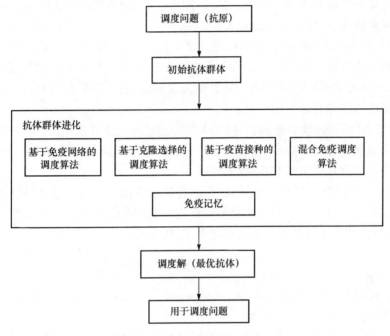

图 1.9　免疫调度算法的框架

　　除图 1.9 所描述的基于免疫优化的调度算法外,还有一些基于其他免疫机理的调度算法,如免疫智能体、先天免疫等。为此,可把免疫调度算法分为两类(表 1.2):

　　① 基于免疫优化的调度算法。

　　② 基于其他免疫机理的调度算法。

表 1.2　免疫调度算法分类

免疫机理		调度算法	文献
免疫优化机理	免疫网络理论	基于免疫网络的调度算法	[122]～[146]
	克隆选择原理	基于克隆选择的调度算法	[147]～[167]
	疫苗抽取与接种	基于疫苗接种的调度算法	[168]～[171]
	多种免疫机理	混合免疫调度算法	[172]～[186]
其他免疫机理	先天免疫系统	调度的异常检测算法	[187]
	免疫多智能体	分布式系统的任务分配算法	[188],[189]
	免疫网络的调节	多机器人动态任务分配算法	[190]
	免疫识别和分类	分类器获取调度规则	[191]

　　已有的研究成果表明免疫调度算法是解决调度问题的有效方法。由于 AIS 出现的较晚,因此与遗传算法、模拟退火、禁忌搜索等传统的现代启发式算法相比,免疫调度算法的研究成果还相对较少,应用于工程实际的成果还不多。免疫调度算法的未来研究中,以下方面值得关注:

　　① 人类免疫系统的信息处理机理非常丰富,但当前免疫调度算法研究主要集中在免疫优化方面,涉及其他免疫机理的较少。人类免疫系统中的鲁棒性、分布性、自组织性等对调度问题解决可能也存在着启发,引入多种免疫机理,构建新颖的免疫调度方法是有意义的研究。

　　② 与遗传算法、禁忌搜索、模拟退火等传统智能调度算法相比,一些免疫调度算法还不够完善,离实际应用还有一定距离。针对实际调度问题,发展应用于工程实际的免疫调度算法将是有意义的研究。

　　③ 免疫调度算法研究,除了依靠免疫机理的挖掘与自身算法的改进,还应与其他调度算法混合来构造混合免疫调度算法。混合算法是解决复杂问题的有效方法,将免疫调度算法与其他算法进行混合,能构造更有效的调度算法。

参 考 文 献

[1] Johnson S M. Optimal two and three-stage production schedules with setup times included. Naval Research Logistics Quarterly, 1954, 1: 61-67.

[2] Akers S B. A graphical approach to production scheduling problems. Operations Research, 1956, 4: 244,245.

[3] Jackson J R. An extension of Johnson's result on job lot scheduling. Naval Research Logistics, 1956, 3(3): 201-203.

[4] Lopez P, Roubellat F. Production Scheduling. Hoboken: John Wiley, 2008.

[5] Brucker P. Scheduling Algorithms. Berlin: Springer-Verlag, 1998.

[6] 王凌. 车间调度及遗传算法. 北京: 清华大学出版社, 2003.

[7] 王万良, 吴启迪. 生产调度智能算法及其应用. 北京: 科学出版社, 2007.

[8] 刘民, 吴澄. 制造过程优化调度算法及其应用. 北京: 国防工业出版社, 2008.

[9] 莫宏伟, 左兴权. 人工免疫系统. 北京: 科学出版社, 2009.

[10] Manne A S. On the Job-shop scheduling problem. Operations Research, 1960, 8: 219-223.

[11] French S. Sequencing and scheduling- an introduction to the mathematics of the Job-shop. New York: Ellis Horwood, 1982.

[12] Fisher M L. Optimal solution of scheduling problems using lagrange multipliers: part I. Operations Research, 1973, 21: 1114-1127.

[13] Fisher M L. Optimal solution of scheduling problems using Lagrange multipliers: part II // Symposium on the Theory of Scheduling and Its Application, 1973.

[14] Ashour S. A decomposion approach for the machine scheduling problem. International

Journal of Production Research, 1967, 6(2): 109-122.

[15] Haupt R. A survey of priority rule-based scheduling. OR Spektrum, 1989, 11: 3-16.

[16] Ramasesh R. Dynamic Job shop scheduling: a survey of simulation research. International Journal of Management Science, 1990, 18(1): 43-57.

[17] Panwalkar S S, Iskander W. A survey of scheduling rules. Operations Research, 1977, 25(1): 45-61.

[18] Giffler B, Thompson G. Algorithms for solving production scheduling problems. Operations Research, 1960, 8: 487-503.

[19] Resende M G C. A GRASP for Job shop scheduling// INFORMS Spring Meeting, 1997.

[20] Dueck G, Scheuer T. Threshold accepting: a general purpose optimization algorithm appearing superior to simulated annealing. Journal of Computational Physics, 1990, 90: 161-175.

[21] Kirkpatrick S, Gelatt C D J, Vecchi M P. Optimization by simulated annealing. Science, 1983, 220: 671-680.

[22] Metropolis N, Rosenbluth A, Rosenbluth M, et al. Equation of state calculations by fast computing machines. Journal of Chemical Physics, 1953, 21: 1087-1092.

[23] Laarhooven P J M V, Aarts E H L, Lenstra J K. Job shop scheduling by simulated annealing. Operations Research, 1992, 40(1): 113-125.

[24] Glover F. Future paths for integer programming and links to artificial intelligence. Computers and Operations Research, 1986, 13: 533-549.

[25] Glover F. Tabu search: part I. ORSA Journal on Computing, 1989, 1: 190-206.

[26] Glover F. Tabu search: part II. ORSA Journal on Computing, 1990, 2: 4-32.

[27] Nowicki E, Smutnick C. A fast taboo search algorithm for the Job shop problem. Management Science, 1996, 42(6): 797-813.

[28] Davis L. Job shop scheduling with genetic algorithm// The first International Conference on Genetic Algorithms and their Application, 1985.

[29] Mattfeld D C. Evolutionary search and the Job shop: investigations on genetic algorithms for production scheduling. Heideberg: Physica-Verlag, 1996.

[30] Storn R, Price K. Differential evolution-a simple and efficient heuristic for global optimization over continuous spaces. Journal of global optimization, 1997, 11(4): 341-359.

[31] Colorni A, Dorigo M, Maniezzo V. Distributed optimization by ant colonies// First European Conference on Artificial Life, 1991.

[32] Colorni A, Dorigo M, Maniezzo V. An investigation of some properties of an ant algorithm// Second Conference on Parallel Problem Solving from Nature, 1992.

[33] Dorigo M, Mniezzo V, Colorni A. The ant system: optimization by a colony of cooperating agents. IEEE Transactions on Systems, Man, and Cybernetics, Part A: Systems and Humans, 1996, 26: 29-41.

[34] Eberhart R, Kennedy J. A new optimizer using particle swarm theory// The Sixth Interna-

tional Symposium on Micro Machine and Human Science，1995.

[35] 王凌，刘波. 微粒群优化与调度算法. 北京：清华大学出版社，2008.

[36] Hopfield J J，Tank D W. Neural computational of decisions in optimization problems. Biological Cybernetics，1985，52：141-152.

[37] Dasgupta D，Ninc L F. Immunological computation：theony and applications. Boca Raton：CRC，2008.

[38] Castro L N D，Zuben F J V. Artificial immune systems：part I. Basic Theory and Applications，1999.

[39] 刘建欣，郑昌学. 现代免疫学免疫的细胞和分子基础. 北京：清华大学出版社，2002.

[40] 龙长江. 乙型肝炎免疫模型与仿真. 武汉：华中科技大学博士学位论文，2007.

[41] Burnet F M. The clone selection theory of acquired immunity. New York：Cambridge University Press，1959.

[42] 左兴权. 基于免疫应答原理的进化计算及其在智能控制中的应用. 哈尔滨：哈尔滨工业大学博士学位论文，2004.

[43] Jerne N K. Towards a network theory of the immune system. Annual Immunology，1974，125C：373-389.

[44] Stadler P F，Schuster P，Perelson A S. Immune networks modeled by replicator equations. Mathematical Biology，1994，33：111-137.

[45] Hirayama H，Okita Y. Mathematical introduction of dynamic behavior of an idio-type network of immune reactions. IEICE Transaction on Fundamentals，2000，E83-A(11)：2357-2369.

[46] Atlan H，Cohen I R. Theories of Immune Networks. Berlin：Springer，1989.

[47] Matzinger P. Tolerance danger and the extended family. Annual Review of Immunology，1994，12：991-1045.

[48] Twycross U A J. Towards a conceptual framework for innate immunity// The 4th International Conference on Artificial Immune Systems，2005.

[49] 焦李成，杜海峰，刘芳，等. 免疫优化计算、学习与识别. 北京：科学出版社，2006.

[50] 丁永生. 计算智能的新框架：生物网络结构. 智能系统学报，2007，2(2)：26-30.

[51] 莫宏伟. 人工免疫系统原理与应用. 哈尔滨：哈尔滨工业大学出版社，2002.

[52] 肖人彬，曹鹏彬，刘勇. 工程免疫计算. 北京：科学出版社，2007.

[53] 梁勤欧. 人工免疫系统与GIS空间分析应用. 武汉：武汉大学出版社，2011.

[54] 杨孔雨. 免疫进化理论与应用. 北京：社会科学文献出版社，2008.

[55] 李涛. 计算机免疫学. 北京：电子工业出版社，2004.

[56] De Castro L N，Zuben F J V. The clonal selection algorithm with engineering applications// Genetic and Evolutionary Computation Conference，2000.

[57] de Castro L N，Zuben F J V. Learning and optimization using the clonal selection principle. IEEE Transactions on Evolutionary Computation，2002，6(3)：239-251.

[58] 张立宁，公茂果，焦李成，等. 抗独特型克隆选择算法. 软件学报，2009，20(5)：

1269-1281.

[59] 刘星宝，蔡自兴，王勇，等. 应用于高维优化问题的免疫进化算法. 控制与决策，2011，26(1)：59-64.

[60] 尚荣华，焦李成，公茂果，等. 免疫克隆算法求解动态多目标优化问题. 软件学报，2007，18(11)：2700-2711.

[61] Gong M, Jiao L, Zhang X. A population-based artificial immune system for numerical optimization. Neurocomputing, 2008, 72: 149-161.

[62] De Castro P A D, Zuben F J V. BAIS: a Bayesian artificial immune system for the effective handling of building blocks. Information Sciences, 2009, 179: 1426-1440.

[63] Tan K C, Goh C K, Mamun A A, et al. An evolutionary artificial immune system for multi-objective optimization. European Journal of Operational Research, 2008, 187: 371-392.

[64] Gao X Z, Wang X, Ovaska S J. Fusion of clonal selection algorithm and differential evolution method in training cascade-correlation neural network. Neurocomputing, 2009, 72: 2483-2490.

[65] Zuo X Q, Fan Y S. A chaos search immune algorithm with its application to neuro-fuzzy controller design. Chaos, Solitons and Fractals, 2006, 30: 94-109.

[66] 刘朝华，张英杰，章兢，等. 基于免疫双态微粒群的混沌系统自抗扰控制. 物理学报，2011, 60(1):019501.

[67] Yuan S, Chu F. Fault diagnosis based on support vector machines with parameter optimisation by artificial immunisation algorithm. Mechanical Systems and Signal Processing, 2007, 21: 1318-1330.

[68] Chun J S, Kim M K, Jung H K. Shape optimization of electromagnetic devices using immune algorithm. IEEE Transactions on Magnetics, 1997, 33(2): 1876-1879.

[69] 陈文英，阎绍泽，褚福磊. 免疫遗传算法在智能桁架结构振动主动控制系统优化设计中的应用. 机械工程学报，2008，44(2)：196-200.

[70] Zuo X Q, Fan Y S, Mo H W. Variable neighborhood immune algorithm. Chinese Journal of Electronics, 2007, 16(3): 503-508.

[71] Masutti T A S, De Castro L N. A self-organizing neural network using ideas from the immune system to solve the traveling salesman problem. Information Sciences, 2009, 179: 1454-1468.

[72] Jiao L C, Wang L. A novel genetic algorithm based on immunity. IEEE Transactions on System, Man, and Cybernetics, Part A: Systems and Humans, 2000, 30(5): 552-561.

[73] 王磊，刘小勇. 协同人工免疫计算模型的研究. 电子学报，2009，37(8)：1739-1745.

[74] Timmis J, Neal M. A resource limited artificial immune system for data analysis. Knowledge-Based Systems, 2001, 14(3,4): 121-130.

[75] de Castro L N, Zuben F J V. An evolutionary immune network for data clustering// Brazilian Symposium on Neural Networks, 2000.

[76] Yue X, Mo H W, Chi Z X. Immune-inspired incremental feature selection technology to data streams. Applied Soft Computing, 2008, 8(2): 1041-1049.

[77] 李向华, 王钲旋, 吕天阳, 等. 基于混沌和免疫应答的增量聚类新算法. 自动化学报, 2010, 36(2): 208-214.

[78] Acilar A M, Arslan A. A collaborative filtering method based on artificial immune network. Expert Systems with Applications, 2009, 36: 8324-8332.

[79] Sengur A, Turkoglu I. A hybrid method based on artificial immune system and fuzzy K-NN algorithm for diagnosis of heart valve diseases. Expert Systems with Applications, 2008, 35: 1011-1020.

[80] Smitha S L, Timmisa J. An immune network inspired evolutionary algorithm for the diagnosis of Parkinson's disease. Biosystems, 2008, 94: 34-46.

[81] Ozsen S, Gunes S. Attribute weighting via genetic algorithms for attribute weighted artificial immune system (AWAIS) and its application to heart disease and liver disorders problems. Expert Systems with Applications, 2009, 36: 386-392.

[82] Leung K, Cheong F, Cheong C. Generating compact classifier systems using a simple artificial immune system. IEEE Transctions on Systems, Man, and Cybernetics, Part B: Cybernetics, 2007, 37(5): 1344-1356.

[83] Dai H, Tang Z, Yang Y, et al. Affinity based lateral interaction artificial immune system. IEICE Transactions on Information and Systems, 2006, E89-D(4): 1515-1524.

[84] 公茂果, 焦李成, 马文萍, 等. 基于流形距离的人工免疫无监督分类与识别算法. 自动化学报, 2008, 34(3): 367-375.

[85] Pasti R, de Castro L N. Bio-inspired and gradient-based algorithms to train MLPs: the influence of diversity. Information Sciences, 2009, 179: 1441-1453.

[86] de Castro L N, Timmis J. An artificial immune network for multimodal function optimization// IEEE Congress on Evolutionary Computation, 2002.

[87] 杨雨, 史秀红. 个人信用风险计量双边抗体人工免疫概率模型. 系统工程理论与实践, 2009, 29(12): 88-93.

[88] 公茂果, 郝琳, 焦李成, 等. 基于人工免疫系统的数据简化. 软件学报, 2009, 20(4): 804-814.

[89] 杨立才, 贾磊, 孔庆杰, 等. 基于人工免疫算法的交通时段自动划分方法. 控制理论与应用, 2006, 23(2): 193-198.

[90] Mizessyn F, Ishida Y. Immune networks for cement plants //International Symposium on Autonomous Decentralized Systems, 1993.

[91] Kayama M, Sugita Y, et al. Distributed diagnosis system combining the immune network and learning vector quantization// International Conference on Industrial Electronics, Control, and Instrumentation, 1995.

[92] 栗茂林, 杜海峰, 健庄, 等. 基于模块性准则函数的模糊免疫网络聚类算法及其在故障诊断中的应用. 机械工程学报, 2010, 46(9): 100-106.

[93] Ishiguro A, Kondo T, et al. Emergent construction of artificial immune network for autonomous mobile robots// IEEE International Conference on Systems, Man, and Cybernetics, 1997.

[94] Lee D W, Sim K B. Artificial immune network-based cooperative control in collective autonomous mobile robots// IEEE International Workshop on Robot and Human Communication, 1997.

[95] Whitbrook A M, Aickelin U, Garibaldi J M. Idiotypic immune networks in mobile-robot control. IEEE Transctions on Systems, Man, and Cybernetics, Part B: Cybernetics, 2007, 37(6): 1581-1598.

[96] Singh S P N, Thayer S M, Thayer W P. A foundation for kilorobotic exploration// IEEE Congress on Evolutionary Computation, 2002.

[97] Lau H Y K, Wong V W K, Ng A K S. A cooperative control model for multiagent-based material handling systems. Expert Systems with Applications, 2009, 36: 233-247.

[98] Tang Z, Yamaguchi T, Tashima K. Multiple-valued immune network model and its simulations// The 27th International Symposium on Multiple-Valued Logic, 1997.

[99] Tang Z, Yamaguchi T. A multiple valued immune network and its applications. IEICE Transaction on Fundamentals, 1999, E82-A(6): 1102-1108.

[100] Abbattista F, Digioia G, Disanto A F G. An associative memory based on the immune networks// IEEE International Conference on Neural Networks, 1996.

[101] Forrest S, Perelson A S, et al. Self-nonself discrimination in a computer// IEEE Symposium on Research in Security and Privacy, 1994.

[102] Hofmeyr S, Forrest S A. Architecture for an artificial immune system. Evolutionary Computation, 2000, 8(4): 443-473.

[103] 杨东勇, 陈晋音. 基于多种群遗传算法的检测器生成算法研究. 自动化学报, 2009, 35(4): 425-432.

[104] 何申, 罗文坚, 王煦法. 一种检测器长度可变的非选择算法. 软件学报, 2007, 18(7): 1361-1368.

[105] 张鹏涛, 王维, 谭营. 基于带有惩罚因子的阴性选择算法的恶意程序检测模型. 中国科学, 2011, 41(7): 798-812.

[106] 张福勇, 齐德昱, 胡镜林. 基于 IRP 的未知恶意代码检测方法. 华南理工大学学报(自然科学版), 2011, 39(4): 15-20.

[107] 洪征, 吴礼发. 基于阳性选择的蠕虫检测系统. 软件学报, 2010, 21(4): 816-826.

[108] 陈云亮, 黄建忠, 谢长生. 基于存储的动态入侵检测机制研究. 小型微型计算机系统, 2010, 31(8): 1489-1494.

[109] Aickelin U, Cayzer S. The danger theory and its application to artificial immune systems// International Conference on Artificial Immune Systems, 2002.

[110] 倪建成, 李志蜀, 孙继荣, 等. 树突状细胞分化模型在人工免疫系统中的应用研究. 电子学报, 2008, 36(11): 2210-2215.

[111] 易平, 吴越, 邹福泰, 等. 基于免疫机制的无线 Mesh 网络安全模型. 上海交通大学学

报，2010，44(2)：264-270.

[112] Yang J, Liu X, Li T, et al. Distributed agents model for intrusion detection based on AIS. Knowledge-Based Systems, 2009, 22: 115-119.

[113] 侯胜利，王威，胡金海，等. 一种航空发动机性能监控的免疫神经网络模型. 航空动力学报，2008，23(9)：1748-1752.

[114] 丁建立，全冠生. 航班延误分布式检测与仿真. 计算机仿真，2011，28(5)：30-34.

[115] Takahashi K, Yamada T. Self-tuning immune feedback control for controlling mechanical systems// IEEE International Conference on Advanced Intelligent Mechatronics, 1997.

[116] 丁永生，任立红. 一种新颖的模糊自调整免疫反馈控制系统. 控制与决策，2000，15(4)：443-446.

[117] Guimaraes F G, Palhares R M, Campelo F, et al. Design of mixed H2/H control systems using algorithms inspired by the immune system. Information Sciences, 2007, 177: 4368-4386.

[118] Omkara S N, Khandelwalb R, Yathindrac S, et al. Artificial immune system for multi-objective design optimization of composite structures. Engineering Applications of Artificial Intelligence, 2008, 21: 1416-1429.

[119] 陈拥军，袁慎芳，吴键，等. 基于免疫系统的无线传感器网络性能优化. 系统工程与电子技术，2010，32(5)：1065-1069.

[120] Zhang Y, Luo W, Zhang Z, et al. A hardware/software partitioning algorithm based on artificial immune principles. Applied Soft Computing, 2008, 8: 383-391.

[121] 左兴权，莫宏伟. 免疫调度算法综述. 控制与决策，2009,24(12):1761-1768, 1774.

[122] Mori M, Tsukiyama M, Fukuda T. Immune algorithm with searching diversity and its application to resource allocation problem. Transactions of the Institute of Electrical Engineers of Japan, 1993, 113-C(10): 872-878.

[123] Fukuda T, Mori K, Tsukiyama M. Immune networks using genetic algorithm for adaptive production scheduling// The 12th Triennial World Congress of the International Federation of Automatic Control, 1993.

[124] Zandieh M, Ghomi S M T F, Husseini S M M. An immune algorithm approach to hybrid flow shops scheduling with sequence dependant setup times. Applied Mathematics and Computation, 2006, 180: 111-127.

[125] Alisantoso D, Khoo L P, Jiang P Y. An immune algorithm approach to the scheduling of a flexible PCB flow shop. International Journal of Advanced Manufacturing Technology, 2003, 22: 819-827.

[126] Chan F T S, Swarnkar R, Tiwari M K. Fuzzy goal-programming model with an artificial immune system (AIS) approach for a machine tool selection and operation allocation problem in a flexible manufacturing system. International Journal of Production Research, 2005, 43(19): 4147-4163.

[127] Chen S L, Tsay M T, Gow H J. Scheduling of cogeneration plants considering electricity

wheeling using enhanced immune algorithm. Electrical Power and Energy Systems，2005，27：31-38.

[128] 徐震浩，顾幸生. 不确定条件下具有零等待的流水车间免疫调度算法. 计算机集成制造系统，2004，10(10)：1247-1251.

[129] 余建军，孙树栋，郑锋. 基于动态评价免疫算法的车间作业调度研究. 机械工程学报，2005，41(3)：25-31.

[130] 周亚勤，李蓓智，杨建国. 考虑批量和辅助时间等生产工况的智能调度方法. 机械工程学报，2006，42(1)：52-56.

[131] 李蓓智，杨建国，丁惠敏. 基于生物免疫机理的智能调度系统建模与仿真. 计算机集成制造系统，2002，8(6)：446-450.

[132] 常桂娟，张纪会. 基于正交试验的免疫遗传算法在调度问题中的应用. 信息与控制，2008，37(1)：46-51.

[133] 苏生，战德臣，徐晓飞. 基于免疫算法的并行机间歇过程模糊生产调度. 计算机集成制造系统，2006，12(8)：1252-1257.

[134] 李蔚，刘长东，盛德仁. 基于免疫算法的机组负荷优化分配研究. 中国电机工程学报，2004，24(7)：241-245.

[135] 马忠丽，王科俊，莫宏伟. 基于免疫遗传算法的环境经济负荷调度. 电力系统及其自动化学报，2006，18(1)：98-103.

[136] 李菁，王宗军，蒋元涛，等. 免疫算法在车辆调度问题中的应用. 运筹与管理，2003，12(6)：96-100.

[137] 陈廷伟，张斌，郝宪文. 基于免疫遗传算法的网格任务调度. 东北大学学报(自然科学版)，2007，28(3)：329-332.

[138] Huang. S J. Enhancement of thermal unit commitment using immune algorithms based optimization approaches. Electrical Power and Energy Systems，1999，21：245-252.

[139] Liao G C. Short term thermal generation scheduling using improved immune algorithm. Electric Power Systems Research，2006，76：360-373.

[140] Liao G C, Tsao T P. Application embedded chaos search immune genetic algorithm for short term unit commitment. Electric Power Systems Research，2004，71：135-144.

[141] 董朝阳，孙树栋. 基于免疫遗传算法的工艺设计与调度集成. 计算机集成制造系统，2006，12(11)：1807-1813.

[142] Hong L, Lee W, Lee S, et al. An efficient production planning algorithm for multi-head surface mounting machines using the biological immune algorithm. International Journal of Fuzzy Systems，2000，2(1)：45-53.

[143] 高赐威，程浩忠，王旭. 基于计算资源效率分配的多种群中心解搜索电网规划算法. 中国机电工程学报，2004，24(10)：8-14.

[144] 钟一文，杨建刚. 异构环境下独立任务分配问题的免疫遗传算法. 小型微型计算机系统，2006，27(8)：1498-1502.

[145] Yu H. Optimizing task schedules using an artificial immune system approach// Genetic

and Evolutionary Computation Conference, 2008.

[146] Gao J, He G, Wang Y. A new parallel genetic algorithm for solving multiobjective sched-uling problems subjected to special process constraint. International Journal of Advanced Manufacturing Technology, 2009, 43: 151-160.

[147] Carlos C C, Daniel C R, Nareli C C. Use of an artificial immune system for Job shop scheduling// The Second International Conference on Artificial Immune Systems, 2003.

[148] Zuo X Q. Robust scheduling method based on workflow simulation model and biological immune principle// Genetic and Evolutionary Computation Conference, 2007.

[149] Zuo X Q, Mo H W, Wu J P. A robust scheduling method based on multi-objective immune algorithm. Information Science, 2009, 179: 3359-3369.

[150] Tavakkoli-Moghaddam R, Rahimi-Vahed A R, Mirzaei A H. Solving a multi-objective no-wait flowshop scheduling problem with an immune algorithm. International Journal of Advanced Manufacturing Technology, 2008, 36: 969-981.

[151] Costa A M, Vargas P A, Zuben F J V. Makespan minimization on parallel processors: an immune-based approach// IEEE Congress on Evolutionary Computation, 2002.

[152] Chandrasekaran M, Asokan P, Kumanan S, et al. Solving Job shop scheduling problems using artificial immune system. International Journal of Advanced Manufacturing Technology, 2006, 31: 580-593.

[153] Engin O, Doyen A. A new approach to solve hybrid flow shop scheduling problems by artificial immune system. Future Generation Computer Systems, 2004, 20: 1083-1095.

[154] 张海刚, 吴燕翔, 顾幸生. 基于免疫遗传算法的双向车辆调度问题实现. 系统工程学报, 2007, 22(6): 649-653.

[155] Kumar V, Maull R S, Smart P A, et al. Artificial immune system (AIS) based informa-tion system to solve scheduling problem in leagile driven steel industries// International Conference on Digital Information Management, 2006.

[156] Xue W L, Chi Z X. An immune algorithm based node scheduling scheme of minimum power consumption and no collision for wireless sensor networks// IFIP International Conference on Network and Parallel Computing, 2007.

[157] Akhilesh K, Anuj P, Ravi S, et al. Psycho-clonal algorithm based approach to solve con-tinuous flow shop scheduling problem. Expert Systems with Applications, 2006, 31(3): 504-514.

[158] Luh G C, Chueh C H. A multi-modal immune algorithm for the Job-shop scheduling problem. Information Sciences, 2009, 179: 1516-1532.

[159] Zandieh M, Gholami M. An immune algorithm for scheduling a hybrid flow shop with sequence dependent setup times and machines with random breakdowns. International Journal of Production Research, 2009, 47(24): 6999-7027.

[160] Prakash A, Khilwani N, Tiwari M K, et al. Modified immune algorithm for job selection and operation allocation problem in flexible manufacturing systems. Advances in Engi-

neering Software，2008，39：219-232.

[161] Tavakkoli-Moghaddam R，Rahimi-Vahed A R，Mirzaei A H. Solving a multi-objective no-wait flow shop scheduling problem with an immune algorithm. International Journal of Advanced Manufacturing Technology，2008，36：969-981.

[162] Hsieh Y C，You P S，Liou C D. A note of using effective immune based approach for the flow shop scheduling with buffers. Applied Mathematics and Computation，2009，215：1984-1989.

[163] Bagheri A，Zandieh M，Mahdavia M Y. An artificial immune algorithm for the flexible Job-shop scheduling problem. Future Generation Computer Systems，2010，26：533-541.

[164] Tsai J T，Ho W H，Liu T K，et al. Improved immune algorithm for global numerical optimization and Job-shop scheduling problems. Applied Mathematics and Computation，2007，194：406-424.

[165] 潘晓英，刘芳，焦李成. 多执行模式项目调度问题的克隆选择优化. 模式识别与人工智能，2008，21：303-309.

[166] 刘晓冰，吕强. 免疫克隆选择算法求解柔性生产调度问题. 控制与决策，2008，23(7)：781-785.

[167] 左兴权，钟义信. 基于工作流仿真模型的鲁棒调度方法// 中国控制与决策学术年会，2007.

[168] 余建军，孙树栋，刘易勇. 基于免疫算法的多目标柔性 Job-shop 调度研究. 系统工程学报，2007，22(5)：511-519.

[169] 柴永生，孙树栋，余建军. 基于免疫遗传算法的车间动态调度. 机械工程学报，2005，41(10)：23-27.

[170] Xu X，Li C. Research on immune genetic algorithm for solving the Job-shop scheduling problem. International Journal of Advanced Manufacturing Technology，2007，34：783-789.

[171] 徐新黎，应时彦，王万良. 求解模糊柔性 Job shop 调度问题的多智能体免疫算法. 控制与决策，2010，25(2)：171-184.

[172] Chan F T S，Kumar V，Tiwari M K. Optimizing the performance of an integrated process planning and scheduling problem：an AIS-FLC based approach// IEEE Conference on Cybernetics and Intelligent Systems，2006.

[173] 徐震浩，顾幸生. 用混合算法求解 Flow shop 调度问题. 华东理工大学学报，2004，30(2)：234-238.

[174] 左兴权，莫宏伟，范玉顺. 参数化活动调度及其混合免疫算法. 哈尔滨工程大学学报，2006，118：257-262.

[175] 陈爱玲，杨根科，吴智铭. 基于混合离散免疫算法的轧制计划编排. 控制与决策，2007，22(6)：716-720.

[176] 余建军，孙树栋，王军强. 免疫模拟退火算法及其在柔性动态 Job Shop 中的应用. 中国机械工程，2007，18(7)：793-799.

[177] 李安强，王丽萍，李崇浩. 基于免疫粒子群优化算法的梯级水电厂间负荷优化分配. 水力发电学报，2007，26(5)：15-20.

[178] Anna S, Franciszek S, Albert Y Z. Multiprocessor scheduling and rescheduling with use of cellular automata and artificial immune system support. IEEE Transaction on Parallel and Distributed Systems, 2006, 17(3)：253-262.

[179] 左幸，马光文，梁武湖，等. 免疫算法在水电站日前现货市场优化调度中的应用. 水力发电学报，2006，25(6)：21-25.

[180] Naderi B, Khalili M, Tavakkoli-Moghaddam R. A hybrid artificial immune algorithm for a realistic variant of Job shops to minimize the total completion time. Computers and Industrial Engineering, 2009, 56：1494-1501.

[181] Zhang R, Wu C. A hybrid immune simulated annealing algorithm for the Job shop scheduling problem. Applied Soft Computing, 2010, 10：79-89.

[182] Basu M. Hybridization of artificial immune systems and sequential quadratic programming for dynamic economic dispatch. Electric Power Components and Systems, 2009, 37：1036-1045.

[183] 叶建芳，王正肖，潘晓弘. 免疫粒子群优化算法在车间作业调度中的应用. 浙江大学学报(工学版)，2008，42(5)：863-868，879

[184] Ge H W, Sun L, Liang Y C, et al. An effective PSO and AIS-based hybrid intelligent algorithm for Job-shop scheduling. IEEE Transctions on Systems, Man, and Cybernetics, Part A：Systems and Humans, 2008, 38(2)：358-368.

[185] Zuo X Q, Wang C L, Tan W. Two heads are better than one：an AIS and TS based hybrid strategy for Job shop scheduling problems. International Journal of Advanced Manufacturing Technology, 2012, 63(1-4)：155-168.

[186] Zuo X Q, Tan W, Lin H P. Cigarette production scheduling by combining workflow model and immune algorithm. IEEE Transactions on Automation Science and Engineering, 2013 (In press).

[187] Nicholas L, Iain B. Improving the reliability of real-time embedded systems using innate immune techniques. Evolutionary Intelligence, 2008, 1(2)：113-132.

[188] Russ S H, Lambert A, King R. An artificial immune system model for task allocation// Symposium on High Performance Distributed Computing, 1999.

[189] King R, Russ S H, Lambert A, et al. An artificial immune system model for intelligent agents. Future Generation Computer Systems, 2001, 17：335-343.

[190] Gao Y, Wei W. Multi-robot autonomous cooperation integrated with immune based dynamic task allocation// International Conference on Intelligent Systems Design and Applications, 2006.

[191] 王小林，成金华，尹正杰，等. 人工免疫识别系统提取水库供水调度规则的性能分析. 系统工程理论与实践，2009，29(10)：129-137.

第 2 章　调度模型、编码及分类

本章介绍有关调度的一些基本概念,包括调度问题模型、分类及描述,调度解的编码及其分类。

常用的调度模型包括析取图模型、数学规划模型以及仿真模型。析取图是一种常用的调度问题建模方法,特别当采用邻域搜索算法(如禁忌搜索、模拟退火)解决调度问题时,通常需要基于析取图模型构造调度解的邻域。当用数学规划方法解决调度问题时,需要建立问题的规划模型(如整数规划、混合整数规划模型)。此外,通过建立调度问题的仿真模型可模拟实际调度过程,以此评价调度解的质量。

除第 1 章介绍的车间调度问题外,还有很多其他调度问题。本章将介绍调度问题的分类及其描述方法。调度解也分为不同类型,包括半活动调度、活动调度、非延迟调度等。

当利用免疫算法解决调度问题时,通常需要把调度解编码为抗体,然后利用免疫算子来进化群体。抗体的编码直接影响到编码和解码的复杂性、免疫算子的设计,以及算法运行效率。

2.1　调度问题的模型

2.1.1　析取图模型

用邻域搜索算法解决调度问题时,通常需要借助析取图模型[1,2]来构造调度解的邻域。下面以 Job shop 调度问题为例来介绍该模型,先给出符号说明。

J_i,第 i 个工件。

M_i,第 i 个机器。

O_{ij},工件 J_i 的第 j 个操作。

μ_{ij},操作 O_{ij} 所需要的机器。

$P_J(O_{ij})$,操作 O_{ij} 的直接工件前继操作。

$S_J(O_{ij})$,操作 O_{ij} 的直接工件后继操作。

$P_M(O_{ij})$,操作 O_{ij} 的直接机器前继操作。

$S_M(O_{ij})$,操作 O_{ij} 的直接机器后继操作。

用于描述调度问题的析取图由若干顶点、连接弧和非连接弧组成,表示为 $G=\{N, A \cup E\}$,其中 N 为节点集合,A 和 E 分别代表连接弧和非连接弧集合。节点表示操作,节点集合 N 代表所有操作 $O_{ij}(i=1,2,\cdots,n;j=1,2,\cdots,n_i)$。$N$ 中有 2

个空节点,既起始节点 O_0 和结束节点 O_{n+1}。以表 2.1 所示的 3×3 的 Job shop 调度问题为例,其析取图模型如图 2.1 所示。其中包括一个起始节点 O_0 和一个结束节点 O_4,其他节点代表操作。操作 O_{11} 的权值为 3,表示操作 O_{11} 的加工时间为 3个时间单元。设定 O_0 和 O_{n+1} 节点的权值均为 0。

表 2.1　一个 3×3 的 Job shop 调度问题

	工件 1	工件 2	工件 3
操作 1	$(3, M_1)$	$(4, M_2)$	$(3, M_1)$
操作 2	$(5, M_2)$	$(7, M_1)$	$(9, M_2)$
操作 3	$(6, M_3)$	$(2, M_3)$	$(5, M_3)$

连接弧集合 A 表示属于同一工件的各操作的加工顺序限制,即工件的工序约束条件。在图 2.1 中,有向实线表示连接弧。例如,连接 O_{11} 到 O_{12} 的弧为连接弧,表示 O_{11} 与 O_{12} 属于同一工件,且操作 O_{11} 加工完毕后操作 O_{12} 才能加工。每个操作 O_{ij} 和其立即工件后继操作 $S_J(O_{ij})$ 间存在连接弧。起始节点和每个工件的第一个操作间有连接弧,每个工件的最后一个操作与结束节点间有连接弧。

非连接弧集合 E 表示所有工件的各操作的机器加工限制,即工件的机器约束条件。若两个操作需要在同一机器上加工,则这两个操作间由非连接弧连接。E 可分解为 E_k,即 $E = \cup E_k$,E_k 为机器 k 对应的非连接弧集合。若确定了 E_k 中每个非连接弧方向,则为 E_k 的一个选择,记为 S_k。若选择 S_k 中没有循环连接,则表示机器 k 上的操作加工排序。在图 2.1 中,虚线表示非连接弧,操作 O_{11}、O_{31} 和 O_{22} 都在机器 M_1 上加工,故它们间用非连接弧连接,这 3 个非连接弧构成 E_1。

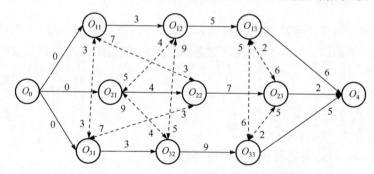

图 2.1　3×3 的 Job shop 调度问题的析取图模型

由图 2.1 可见,每个连接弧有一个权值,代表连接弧起始节点(表示操作)的加工时间。每个非连接弧有两个权值,分别代表两个起始节点的加工时间。

Job shop 调度问题就是在满足工序约束和机器约束条件下,寻求每个机器上操作的加工排序,使得某项性能指标最优。如果确定了 E 中每个非连接弧的方向,则为 E 一个完全选择,记为 S。给定一个完全选择 $S=\cup S_k$,意味着确定了每台机器上的操作的加工顺序。用 S 取代析取图中的 E,则变为有向析取图 $G_s=\{N, A \cup S\}$,该析取图代表一个调度解。若 G_s 中不存在循环连接(即没有死锁的现象),则其代表一个可行调度。例如,给定图 2.1 所示的析取图中每个非连接弧一个方向,则其成为有向析取图,如图 2.2 所示。

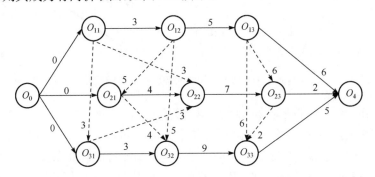

图 2.2　3×3 Job shop 调度问题的一个有向析取图

事实上,图 2.2 所示的析取图对应无穷多个调度解,因为机器上具有相同加工顺序的调度有无穷多个(其间可插入任意长度的空闲时间)。但一个有向析取图只对应一个半活动调度(半活动调度概念见 2.4.2 节),以上所说的其代表的一个调度解指的是一个半活动调度。图 2.2 所示的有向析取图对应的半活动调度的甘特图如图 2.3 所示。

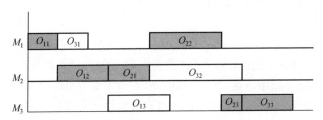

图 2.3　有向析取图代表一个半活动调度

(1) 关键路径、关键操作及关键块

有向析取图中连接起始节点 O_0 到 O_{ij} 的最长路径称为关于 O_{ij} 的关键路径。连接起始节点 O_0 到结束节点 O_{n+1} 的最长路径为该调度的关键路径。调度的关键路径长度等于最长工件加工完成时间 C_{max}。图 2.2 所示的有向析取图的关键路径如图 2.4 所示,其中关键路径由粗线标出。

关键路径上的非连接弧为关键非连接弧,关键路经上的操作称为关键操作。图 2.4 中,O_{12}—O_{21} 和 O_{23}—O_{33} 为关键非连接弧。操作 O_{11},O_{12},O_{21},O_{22},O_{23},O_{33}

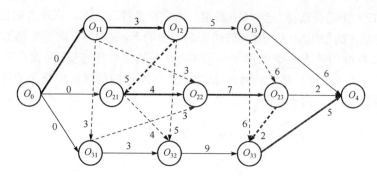

图 2.4　图 2.2 所代表的调度解的关键路径

为关键操作。这些关键操作在图 2.3 中用黑色标出。

有向析取图 G_s 的一个关键路径可表示为 $u=(u_1,u_2,\cdots,u_w)$，其中 u_i 表示关键操作，w 为关键路径上关键操作的数目。一个调度可能有几条关键路径。关键路径 u 可分解为若干关键块 $B_1,B_2,\cdots,B_r$。关键块是 u 中使用相同机器的最大连续操作的集合。每个关键块中的操作使用相同的机器，并且两个连续的关键块所用的机器不同。从调度的甘特图中，可以直观地看到关键块的划分，图 2.3 所示的调度解包括 4 个关键块，即 $B_1=\{O_{11}\}$，$B_2=\{O_{12},O_{21}\}$，$B_3=\{O_{22}\}$，$B_4=\{O_{23},O_{33}\}$。从图 2.4 中也可看出，这 4 个关键块在关键路径上，且分别在不同的机器上加工。

$C_{\max}$ 是常用的调度性能指标，而调度的关键路径长度等于其 $C_{\max}$。因此，当用有向析取图来表示调度解时，常需要计算析取图的关键路径长度。下面分别给出关键路径长度的计算、近似计算，以及简化计算方法。

（2）关键路径长度的计算

用动态规划方法可计算关键路径长度。该方法通过计算各操作 $O_{ij}(i=1,2,\cdots,n;j=1,2,\cdots,n_i)$ 的关键路径长度，来计算操作 O_{n+1} 的关键路径长度。

析取图中，除了起始节点和结束节点外，每一个节点（即操作）有且只有两个直接前继操作（即直接工件前继操作、直接机器前继操作）和两个直接后继操作（即直接工件后继操作、直接机器后继操作）。令操作 O_{ij} 的加工时间为 $d_{O_{ij}}$，开始加工时间为 $r_{O_{ij}}$，称为 O_{ij} 的头（head）；从操作 O_{ij} 到 O_{n+1} 的最长路径的长度为 $q_{O_{ij}}$，称为 O_{ij} 的尾（tail）。操作 O_{ij} 若满足以下条件，即

$$r_{O_{ij}}+q_{O_{ij}}=C_{\max}$$

则其为关键操作。

操作 O_{ij} 的头和尾可按下式来计算，即

$$r_{O_{ij}}=\max(r_{P_M(O_{ij})}+d_{P_M(O_{ij})},r_{P_J(O_{ij})}+d_{P_J(O_{ij})})$$

$$q_{O_{ij}}=\max(q_{S_M(O_{ij})},q_{S_J(O_{ij})})+d_{O_{ij}}$$

若节点 O_{ij} 未定义，如工件的第一个操作的直接工件前继操作，或机器上的第

一个操作的直接机器前继操作,则令 $d_{O_{ij}} = 0, r_{O_{ij}} = 0, q_{O_{ij}} = 0$。

用 Bellman[3, 4] 的标识算法(label algorithm)来计算每个操作的头和尾。下面是计算每个操作的头的算法,每个操作的尾的算法与此类似。

① 对于任一操作 O_{ij},如果 $P_M(O_{ij})$ 和 $P_J(O_{ij})$ 都未定义,则把 O_{ij} 加入到 Q 中。Q 中包含着需要计算头的操作。

② 重复以下步骤,直到 $Q = \phi$。

标记操作 $O_{ij} \in Q$;

$Q \leftarrow Q \backslash \{O_{ij}\}$;

计算 $r_{O_{ij}}$;

如果 $P_M(S_J(O_{ij}))$ 已被标记或未定义,则 $Q \leftarrow Q \cup \{S_J(O_{ij})\}$;

如果 $P_J(S_M(O_{ij}))$ 已被标记或未定义,则 $Q \leftarrow Q \cup \{S_M(O_{ij})\}$。

首先,把未定义的操作放入集合 Q 中。计算集合 Q 中的操作 O_{ij} 的头,同时对其进行标记,并从 O 中删除。若操作 O_{ij} 的直接工件后继操作的直接机器前继操作已被标识或未定义,则意味着操作 $S_J(O_{ij})$ 的头可计算,将其加入到集合 Q 中。同样,判断 $S_M(O_{ij})$ 是否加入集合 Q 中。当 Q 为空时,表明所有操作的头都已被计算,算法结束。

(3) 关键路径长度的近似计算

用邻域搜索算法(如禁忌搜索)解决调度问题时,有时需要获取当前调度解的所有邻居。通过交换当前调度解的一台机器上相邻或不相邻的操作的加工顺序产生邻居。这相当于改变析取图中一个或多个非连接弧的方向。

对非连接弧的反转称为移动。对一个调度解施加一个移动后,调度解的关键路径可能发生变化。以图 2.2 所示的调度为例,当非连接弧 O_{12}—O_{21} 反转时,得到如图 2.5 所示的有向析取图,其代表的调度甘特图见图 2.6。关键路径已在图 2.5 和 2.6 中标出。在这一例子中,非连接弧反转后,调度关键路径变短,即最大完成时间 C_{max} 变小。非连接弧的反转也可能导致关键路径变长。

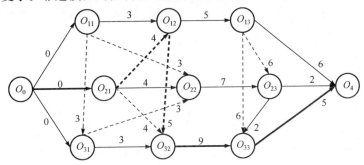

图 2.5　有向析取图的非连接弧反转

反转的非连接弧 O_{12}—O_{21} 位于调度的关键路径上。事实上,只有反转位于关键路径上的非连接弧,才可能获得具有更短关键路径的调度解,而那些不在关键路径上的非连接弧的反转不会获得具有更短关键路径的调度解,这在文献[1]中已被证明。因此,若调度的性能指标为 C_{max},构造一个调度解的邻域时,邻域中只需包含由位于关键路径上的非连接弧的反转而产生的邻居。

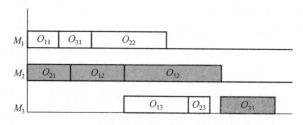

图 2.6　由非连接弧反转生成的新调度解的甘特图

若采用 C_{max} 性能指标,对当前调度解施加移动后,需重新计算关键路径长度。邻域搜索需要进行多次迭代,而每次迭代需要计算当前解的邻域内所有邻居的关键路径长度,因此需要大量的关键路径计算。采用 Bellman 标识算法虽能获得准确的关键路径长度,但计算时间较长,因此会降低算法的效率。为此,一些学者提出了近似算法来代替 Bellman 标识算法,根据当前调度解来估算由非连接弧反转而生成的新调度解的关键路径长度[5~7]。

假设调度解 π 的一个非连接弧为 O_{ij}—O_{i1j1}(两操作在相同机器上),该非连接弧反转后得到一个调度解 π',需要计算调度 π' 的关键路径长度。令操作 O_{ij} 在调度 π' 中的直接工件前继操作和后继操作分别为 $P'_J(O_{ij})$ 和 $S'_J(O_{ij})$,其直接机器前继操作和后继操作分别为 $P'_M(O_{ij})$ 和 $S'_M(O_{ij})$,头和尾分别为 $r'_{O_{ij}}$ 和 $q'_{O_{ij}}$。已知操作 O_{ij} 和 O_{i1j1} 在调度 π 中的头和尾分别为 $r_{O_{ij}}$,$r_{O_{i1j1}}$,$q_{O_{ij}}$,$q_{O_{i1j1}}$,非连接弧 O_{ij}—O_{i1j1} 反转后,按下式计算操作 O_{ij} 和 O_{i1j1} 在调度 π' 中的头和尾。

$$r'_{O_{i1j1}} = \max\{r_{O_{i1(j-1)}} + d_{O_{i1(j-1)}}, r_{P'_M(O_{i1j1})} + d_{P'_M(O_{i1j1})}\}, \quad P'_M(O_{i1j1}) = P_M(O_{ij})$$
$$r'_{O_{ij}} = \max\{r_{O_{i(j-1)}} + d_{O_{i(j-1)}}, r'_{O_{i1j1}} + d_{O_{i1j1}}\}$$
$$q'_{O_{ij}} = \max\{q_{O_{i(j+1)}} + d_{O_{ij}}, q_{S'_M(O_{ij})} + d_{O_{ij}}\}, \quad S'_M(O_{ij}) = S_M(O_{i1j1})$$
$$q'_{O_{i1j1}} = \max\{q_{O_{i_1(j+1)}} + d_{O_{i1j1}}, q'_{O_{ij}} + d_{O_{i1j1}}\}$$

计算原理如图 2.7 所示。先计算操作 O_{i1j1} 在调度 π' 中的头。由于弧 O_{ij}—O_{i1j1} 反转后,操作 O_{i1j1} 先于操作 O_{ij} 加工,此时操作 O_{ij} 在调度 π 中的直接机器前继操作相当于操作 O_{i1j1} 在调度 π' 的直接机器前继操作,故 $P'_M(O_{i1j1}) = P_M(O_{ij})$。根据操作 O_{ij} 在调度 π 中的直接机器前继操作,来近似计算操作 O_{i1j1} 在调度 π' 中的头。在调度 π' 中,由于 O_{i1j1} 为 O_{ij} 的直接机器前继操作,因此利用 O_{i1j1} 在调度 π' 中

的头和 O_{ij} 在调度 π 中的直接工件前继操作,可近似计算操作 O_{ij} 的头。操作 O_{ij} 和 O_{i1j1} 在调度 π' 中尾的计算与此类似。

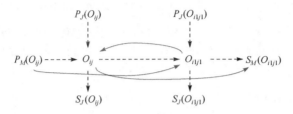

图 2.7 关键路径长度的近似计算

计算出交换的两个操作在调度 π' 中的头和尾后,可得到调度 π' 的关键路径长度的下界,即

$$C_1 = \max\{r'_{O_{ij}} + q'_{O_{ij}}, r'_{O_{i1j1}} + q'_{O_{i1j1}}\}$$

其中,C_1 为穿过节点 O_{ij} 或 O_{i1j1},或同时穿过二者的最长路径的长度。

该方法利用调度 π' 的关键路径长度的下界来近似计算关键路径的长度。

(4) 关键路径长度的简化计算

利用拓扑排序[8, 9]可以简化 Bellman 的算法。与上节的近似算法不同,该简化算法仍可获得精确的关键路径长度。

若调度 π 的有向析取图为 $G(\pi) = \{N, A \cup S\}$,其拓扑排序 $T(G(\pi))$ 是析取图 $G(\pi)$ 中所有节点的一个线性排序,使得对于 $G(\pi)$ 中的任一有向弧 $(u, v) \in A \cup S$,在该排序中 u 都排在 v 之前。析取图的拓扑排序中,连接两个操作的任意有向弧的方向都是从左到右。以图 2.4 和图 2.5 所示的调度为例。图 2.4 所示的调度 π 的非连接弧 O_{12}—O_{21} 反转后,得到图 2.5 所示的调度 π',这两个调度的拓扑排序如图 2.8 所示。

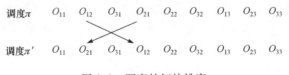

图 2.8 调度的拓扑排序

当对调度 π 施加一个移动后,要影响某些操作的开始时间,关键路径可能发生变化。此时,需要重新计算所有操作的头和尾来确定关键路径。这种计算方法较复杂,利用拓扑排序可简化计算。

析取图的拓扑排序可确定哪些操作的头和尾受到非连接弧反转的影响。然后,仅计算那些受到影响的操作的头和尾,而不需计算没有受到影响的操作,从而减少计算量。例如,调度 π 中某一非连接弧 (O_{ij}, O_{i1j1}) 反转后,变为调度 π'。由于

操作 O_{i1j1} 在调度 π 中为操作 O_{ij} 的直接机器后继操作,因此只有 O_{ij} 及其后继操作的头被改变,只需重新计算 O_{ij} 及其后继操作的头。由于非连接弧的反转不会影响到 O_{ij} 的前继操作的头,因此不需要重新计算。此外,利用拓扑排序也可确定哪些操作的尾需要重新计算。由于操作 O_{ij} 在调度 π 中为操作 O_{i1j1} 的直接机器前继操作,因此只有 O_{i1j1} 及其前继操作的尾被改变,只需重新计算 O_{i1j1} 及其前继操作的尾。非连接弧的反转不会影响到 O_{i1j1} 的后继操作的尾,因此不需重新计算。

2.1.2　数学规划模型

虽然对于大规模调度问题,数学规划方法不能在合理的计算时间内得到问题的最优解,但对于小规模问题,数学规划方法能在短时间内得到问题的精确最优解。数学规划求解调度问题的前提是建立其数学规划模型。

以 Job shop 调度问题为例,其数学规划模型有多种,下面介绍一种混合整数规划模型[10]。模型的目标函数为最小化最大完成时间(C_{max})。假设有 n 个工件,m 个机器。令 t_{ij} 和 p_{ij} 分别为工件 j 在机器 i 上的开始加工时间和加工时间,工件 j 的第 1 个操作所用机器为 $j(1)$,第 2 个操作所用机器为 $j(2)$,第 m 个操作所用机器为 $j(m)$。

首先,需要满足工件加工约束条件,即只有当一个操作的所有工件前继操作加工完毕后,该操作才能加工,表达为

$$t_{j(r+1)j} \geqslant t_{j(r)j} + p_{j(r)j}, \quad r=1,2,\cdots,m-1, \quad j=1,2,\cdots,n$$

此外,不允许一台机器同时加工一个以上的操作。为此,定义一个决策变量 x_{ijk},若工件 j 先于工件 k 在机器 i 上加工,则 $x_{ijk}=1$;否则,$x_{ijk}=0$。一台机器在同一时间只能加工一个操作,其表达为

$$t_{ij} + p_{ij} \leqslant t_{ik} + K(1-x_{ijk}), \quad i=1,2,\cdots,m, \quad j=1,2,\cdots,n, \quad k=1,2,\cdots,n$$

$$t_{ik} + p_{ik} \leqslant t_{ij} + Kx_{ijk}, \quad i=1,2,\cdots,m, \quad j=1,2,\cdots,n, \quad k=1,2,\cdots,n$$

其中,K 是一个非常大的正数;对于任意两个工件 j 和 k,以上两式必然有一个起作用;若工件 j 先于工件 k 在机器 i 上加工(即 $x_{ijk}=1$),则第一个公式起作用,第二个公式不起作用;反之,第二个公式起作用,第一个公式不起作用。

Job shop 调度问题的混合整数规划模型为

$$\min\left\{ \max_{j\in\{1,2,\cdots,n\}} \{t_{j(m)j} + p_{j(m)j}\} \right\}$$

约束条件为

$$t_{j(r+1)j} \geqslant t_{j(r)j} + p_{j(r)j}, \quad r=1,2,\cdots,m-1, \quad j=1,2,\cdots,n$$

$$t_{ij} + p_{ij} \leqslant t_{ik} + K(1-x_{ijk}), \quad i=1,2,\cdots,m, \quad j=1,2,\cdots,n \quad k=1,2,\cdots,n$$

$$t_{ik} + p_{ik} \leqslant t_{ij} + Kx_{ijk}, \quad i=1,2,\cdots,m, \quad j=1,2,\cdots,n \quad k=1,2,\cdots,n$$

$$t_{ij} \geqslant 0, \quad i=1,2,\cdots,m, \quad j=1,2,\cdots,n$$

$$x_{ijk} \in \{0,1\}, \quad i=1,2,\cdots,m, \quad j=1,2,\cdots,n, \quad k=1,2,\cdots,n$$

模型中问题参数(输入)为机器加工约束 $j(r)$ 和加工时间 p_{ij},决策变量(输出)为各工件在每台机器上的加工顺序 x_{ijk} 和开始加工时间 t_{ij}。采用数学规划方法(如分支定界)或优化软件包(如 IBM 公司的 CPLEX)可对模型求解,获得使目标函数为最优的决策变量 x_{ijk} 和 t_{ij},即最优调度解。

2.1.3　仿真模型

除了以上介绍的模型外,还可用仿真来模拟实际调度过程[11-15],通过仿真来评价调度解的质量。下面介绍一种工作流仿真模型。

1. 工作流技术

自 20 世纪 90 年代以来,工作流管理已经引起研究者、开发者和使用者的广泛兴趣。工作流有多种定义。工作流管理联盟把工作流定义为"全部或部分业务过程的自动化或计算机化"[16]。范玉顺[17]定义工作流为"一个计算机化的过程模型,可被工作流管理系统运行以实现业务过程整合和自动化"。

工作流模型需要从以下三方面来描述业务过程:
① 过程的定义(组成过程的活动)。
② 如何执行过程(定义过程中各活动间的逻辑关系)。
③ 过程执行中要用到哪些资源(资源的定义)。

目前已有多种工作流模型,例如 Winograd 和 Flores[18]基于语言行动理论提出了一种基于通信的工作流模型。该模型从用户和执行者通信的观点用 4 个阶段来描述工作流的每个活动。WFMC 提供了一种基本过程定义模型[16],包含活动、角色和工作流相关数据。IBM 定义了 FlowMark 模型[19],用活动、输入/输出容器、连接器和条件来描述业务过程。Petri 网也被用于工作流定义。Ellis 和 Nutt[20]定义了信息控制 Petri 网用于工作流建模。Alast[21]提出了一种 WF-nets,其中变迁和库所分别代表活动及其状态。工作流模型是可执行的模型,即其能够被工作流引擎或工作流仿真系统执行。

2. 工作流仿真模型

工作流管理系统经常被用于业务过程自动化和业务流程再设计[22],通过人和业务过程中的自动化任务间的整合、协同和通信,使得业务过程自动化[23]。这里介绍一种基于工作流的调度模型——工作流仿真模型(workflow simulation model,WSM)[15]。

由于实际调度过程的复杂性,很难用单一视图来描述所有的调度信息,因此 WSM 包含过程视图、资源视图和工件视图,分别用于描述调度过程的不同方面,如图 2.9 所示。

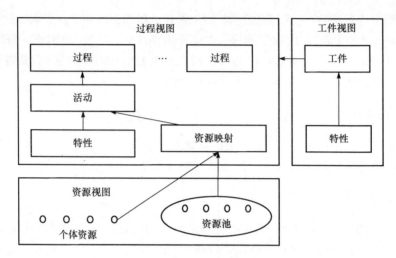

图 2.9　工作流仿真模型结构

（1）过程视图

过程视图由多个过程组成,每个过程定义一种类型工件的加工过程。过程中的活动对应于一种类型工件的操作。活动间的逻辑关系表示工件加工约束。利用过程视图,为每种类型工件预先设定其加工顺序。过程用一个有向非循环图来表达。其中有两类节点,一类为任务节点(或活动节点),代表工件的操作;另一类为逻辑节点,描述活动间的逻辑关系。节点间的弧表示节点间的依赖关系。逻辑节点有以下几种:

① 起始节点,一个过程实例开始的标记。

② 结束节点,一个过程实例结束的标记。

③ 与-汇合节点,前活动节点都完成后触发一个后活动节点。

④ 与-分支节点,前活动节点都完成后触发所有后活动节点。

⑤ 或-汇合节点,任一前活动节点完成后触发一个后活动节点。

⑥ 或-分支节点,任一前活动节点完成后触发所有后活动节点。

每个活动节点用特性定义和资源映射来描述。

① 特性定义包括静态特性和动态特性。静态特性在运行过程中状态不变化,如活动 ID 和功能描述。动态特性在运行中状态可改变,如活动的起始、完成时间以及优先级等。

② 资源映射为过程视图和资源视图间建立联系,用来描述过程视图中每个活动的资源需求。

（2）资源视图

WSM 的一个特性是有独立的资源视图,以有效地管理资源。资源视图中定义了资源实体和资源池。资源实体对应于实际设备,如加工设备、运输设备和存储设备。资源池是一类个体资源的集合,其中的个体资源有相同特性,如具有相同的功能或处于相同的地理位置。同一资源池中的个体资源可相互替代,以用描述并行机问题。

该视图定义了个体资源到资源池,资源池到活动间的映射关系。如果没有并行机,则可直接建立活动到个体资源的映射。调度执行中,根据静态定义和活动状态,动态地把个体资源分配给活动。如果多个活动同时请求一个资源,即发生资源冲突,则用调度规则把该资源分配给某一活动。

(3) 工件视图

工件视图用于描述工件的特性,包括工件到达时间、完成时间、类型、数量、交货期、优先级、拖后惩罚成本、工件存储成本等。一种类型工件对应过程视图中的一个过程。工件被看做事务,用于触发过程实例在 WSM 上执行。

3. WSM 的形式化定义

定义 1　　WSM=(PROCESS, RESOURCE, JOB)

其中,PROCESS= $\{\text{process}_i \mid \text{process}_i = (N_i, A_i), i = 1, 2, \cdots, n\}$; process_i 表示 WSM 的第 i 个过程;$N_i = \{\text{TN}_i, \text{LN}_i\}$ 为节点集合,TN_i 和 LN_i 表示第 i 个过程的所有任务节点(活动节点)和逻辑节点集合;$A_i \subseteq N_i \times N_i$ 是集合 N_i 中所有节点间的连接弧集合。

RESOURCE= $\{r_i, \text{rp}_j, f \mid f = \{r_i\} \times \{\text{rp}_j\}, i = 1, 2, \cdots, w, j = 1, 2, \cdots, v\}$

其中,r_i 和 rp_j 分别代表第 i 个个体资源和第 j 个资源池;f 代表个体资源和资源池间的映射关系。

JOB= $\{\text{job}_{ij} \mid i = 1, 2, \cdots, n, j = 1, 2, \cdots, m_i\}$

其中,job_{ij} 表示由过程 i 描述的一类工件的第 j 个工件;若一类工件中只有一个工件,则下标 j 可省略。

定义 2　　$\forall n_{ij} \in \text{TN}_i (i = 1, 2, \cdots, n; j = 1, 2, \cdots, r_i), n_{ij} = (\text{ACT}_{ij}, R_{ij})$

其中,n_{ij} 代表第 i 个过程的第 j 个活动节点;r_i 是第 i 个过程中活动节点的数目;$\text{ACT}_{ij} = \{\text{Id}_{ij}, \text{Function}_{ij}, \text{Start}_{ij}, \text{End}_{ij}, P_{ij}, \text{Prior}_{ij}\}$,其元素分别代表活动 ID,功能描述,起始时间,结束时间,加工时间和优先级;R_{ij} 代表活动节点 n_{ij} 和其所用资源间的映射。

定义 3　　$\forall \text{job}_{ij} \in \text{JOB}(i = 1, 2, \cdots, n; j = 1, 2, \cdots, m_i), \text{job}_{ij} = (\text{Arr}_{ij}, \text{Due}_{ij}, \text{Qua}_{ij}, \text{Comp}_{ij}, \text{Prior}_{ij}, \text{Penal}_{ij}, \text{Stor}_{ij})$

其中,job_{ij} 由工件到达时间交货期、数量、完成时间、优先级、拖后惩罚成本、工件存储成本等特性来描述。

WSM 能描述 Job shop、flow shop、混合 flow shop 等多种调度问题,能直观地

描述调度问题中的复杂约束关系,具有模型结构清晰,描述能力强的特点,适合于复杂大规模调度问题的建模。

2.2　调度问题的分类

车间调度问题是研究最为广泛的一类典型调度问题,除此之外,还有很多其他类型的调度问题,下面对此介绍。

2.2.1　单机调度问题

有 n 个工件$\{1,2,\cdots,n\}$,每个工件只有一个操作,这些工件要在一台机器上加工,要获得这些工件在这台机器上的一个加工排序,以使某项性能指标最优,这类问题为单机调度问题。单机调度问题实际上是工件在一台机器上的组合排序问题。例如,每个工件 J_j 的加工时间为 P_j,准备时间为 r_j,完工时间为 C_j,调度的最优准则为最小化 $\sum_{j\in\{1,2,\cdots,n\}} w_j C_j$,其中 w_j 为各工件完成时间的权值。

单机调度问题的研究已比较深入,有各种成熟的调度算法。由于单机调度问题的研究是解决更复杂的多机调度问题的基础,一些调度算法是基于单机调度问题来解决多机调度问题的,因此单机调度是一类重要的调度问题。

2.2.2　并行机调度问题

并行机调度问题是单机调度问题的推广,描述为有 n 个工件 $J_j(j=1,2,\cdots,n)$,每个工件包含一个操作,这些工件在 m 台机器 $M_1,M_2,\cdots,M_m$ 上加工,要获得这些工件在每台机器上的加工排序,使某项性能指标最优。

解决并行机调度问题需要做出两方面决策,即每个工件在哪台机器上加工;每台机器上的工件的加工顺序。

并行机调度问题又可分同等并行机、同类机和变速机调度问题。

(1) 同等并行机问题

一个并行机调度问题,当任一工件 $J_j(j=1,2,\cdots,n)$ 在每台机器上的加工时间都相等,即在每台机器上的加工时间都为 p_j,称其为同等并行机调度问题。

(2) 同类机问题

一个并行机调度问题,当各台机器的加工速度不同,并且每台机器的加工速度固定,称其为同类机调度问题。例如,令机器 $M_j(j=1,2,\cdots,m)$ 的加工速度为 s_j,工件 $J_i(i=1,2,\cdots,n)$ 的加工需求量为 p_i,则工件 J_i 在机器 M_j 上的加工时间为 p_i/s_j。显然,当 $s_j(j=1,2,\cdots,m)$ 都相等时,该问题就变为同等并行机问题。

（3）变速机问题

一个并行机调度问题，当各台机器上的加工速度不同，且每台机器的加工速度不固定（即每台机器加工不同工件时的速度不同），称其为变速机调度问题。例如，令工件 $J_i(i=1,2,\cdots,n)$ 在机器 $M_j(j=1,2,\cdots,m)$ 上的加工速度为 s_{ij}，工件 J_i 的加工需求量为 p_i，则工件 J_i 在机器 M_j 上的加工时间为 p_i/s_{ij}。若 M_j 的加工速度固定（即其加工速度与工件无关），该类问题就变为同类机调度问题。

2.2.3　车间调度问题

车间调度是常见的一类调度问题。一般车间调度问题可描述为有 n 个工件 $J_1,J_2,\cdots,J_n$ 和 m 台机器 $M_1,M_2,\cdots,M_m$，每个工件 J_i 包含一个操作集合 $O_{ij}(j=1,2,\cdots,n_i)$，操作 O_{ij} 的加工时间为 p_{ij}。每个操作 O_{ij} 需要在一个机器 $\mu_{ij}\in\{M_1,M_2,\cdots,M_m\}$ 上加工，且在同一时间只能被一台机器加工，加工过程中不允许中断，每台机器在同一时间只能加工一个工件。调度目标是寻求一个可行的调度解，使得给定的性能指标最优。

当一般车间调度问题加入不同的约束时，其就成为开环车间调度、作业车间调度、流水线车间调度、混合车间调度、置换流水线调度等问题。这些问题都是一般车间调度问题的特例。

（1）开环车间调度问题

对于一个一般车间调度问题，若不存在工件加工约束时，即每个工件的所有操作的加工顺序没有限制，则其成为开环车间调度问题（open shop problem，OSP）。

开环车间调度问题要解决的是确定每个工件的所有操作的加工顺序，以及每个机器上操作的加工顺序。

（2）作业车间调度问题

作业车间调度问题（Job shop problem，JSP）是一般车间调度问题的特例。其与开环车间调度问题的区别在于：每个工件中所有操作的加工顺序是给定的，不能任意安排。例如，若一个工件 J_i 包括操作 $O_{i,1}$，$O_{i,2}\cdots O_{i,n_i}$，则操作 $O_{i,j}(j=1,2,\cdots,n_i-1)$ 加工完毕后才能加工操作 $O_{i,j+1}$，如图 2.10 所示。2.1.1 节中给出的例子就是一个典型的作业车间调度问题。

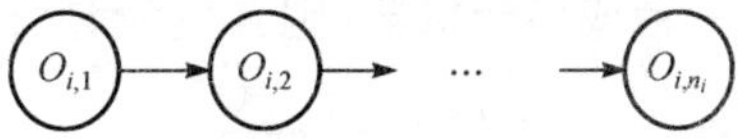

图 2.10　工件 J_i 的各操作的加工顺序

标准作业车间调度问题可描述为 n 个工件 $J_1,J_2,\cdots,J_n$ 在 m 台机器 $M_1,M_2,\cdots,M_m$ 上加工，每个工件包含 m 个操作，且同一工件的每个操作所需要的机器不同。要寻求每个机器上的操作的加工排序，以使给定的性能指标最优。表 1.1 为一个 3 机器 3 工件的作业车间调度问题的数据，其中包括各工件的每个操作的加工时间和所用机器。

（3）流水线车间调度问题

流水线车间调度问题（flow shop problem，FSP）是作业车间调度问题的特例。当一个作业车间调度问题的每个工件 J_i 的各操作 $O_{i,1},O_{i,2},\cdots,O_{i,n_i}$ 所需要的机器顺序都相同时，称其为流水线车间调度问题。以表 2.1 所示的作业车间调度问题为例，该问题中每个工件的各操作所用机器的顺序不同，例如工件 1 的操作 1、2、3 分别用到机器 1、2、3，而工件 2 的操作 1、2、3 分别用到机器 2、1、3。若把表 2.1 改为表 2.2，每个工件的各操作所需要的机器顺序相同，均为 1、2、3，则该问题为流水线车间调度问题。

称该类问题为流水线车间调度问题，是因为每个工件都要依次在一定顺序的机器上加工。表 2.2 所描述的问题中，各工件以流水线的方式加工，如图 2.11 所示。

表 2.2　一个 3 机器 3 工件的流水线车间调度问题

	工件 1	工件 2	工件 3
操作 1	$(3,M_1)$	$(4,M_1)$	$(3,M_1)$
操作 2	$(5,M_2)$	$(7,M_2)$	$(9,M_2)$
操作 3	$(6,M_3)$	$(2,M_3)$	$(5,M_3)$

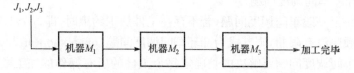

图 2.11　流水线车间调度问题的工件加工过程

（4）混合流水线车间调度问题

混合流水线车间调度问题（hybrid flow shop problem，HFSP）是流水线车间调度问题的扩展。对于一个流水线车间调度问题，如果用若干并行机来代替其中的一台或多台机器，则其变为混合流水线车间调度问题，如图 2.12 所示。

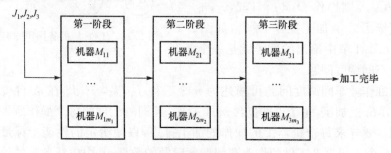

图 2.12　混合流水线车间调度的工件加工过程

混合流水线车间调度问题可以描述为有 n 个工件要经历 $m(m>2)$ 个阶段 (Stage 1, Stage 2, …, Stage m)的加工,每个阶段至少有一台机器,并且至少有一个阶段的机器数目大于 1。工件依次在各阶段上加工,且在每个阶段可在任意一台机器上加工。每个阶段的并行机可以是同等并行机、同类机或变速机。

(5) 置换流水线车间调度问题

置换流水线车间调度问题(permutation flow shop problem, PFSP)是流水线车间调度问题的一个特例。流水线车间调度问题中每台机器 $M_j(j=1,2,\cdots,m)$ 上的工件加工顺序可以不同。例如,对于机器 M_1,依次加工的工件为 J_1,J_2,J_3;对于机器 M_2,依次加工的工件为 J_2,J_3,J_1。如果约定每台机器上的工件加工顺序都必须相同,则称其为置换流水线车间调度问题。该问题就是要寻求所有工件的一个排序,使得某项性能指标最优。

2.3　调度问题的描述

对于每种类型调度问题,可用一个三元组 $\alpha|\beta|\gamma$ 来描述其性质[24], α 表示机器环境, β 表示工件特性, γ 代表优化指标。调度问题数据是指调度问题的参数,如工件数目、机器数目和机器加工约束等。下面首先介绍三元组表示法,然后介绍调度问题数据。

2.3.1　三元组表示法

1. 机器环境 α

调度的机器环境用 $\alpha=\alpha_1\alpha_2$ 来描述。

当 $\alpha_1\in\{\circ,P,Q,R\}$ 时($\circ$ 代表空符号),表示每个工件 J_i 只包含一个操作。该操作可在任一机器 M_j 上加工,令工件 J_i 在 M_j 上的加工时间为 p_{ij}。

根据 α_1 的取值,可区分不同类型的调度问题。

(1) 单机调度问题

$\alpha_1=\circ$ 表示单机调度,即多个工件在一台机器上加工。该机器在同一时间只能加工一个工件,工件 J_i 在该台机器上的加工时间为 p_i。

(2) 并行机问题

当 $\alpha_1\in\{P,Q,R\}$ 表示并行机调度,即多个工件在多台机器上加工,其中每个工件 J_i 可被任意一台机器加工。

① $\alpha_1=P$ 表示同等并行机。所有机器的功能完全相同,都可加工任一工件 J_i,并且工件 J_i 在任一机器上的加工时间是相同且固定的。

② $\alpha_1=Q$ 表示同类机。所有机器属于同一类型,都可用于加工任一工件 J_i,

各台机器的加工速度不同,每台机器的加工速度固定。

③ $\alpha_1 = R$ 表示变速机。所有机器都可用于加工任一工件 J_i,每台机器的加工速度不固定,会随着所加工的工件的不同而变化。

(3) 车间调度问题

$\alpha_1 \in \{O, F, J\}$ 表示车间调度问题。每个工件 J_i 包含若干操作 $\{O_{ik}\}_{k=1}^{n_i}$,有 m 个机器用于加工这些操作,且同一工件的各操作不能同时加工。根据 α_1 的取值分为以下车间调度类型。

① $\alpha_1 = O$ 表示开环车间调度问题,即每个工件 J_i 的所有操作的加工顺序不受任何限制。

② $\alpha_1 = J$ 表示作业车间调度问题,即每个工件 J_i 包含一系列操作,每个工件的操作需按照一定顺序加工,即必须前一个操作加工完毕后才开始加工后一个操作。操作 O_{ij} 必须在给定的机器 $\mu_{ij} \in \{M_k\}_{k=1}^m$ 上加工,并且 $\mu_{i(j-1)} \neq \mu_{ij}$($j = 2, 3, \cdots, n_i$)。

③ $\alpha_1 = F$ 表示流水线车间调度问题,即每个工件 J_i 包含一系列操作,各操作需要按顺序在一系列机器上加工。也就是说,操作 O_{ij} 必须在机器 M_j 上加工,每个工件的各操作都依次在相同顺序的机器上加工。

α_2 表示机器的数目,如果 α_2 为正整数则表示机器数为 α_2;如果 $\alpha_2 = \circ$,则表示机器数 m 可任意给定。

2. 工件特性 β

调度问题的工件特性 $\beta \subset \{\beta_1, \beta_2, \cdots, \beta_6\}$,其中各元素意义如下:

(1) $\beta_1 \in \{\text{pmtn}, \circ\}$

当 $\beta_1 = \text{pmtn}$ 时,表示允许抢占,也就是任何一个操作的加工过程可以被中断,然后再恢复加工;当 $\beta_1 = \circ$,表示不允许抢占。

(2) $\beta_2 \in \{\text{res}, \text{res1}, \circ\}$

当 $\beta_2 = \text{res}$ 时,表示存在 s 个有限资源 $R_h(h = 1, 2, \cdots, s)$。加工任一工件 J_i 需要 s 个资源中的一个或多个资源,但不能超过 s 个资源。这里的资源对应于前面所说的机器。

当 $\beta_2 = \text{res1}$ 时,表示只有 1 个资源可用,即只有一个机器。

当 $\beta_2 = \circ$ 时,表示资源不受限制。

(3) $\beta_3 \in \{\text{prec}, \text{tree}, \circ\}$

当 $\beta_3 = \text{prec}$ 时,表示工件的加工有先后顺序关系,即一个工件加工完毕后才能加工另一个工件。可用一个有向非循环图 G 来表示工件加工的先后关系,其中节点集合为 $\{1, 2, \cdots, n\}$,如果存在一个从 j 到 k 的路径,记为 $J_j < J_k$,表示 J_j 要在 J_k 开始之前完成。

当 $\beta_3 = \text{tree}$ 时,表示有向非循环图 G 是一个树状结构,其每个节点最多有一个输入或输出。

当 $\beta_3 = \circ$ 时,表示工件的加工没有先后顺序限制。

(4) $\beta_4 \in \{r_j, \circ\}$

当 $\beta_4 = r_j$ 时,表示工件有一个准备时间,每个工件的准备时间可能不同。

当 $\beta_4 = \circ$ 时,表示每个工件的准备时间都为 0,即 $r_j = 0$。

(5) $\beta_5 \in \{m_j \leqslant \bar{m}, \circ\}$

当 $\beta_5 = m_j \leqslant \bar{m}$ 时,表示每个工件 J_i 的操作数目有一个上限(在 $\alpha_1 = J$ 的情况下)。

当 $\beta_5 = \circ$ 时,表示工件的操作数目没有上限。

(6) $\beta_6 \in \{p_{ij} = 1, \underline{p} \leqslant p_{ij} \leqslant \bar{p}, \circ\}$

当 $\beta_6 = p_{ij} = 1$ 时,表示每个操作的加工时间为单位时间。

当 $\beta_6 = \underline{p} \leqslant p_{ij} \leqslant \bar{p}$ 时,表示每个工件的加工时间 p_{ij} 有一个上限值和下限值。

当 $\beta_6 = \circ$ 时,表示每个工件的加工时间 p_{ij} 没有上限值和下限值。

3. 性能指标 γ

性能指标 $\gamma \in \{f_{\max}, \sum f_i\}$ 表示调度问题的优化目标。对于一个有 n 个工件的调度问题,可计算每个工件 J_i 的下列指标。

① 完成时间 C_i。

② 延迟时间 $L_i = C_i - d_i$。

③ 提前时间 $E_i = \max\{-L_i, 0\}$。

④ 拖后时间 $T_i = \max\{0, L_i\}$。

⑤ 单位惩罚 U_i,当 $C_i \leqslant d_i$ 时,$U_i = 0$;否则,$U_i = 1$。

⑥ 流经时间 $F_i = C_i - r_i$。

其中,C_i、d_i 和 r_i 分别为工件 J_i 的完成时间、交货期限和准备时间。

最优准则通常选取如下形式。

① 最大完成时间 $C_{\max} = \max_i\{C_i\}$,总完成时间 $\sum C_i$,总加权完成时间 $\sum w_i C_i$,平均完成时间 $\bar{C} = \sum C_i / n$。

② 最大流经时间 $F_{\max} = \max_i\{F_i\}$,总流经时间 $\sum F_i$,总加权流经时间 $\sum w_i F_i$,平均流经时间 $\bar{F} = \sum F_i / n$。

③ 最大推迟完成时间 $L_{\max} = \max\{L_i\}$,平均推迟完成时间 $\bar{L} = \sum L_i / n$。

④ 最大拖后完成时间 $T_{\max} = \max\{T_i\}$,总拖后完成时间 $\sum T_i$,总加权拖后完成时间 $\sum w_i T_i$,平均拖后完成时间 $\bar{T} = \sum T_i / n$。

⑤ 最大提前完成时间 $E_{\max} = \max\{E_i\}$，总提前完成时间 $\sum E_i$，总加权提前完成时间 $\sum w_i E_i$，平均提前完成时间 $\bar{E} = \sum E_i / n$。

⑥ 总单位惩罚 $\sum U_i$，加权单位惩罚 $\sum w_i U_i$。

实际调度问题中，有时需要综合考虑多个指标。例如，综合考虑 $C_{\max}$ 和 $\sum T_i$ 指标，对这两个指标组合加权，形成综合性能指标，即

$$C_{\max} + \lambda \sum T_i$$

其中，λ 为权重。

综合工件的提前和拖后完成时间，可形成 E/T 指标，即

$$\sum (\alpha_i E_i + \beta_i T_i)$$

其中，α_i 和 β_i 为对应工件的权重。

下面用几个例子来说明调度问题的 $\alpha|\beta|\lambda$ 三元组表示法。

(1) 单机调度问题

对于一个单机调度问题，如果每个工件 J_j 的加工时间为 p_j，准备时间为 r_j，完工时间为 C_j，调度的最优准则为最小化 $\sum_{j \in \{1,2,\cdots,n\}} w_j C_j$，则用三元组表示为 $1 \mid r_j \mid \sum w_j C_j$。

$1 \mid \text{prec} \mid L_{\max}$ 表示一个单机调度问题，各工件的加工有先后顺序约束，调度的优化目标为 $L_{\max}$。

(2) 并行机调度问题

$R \mid \text{pmtn} \mid \sum C_j$ 表示一个变速机调度问题，每个工件只有一个操作，工件加工过程中允许抢占，调度的优化目标为各工件的总完成时间最少。

$P \mid \text{prec}; p_i = 1 \mid C_{\max}$ 表示一个同等并行机调度问题，每个工件只有一个操作，操作的加工时间为单位时间，工件的加工有先后顺序约束，调度的最优指标为工件最大完工时间 $C_{\max}$。该问题的一个实例如图 2.13 所示。该问题有 8 个工件，2 台机器，用一个有向图来表示工件加工的先后约束。该问题的一个调度解表示为图 2.13 中的甘特图。

(3) 车间调度问题

对于图 2.1 所示的作业车间调度问题，其属于 $J \mid \text{res} \mid C_{\max}$ 调度问题，即具有有限资源，不允许抢占，性能指标为 $C_{\max}$。

$J3 \mid p_{ij} = 1 \mid C_{\max}$ 表示一个作业车间调度问题，其中有 3 个机器，工件的每个操作的加工时间为单位时间，调度的性能指标为工件的最大完成时间 $C_{\max}$。

2.3.2　调度问题的数据

具体调度问题需要一些参数来描述。例如，表 2.1 中的加工时间和机器约束

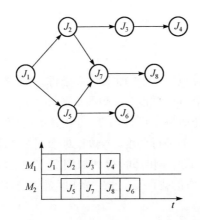

图 2.13　工件的加工顺序约束和一个调度解的甘特图

就是调度问题数据。调度问题的数据通常包括以下方面。

（1）工件和操作的数目

调度问题中所包含的工件数目 n，以及每个工件 $J_i(i=1,2,\cdots,n)$ 中包含的操作数目 n_i。

（2）机器加工约束

加工每个操作 O_{ij} 所需要的机器集合 $\mu_{ij}\subseteq\{M_j\}_{j=1}^m$。一般情况下，$\mu_{ij}$ 中仅有一台机器。若 μ_{ij} 中包含多台机器，则为并行机调度问题。

（3）加工时间

每个操作 O_{ij} 在机器上的加工时间 p_{ij}。若工件 J_i 只有一个操作，则其加工时间表示为 p_i。

（4）准备时间

每个工件 J_i 的准备所需时间，用 r_i 表示。

（5）工件交货期

每个工件 J_i 需要在一个给定的交货日期 d_i 之前完成。若工件 J_i 的完成时间 C_i 大于 d_i，则为拖后完成；否则，为提前完成。

（6）工件加权系数

每个工件 J_i 的加权系数 w_i，用来反映该工件的重要程度。

（7）成本函数

成本函数 $f_i(t)$ 表示在时间 t 完成 J_i 的成本。

2.4　调度解的类型

本节介绍调度解的类型，包括可行调度、半活动调度、活动调度、非延迟调度，以及参数化活动调度。

2.4.1　可行调度

　　如果一个调度解满足机器和工件加工约束条件,并且在每台机器上的工件加工时间互不重叠,则为一个可行调度(feasible schedule)。一个调度问题有无穷多个可行调度解,因为对于任何一个可行调度,可在其中的相邻两个操作之间加入一段空闲时间,使其变为另一个可行调度。例如,对于图 2.14 所示的可行调度,在操作 O_{22} 和 O_{13} 前分别加入一段空闲时间,得到如图 2.15 所示的可行调度。因此,若给定每台机器上的所有操作的排序,通过在操作间插入空闲时间,可衍生出无穷多的可行调度。

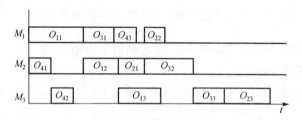

图 2.14　Job shop 调度问题的一个可行调度解

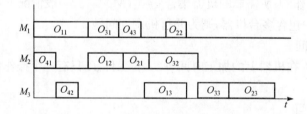

图 2.15　一个可行调度的操作前可插入空闲时间

2.4.2　半活动调度

　　对于图 2.15 所示的可行调度,在不改变机器上的操作的加工顺序以及其他操作的开始加工时间的前提下,可以把若干操作左移。例如,操作 O_{22} 和 O_{13}。一般来说,操作前面的空闲时间会导致调度的性能降低,我们希望获得一个加工时间尽可能紧凑的调度,因此需要对操作进行左移。这种不改变机器上的操作加工顺序和其他操作的开始加工时间的前提下,对某一操作的左移称为局部左移。将 O_{22} 和 O_{13} 局部左移后,可以得到图 2.14 所示的调度。

　　如果一个可行调度中,没有能够局部左移的操作,则称其为半活动调度(semi-active schedule)。显然,图 2.14 所示的调度为半活动调度。半活动调度是可行调度的子集。所有操作在各机器上的一个排序方案(如图 2.14)可对应无穷多个可行调度,但只对应一个半活动调度。通常用所有操作的一个排序方案表示一个调度解,用其对应的半活动调度来评价调度解的性能。

一个调度问题的半活动调度的数目非常庞大。对于经典的 $n \times m$ 的 Job shop 调度问题,每个机器上的操作排序为 $n!$。如果每个机器上的操作排序相互独立,则有 $(n!)^m$ 个半活动调度。然而,由于机器和工件加工约束的限制,很多排序是不可行调度,因此活动调度解的数量要小于该数目。

2.4.3　活动调度

对于一个半活动调度,每个操作由于受到工件加工约束和机器上的操作加工顺序限制,其加工时间不能提前。工件加工约束是调度问题的约束条件,即只有一个工件的前一个操作完成后,下一个操作才能开始加工。若打破机器上的操作加工顺序限制,则某些操作可能提前加工,由此提高调度性能。以图 2.14 所示的半活动调度为例,在不改变其他操作的开始加工时间的前提下,操作 O_{21} 的加工时间可被提前,插入到 O_{41} 和 O_{12} 间的空闲时间内。导致操作 O_{21} 的直接工件后继操作 O_{22}、直接机器后继操作 O_{32} 也相应前移、进一步使得操作 O_{33} 和 O_{23} 前移,如图 2.16 所示。

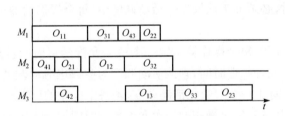

图 2.16　一个半活动调度通过全局左移变为活动调度

活动 O_{21} 的这种前移称为全局左移。全局左移是指在不改变其他操作的开始加工时间的前提下,通过改变机器上操作的加工顺序,使某些操作的加工时间提前。如果在一个半活动调度中,没有操作能够全局左移,则称其为**活动调度**。活动调度是半活动调度的子集。显然,对于 C_{max} 性能指标,调度问题的最优解一定是活动调度。

2.4.4　非延迟调度

非延迟调度(non-delay schedule)是活动调度的特例。一个活动调度若不存在以下情况,即某台机器在某一时刻是空闲状态且具备加工某一操作的条件却没有立即加工,则称其为非延迟调度。以图 2.16 所示的活动调度为例,机器 3 上的操作 O_{13} 和 O_{33} 之间有一段空闲时间,这段时间内机器 3 空闲,具备加工 O_{23} 的条件

（因为此时 O_{22} 已加工完成），但由于机器 3 上的操作加工排序限制，操作 O_{23} 不能在这段时间加工，因此该活动调度不是非延迟调度。

如果交换机器 3 上操作 O_{33} 和 O_{23} 的加工顺序，如图 2.17 所示，则该活动调度变为非延迟调度。非延迟调度是活动调度的子集。一个调度问题的非延迟调度解的集合远小于其活动调度解集合。然而，对于 C_{max} 性能指标，调度问题的最优解不一定是非延迟调度。

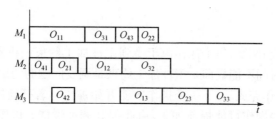

图 2.17　一个活动调度通过操作交换变为非延迟调度

2.4.5　参数化活动调度

非延迟调度中，每个操作的加工不允许有延迟，即当该操作的工件前继操作已完成且机器可用时，必须加工该操作。活动调度中，每个操作的加工没有延迟时间的限制。

若一个活动调度的每个操作被给定一个最大允许延迟时间，即每个操作的延迟时间小于给定的允许延迟时间，则该活动调度为参数化活动调度（parameterized active schedule）。对于一个参数化活动调度，若每个操作的延迟时间均为零时，则该调度为非延迟调度；若每个操作的最大允许延迟时间均为无穷大，则其为活动调度。参数化活动调度是活动调度的子集，是非延迟调度的超集。该类型调度的生成过程见 2.5.9 节。

各种类型的调度间的关系如图 2.18 所示。

图 2.18　各种调度类型的关系

2.5　调度解的编码

　　与进化算法相似,用免疫算法解决调度问题时,需要将调度解表示为抗体,即编码为抗体,将调度解空间映射为抗体的编码空间。然后,利用免疫操作进化抗体群体,获取最优抗体。解空间和编码空间的关系如图 2.19 所示。编码空间到解空间的映射可分为一对一映射、多对一映射、一对多映射等情况,如图 2.20 所示。其中一对一映射最为理想,有时存在多对一映射,即多个编码对应一个调度解。一对多映射是最不希望出现的情况。

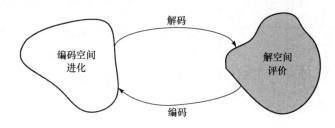

图 2.19　编码空间与解空间[25]

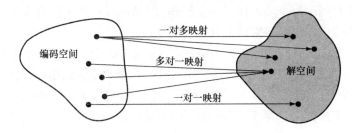

图 2.20　编码空间到解空间的映射[25]

　　调度解的编码直接影响到编码和解码的复杂性、算子的设计,以及算法运行效率。在设计调度编码时,需要考虑解码的复杂性、编码空间到解空间的映射特性等。调度解的编码不宜过长,过长的编码将增大搜索空间,加大搜索难度。解码过程不宜过于复杂,复杂的解码过程会增加算法的时间开销,降低算法的运行效率。

　　调度解的编码可分为直接方法和间接方法。直接方法直接把一个调度解编码为一个个体。基于工件的编码、基于操作的编码、基于完成时间的编码、随机键编码属于此类。间接编码方法不把调度直接编码为个体,如在基于优先规则的编码中,一个用于分配工件的调度规则序列被编码为一个个体,需要先把抗体解码为一个调度规则序列,再用这些调度规则来构造一个调度。基于先后表的编码、基于优先规则的编码、基于析取图的编码、基于机器的编码,以及基于参数化活动调度的编码属于此类。

下面以 Job shop 调度为例来介绍一些常用编码和解码方法。

2.5.1　基于工件的编码

基于工件的编码(job based representation)为工件序号的一个序列[26]。对于一个 n 工件 m 机器的 JSP,个体包括 n 个基因。

解码过程为:第一个工件的所有操作先被调度,然后再调度第二个工件的所有操作,以此类推,直到所有工件的操作都被调度完毕。对于一个工件的所有操作,首先安排工件的第一个操作到某台机器上最早允许时间加工,然后再安排第二个,直到该工件的所有操作都安排完毕。

以图 2.1 所示的 JSP 为例,该问题的一个调度解的编码如图 2.21 所示。该种编码方式的优点是对个体施加进化操作时不会产生不可行解。

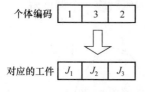

图 2.21　基于工件的编码

2.5.2　基于操作的编码

基于操作的编码(operation based representation)[27, 28]表示为调度问题所有操作的一个排列。每个基因代表一个操作,用操作所在的工件号来表达。根据工件号在编码中出现的顺序来确定其代表的操作。

对于一个 n 工件 m 机器的 JSP,个体包括 $n \times m$ 个基因。每个工件号在个体中重复出现 m 次。以图 2.1 所示的 JSP 为例,一个调度解的编码如图 2.22 所示。其中,第一个基因位的 2 表示工件 2 的第一个操作 O_{21};第 4 个基因位的 2 代表工件 2 的第二个操作 O_{22};第 7 个基因位的 2 代表工件 2 的第三个操作 O_{23}。

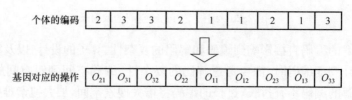

图 2.22　基于操作的编码

解码过程是先将个体转化为一个有序的操作表,然后按照该表以及加工约束逐一安排各个操作在最早允许加工时间加工,直到把所有操作都安排完毕。该解码方法可产生活动调度。

2.5.3　基于优先级列表的编码

对于一个 n 工件 m 机器的 JSP,基于优先级列表的编码(preference list based representation)由 m 个子串构成。每个子串对应一台机器,其中包含 n 个基因,每个基因代表在该机器上加工的一个操作。每个子串不表示在对应机器上的加工顺序，而代表在机器上加工的优先级列表。每台机器都有优先级列表，位于列表中靠前的操作的优先级更高。

以图 2.1 所示的 JSP 为例，一个基于优先级列表的编码如图 2.23 所示。机器 M_1 的优先列表为（2 3 1），代表工件加工的优先顺序为（J_2　J_3　J_1），对照表 2.1 中的机器加工约束，在该机器上操作加工的优先顺序为（O_{22}　O_{31}　O_{11}）。同样，M_2 的优先列表为（2 1 3），代表该机器上操作优先顺序为（O_{21}　O_{12}　O_{32}）；机器 M_3 的优先列表为（1 2 3），表示该机器上操作的优先顺序为（O_{13}　O_{23}　O_{33}）。

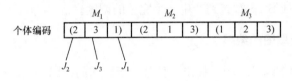

图 2.23　基于优先级列表的编码

解码通过仿真过程来实现，即根据每台机器上等待队列中待加工工件的状态，以及工件加工约束，来决定加工哪个工件。例如，对于图 2.23 所示的调度编码，首先把每个机器的优先级列表中第一个操作作为优先操作，即 O_{22}、O_{21}、O_{13}。由于工件加工约束限制，操作 O_{13} 不能加工，只能先加工操作 O_{21}，再加工操作 O_{22}。此时，优先操作变为 O_{31}、O_{12}、O_{13}。根据工件加工约束限制，操作 O_{12} 和 O_{13} 不能加工，只能安排操作 O_{31} 加工。此时，优先操作为 O_{11}、O_{12}、O_{13}。根据工件加工约束限制，按照 O_{11}、O_{12}、O_{13} 的顺序加工这三个操作后，优先操作变为 O_{32} 和 O_{23}。由于这两个操作的直接工件前继操作都已加工，因此安排这两个操作分别在机器 M_2 和 M_3 上加工。最后，安排操作 O_{33} 在机器 M_3 上加工。

2.5.4　基于优先规则的编码

基于优先规则的编码（priority rule based representation）把个体编码为一系列用于工件分配的调度规则[29-31]，利用这些调度规则，把个体解码为调度。下面介绍 Dorndorf 和 Pesch 的基于优先规则的编码[29]。

对于一个 n 工件 m 机器的 JSP，编码包括 $n \times m$ 个基因（$p_1, p_2, \cdots, p_{nm}$）。每个基因代表预先给定的调度规则集合中的一个调度规则，采用 Giffler & Thompson 算法[32] 进行解码。若算法在第 i 次迭代中出现资源冲突，则用调度规则 p_i 解决，即用规则 p_i 从冲突集合中选出一个操作。

给定一个个体（$p_1, p_2, \cdots, p_{nm}$），解码过程如下（符号说明见 1.2.2 节）：

Step 1，令 $t=1$，部分调度 PS_t 为空，S_t 中包含所有没有前继操作的操作（即所有工件的第一个操作）。

Step 2，确定 $\phi_t^* = \min_{i \in S_t} \{\phi_i\}$，以及加工 ϕ_t^* 所用的机器 m^*。若存在多个机器满足以上条件，则随机选择其中的一个。

Step 3，若操作 $i \in S_t$ 在机器 m^* 上加工且 $\sigma_i < \phi_t^*$，则将其加入到冲突集合 C_t 中。用优先规则 p_t 从 C_t 中选出一个操作，将其加入 PS_t 中尽早加工，由此得到新的部分调度 PS_{t+1}。如果按优先规则 p_t 选出多个操作，则从中随机选择一个操作加入到 PS_t。

Step 4，把选中的操作从 S_t 中删除，同时把该操作的直接工件后继操作加入 S_t。令 $t = t+1$。

Step 5，返回 Step 2，直到产生一个完整的调度。

2.5.5　基于析取图的编码

Tamaki 和 Nishikawa[33] 提出一种基于析取图的编码（disjunctive graph based representation）。以图 2.1 所示的 JSP 为例，该析取图中有 9 条非连接弧，当确定所有非连接弧的方向后，就决定了所有机器上的操作排序，即确定了一个调度。若有向析取图不存在循环连接，则其代表可行调度。个体表示为一个二进制串，长度为析取图中非连接弧的数目，每个基因位对应一个非连接弧，如图 2.24 所示。其中 e_{ij} 代表析取图中节点 i 与节点 j 间非连接弧方向，定义为

$$e_{ij} = \begin{cases} 1, & \text{非连接弧的方向为从节点 } j \text{ 到节点 } i \\ 0, & \text{非连接弧的方向为从节点 } i \text{ 到节点 } j \end{cases}$$

图 2.24 所示的个体为有向析取图 2.2 所示调度解的编码。图 2.2 中连接节点 O_{11} 和 O_{22} 的非连接弧的方向为从 O_{11} 到 O_{22}（即 $e_{O_{11}O_{22}} = 0$），个体的第 1 位对应于 $e_{O_{11}O_{22}}$，故其值为 0。

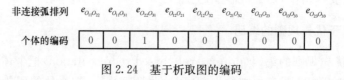

图 2.24　基于析取图的编码

显然，对于任意给定的一个编码，并不能保证其代表的析取图中不存在循环连接，即个体可能代表不可行调度。为此，文献[33]采用一种基于关键路径的算法进行解码。

Step 1，给定析取图中所有非连接弧对为未设定状态。

Step 2，去除析取图中所有未设定的非连接弧对，保留已设定的非连接弧对。计算从起始节点 O_0 到每个节点的关键路径长度，即每个节点的最早开始时间。

Step 3，如果析取图中任何两个节点都不冲突，则计算 $C_{\max}$（即关键路径长度），算法停止；否则，根据编码中相应的基因来设定两个相互冲突的节点间的非连

接弧的方向,确定其最早开始时间,返回 Step 2。

2.5.6　基于完成时间的编码

Yamada 和 Nakano[34] 提出一种基于完成时间的编码(completion time based representation)。该编码把个体表示为操作的完成时间列表。以表 2.1 所示的 JSP 为例,一个个体的编码如图 2.25 所示,其中 C_{ij} 为第 i 个工件的第 j 个操作的完成时间。

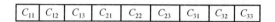

图 2.25　基于完成时间的编码

该编码对大多数进化算子都会产生非法调度解,因而需要设计特殊的进化算子。文献[34]设计了一种基于 Giffler & Thompson 算法的交叉和变异操作。给定基于完成时间编码的父个体和母个体,交叉和变异过程如下:

Step 1,令 $t=1$,部分调度 PS_t 为空,S_t 中包含所有没有前继操作的操作(即所有工件的第一个操作)。

Step 2,确定 $\phi_t^* = \min_{i \in S_t} \{\phi_i\}$,以及加工 ϕ_t^* 所用的机器 m^*。若存在多个机器满足以上条件,则随机选择其中的一个。

Step 3,若操作 $i \in S_t$ 在机器 m^* 上加工且 $\sigma_i < \phi_t^*$,则将其加入到冲突集合 C_t 中。按照以下方法从 C_t 中选择一个操作进行调度:

(a) 产生一个随机数 $\varepsilon \in [0,1)$,与预先给定的变异率 $R_\mu \in [0,1)$ 比较。

如果($\varepsilon < R_\mu$),则从 C_t 中选择任一操作(相当于变异)。

(b) 否则,各以 50% 的概率选择父个体或母个体。

假设选择了母个体,从 C_t 中选择在母个体中最早被调度的操作。

(c) 将选中的操作加入 PS_t 中尽早加工,得到新的部分调度 PS_{t+1}。

Step 4,把选中的操作从 S_t 中删除,同时把该操作的直接工件后继操作加入 S_t。令 $t=t+1$。

Step 5,返回 Step 2,直到产生一个完整的调度。

Step 3 给定如何安排在机器 m^* 上的操作加工顺序。若选择母个体,则子个体的冲突集合 C_t 中的操作调度顺序与母个体的接近,因为对于 C_t 中的任一操作,若在母个体中被较早地调度,则在子个体中也被较早地调度。在 Step 3 中,如果每次迭代中都选择母个体,则子个体与母个体相同。

2.5.7　基于机器的编码

Dorndorf 和 Pesch[29] 提出了一种基于机器的编码(machine based represe

ntation)。个体编码为一个机器序列。用 Adams 等[35] 提出的移动瓶颈启发式算法(shifting bottleneck heuristic)进行解码。该算法对各机器上的操作逐一进行排序。每次从未排序的机器中确定一个瓶颈机器进行排序,然后在对已排序的机器重新优化排序。算法需要辨识瓶颈机器,Adams 等采用的方法是令 M_0 为已排序的机器集合,M 为所有机器的集合;对每个机器 $m_k \in M \backslash M_0$,解决单机排序问题;然后选取调度结果最差的机器作为瓶颈机器。Dorndorf 和 Pesch 用个体中机器出现的顺序来确定瓶颈机器。寻求最优个体相当于寻找最优的瓶颈机器排序。

个体 $(m_1, m_2, \cdots, m_m)$ 的解码过程如下:

Step 1,令 $M_0 = \phi$,$i = 1$。

Step 2,对 m_i 进行最优排序。更新集合 $M_0 = M_0 \cup \{m_i\}$。

Step 3,在保持其他机器上的排序不变的情况下,对每个关键机器 $m_i \in M_0$ 上的工件排序重优化。

Step 4,令 $i = i + 1$。如果 $i > m$,则停止;否则,返回 Step 2。

Step 2 中的单机最优排序方法和 Step 3 中的重优化方法见参考文献[35]。

2.5.8　基于随机键的编码

Bean[36,37] 提出了随机键编码(random key representation)。该编码的特点是不会由进化操作产生非法解。

个体表示为一系列随机数。对于一个 n 工件 m 个机器的 JSP,个体包括 $n \times m$ 个基因,每个基因包括两部分,即集合 $\{1, 2, \cdots, m\}$ 中的一个整数和一个 $(0,1)$ 区间的随机数。整数部分表示机器,对小数部分按升序排列可确定每台机器上操作加工顺序。

例如,对于图 2.1 所示的 3 工件 3 机器的 JSP,一个个体的编码如图 2.26 所示。前 3 个基因的整数部分为 1,表示机器 1。机器 1 上的操作加工顺序由这 3 个基因的小数部分升序排序决定。这 3 个基因的小数部分的升序排列为 (0.14 0.22 0.98),即机器 1 上的工件加工顺序为 2→1→3。同样,机器 2 上的工件加工顺序为 1→3→2,机器 3 上的工件加工顺序为 2→3→1。

容易看出,该编码确定的各机器上的工件排序可能对应不可行解。例如,图 2.26 所代表的机器上的工件排序即为不可行解,因为该排序导致析取图中出现了循环连接 $O_{11} \to O_{12} \to O_{21} \to O_{22} \to O_{11}$。根据工件加工约束,操作 O_{11} 应先于操作 O_{12} 加工,操作 O_{21} 应先于操作 O_{22} 加工。根据机器 2 上的工件排序,操作 O_{12} 先于操作 O_{21} 加工。为此,操作 O_{11} 先于操作 O_{22} 加工,但机器 1 上的排序要求 O_{22} 先于 O_{11} 加工。该排序违反了加工约束条件,为不可行调度。

为了由个体生成可行调度解,在调度工件时必须满足工件加工约束,即只有一个工件的前继操作被加工后,该工件才能开始加工。令 J 表示按随机键排列的未

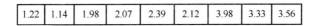

1.22	1.14	1.98	2.07	2.39	2.12	3.98	3.33	3.56

图 2.26　基于随机键的编码

调度工件集合，K 表示依照工件加工约束可调度工件集合，个体解码过程如下：

Step 1，初始化 J 和 K。

Step 2，选择 $J \cap K$ 中的第 1 个工件 j。

Step 3，在相应机器上调度工件 j，使得不存在能够局部左移的操作。

Step 4，从 J 和 K 集合中分别删除 j，同时在 K 中加入由于调度 j 而变为可调度的所有工件；返回 Step 2，直到调度完所有工件。

Step 3 中不存在能够局部左移操作是为了保证产生半活动调度。

2.5.9　参数化活动调度编码

参数化活动调度编码（parameterized active scheduling representation）用于生成参数化活动调度（2.4.5 节）。对于 n 工件 m 机器的 JSP，把所有操作的优先级和最大允许延迟时间编码，个体表示为

$$(\mathrm{Prior}_{11}, \cdots, \mathrm{Prior}_{1m}, \cdots, \mathrm{Prior}_{n1}, \cdots, \mathrm{Prior}_{nm}, \mathrm{Del}_1, \cdots, \mathrm{Del}_{n \times m})$$

其中，$0 \leqslant \mathrm{Prior}_{ij} \leqslant 1$ 表示操作 O_{ij} 的优先级；$0 \leqslant \mathrm{Del}_k \leqslant 1 (1 \leqslant k \leqslant n \times m)$ 表示最大允许延迟时间。

实际的延迟时间为

$$\mathrm{Delay}_k = \mathrm{Del}_k \times 1.5 \times \mathrm{Maxdur}, \quad 1 \leqslant k \leqslant n \times m$$

其中，Maxdur 为所有操作中的最大加工时间。

令 J 为调度问题中所有操作的集合，S_g 为经过 g 次迭代后已完成的操作集合，F_g 为集合 S_g 中的操作的完成时间集合。令 $A(t_k)$ 为在 t_k 时刻正在加工的操作的集合，即

$$A(t_k) = \{ j \in S_g \mid C_j - d_j \leqslant t_k < C_j ; C_j \in F_g \}$$

其中，d_j 和 C_j 分别为操作 j 的加工时间和完成时间。

令 $E(t_k + \mathrm{Delay}_g)$ 为在 $[t_k, t_k + \mathrm{Delay}_g]$ 时间内可加工的操作的集合，即其中操作的工件前继操作都已经完成，表示为

$$E(t_k, \mathrm{Delay}_g) = \left\{ j \in J \backslash S_g \mid C_i \leqslant t_k + \mathrm{Delay}_g ; i \in P_j \right\}$$

其中，P_j 为操作 j 的工件前继操作的集合。

令 $\mathrm{RMC}_m(t_k)$ 为在 t_k 时刻机器 m 的占用情况，0 表示机器被占用，1 表示机器可用，即

$$\mathrm{RMC}_m(t_k) = 1 - \sum_{j \in A(t_k)} r_{j,m}$$

其中,$r_{j,m}=1(0)$表示工件 j 占用(未占用)机器 m。

假设在所有操作之前和之后各有一个空操作,即操作 0 和操作 $n+1$,它们的开始时间分别为 0 和工件最大完成时间。

可以用以下过程把个体解码为参数化活动调度。

初始化,令 $g=1,k=0,t_0=0,F_0=\{0\},S_0=\{0\},A_0(0)=\{0\}$。

While 　$|S_g|\leqslant n\times m+1$　do

　　While 　$E(t_k,\mathrm{Delay}_g)\neq\phi$　do

　　　　选择 $E(t_k,\mathrm{Delay}_g)$ 中优先级最高的操作

　　　　令 $j^*=\underset{j\in E(t_k,\mathrm{Delay}_g)}{\mathrm{argmax}}\{\mathrm{Prior}_j\}$

　　　　计算 j^* 的最早完成时间 C_{j*}。

　　　　$\mathrm{EF}_{j^*}=\underset{i\in P_{j^*}}{\max}\{C_i\}+d_{j^*}$

　　　　$F_{j^*}=\min\{t|t\in[\mathrm{EF}_{j^*}-d_{j^*},\infty]\cap\mathrm{RMC}_m(\tau)$
　　　　　　$=1,其中 \tau\in[t,t+d_{j^*}],r_{j^*,m}=1\}$

　　　　令 $g=g+1$

　　　　$S_g=S_{g-1}\cup\{j^*\}$

　　　　$F_g=F_{g-1}\cup\{C_{j^*}\}$

　　　　重新计算 $E(t_k,\mathrm{Delay}_g)$

　　End while

　　令 $k=k+1$

　　计算 $t_k=\underset{j\in A(t_{k-1})}{\min}\{C_j\}$

End while

计算 $C_{\max}=\underset{i\in P_{n\times m+1}}{\max}\{C_i\}$

候选集合为在时间 $[t_k,t_k+\mathrm{Delay}_g]$ 内可处理的操作的集合。在第 g 次迭代中,从候选集合中选择优先级最高的操作加工,直到 $[t_k,t_k+\mathrm{Delay}_g]$ 内没有可加工的操作。然后增加 t_k,使得 $[t_k,t_k+\mathrm{Delay}_g]$ 内至少有一个操作可加工。当所有操作都被加工后,生成一个参数化活动调度。如果所有操作的最大允许延迟时间均为 0,即所有工件都没有延迟,此时解码获得非延迟调度。若最大延迟时间为无穷大,则意味着不考虑工件的延迟时间,此时解码为活动调度。通过控制最大允许延迟时间的大小,可以控制参数化活动调度的解空间,当延迟时间由 0 变为很大的值时,调度解空间从非延迟调度集合变为活动调度集合。

参 考 文 献

[1] Balas E. Machine sequencing via disjunctive graphs：an implicit enumeration algorithm. Operation Research，1969，17：941-957.

[2] James E，Kelley J. Critical-path planning and scheduling ：mathematical basis. Operations Research，1961，9(3)：296-320.

[3] Bellman B. On a routing problem. Quarterly of Applied Mathematics，1958，16：87-90.

[4] Tailland E D. Parallel taboo search techniques for the Job shop scheduling problem. ORSA Journal of Computing，1994，6(2)：108-117.

[5] Liaw C F. A tabu search algorithm for the open shop scheduling problem. Computer and Operation Research，1999，26：109-126.

[6] Song J S，Lee T E. A tabu search procedure for periodic Job shop scheduling. Computers and Industrial Engineering，1996，30(3)：433-447.

[7] Chu C，Proth J M，Wang C. Improving job-shop schedules through critical pairwise exchange. International Journal of Production Research，1998，36(3)：683-694.

[8] Cormen T H. Introduction to algorithms. New York：MIT Press，2001.

[9] Murovec B S，Suhel P. A repairing technique for the local search of the job-shop problem. European Journal of Operational Research，2004，153：220-238.

[10] Blazewicz J，Dror M，Weglarz J. Mathematical programming formulations for machine scheduling ：a survey. Eruopean Journal of Operation Research，1991，51：283-300.

[11] Tavakkoli-Moghaddam R，Daneshmand-Mehr M. A computer simulation model for Job shop scheduling problems minimizing makespan. Computer and Industrial Engineering，2005，48(4)：811-823.

[12] Lee L H，Lee C U，Tan Y P. A multi-objective genetic algorithm for robust flight scheduling using simulation. European Journal of Operational Research，2007，177(3)：1948-1968.

[13] Kim Y D，Shim S O，Choi B，et al. Simplification methods for accelerating simulation-based real-time scheduling in a semiconductor wafer fabrication facility. IEEE Transactions on Semiconductor Manufacturing，2003，16(2)：290-298.

[14] Frantzén M，Ng A H C，Moore P. A simulation-based scheduling system for real-time optimization and decision making support. Robotics and Computer-Integrated Manufacturing，2011，27(4)：696-705.

[15] Lin H P，Fan Y S，Loiacono E T. A practical scheduling method based on workflow management technology. International Journal of Advance Manufacture Technology，2004，24(11)：919-924.

[16] The workflow reference model. Workflow Management Coalition，1995.

[17] 范玉顺，罗海滨，林慧苹. 工作流管理技术基础. 北京：清华大学出版社，2001.

[18] Winograd T，Flores R. Understanding Computers and Cognition. New York：Addison-Wes-

ley,1987.

[19] Mohan C,Agrawal D,Alonso G. Exotica:a project on advanced transaction management and workflow systems. SIGOIS Bull,1995,16:45-50.

[20] Ellis C A,Nutt G J. Modeling and enactment of workflow systems. Application and Theory of Petri Nets,Lecture Notes in Computer Science,1993:1-16.

[21] Van der Aalst W M P. Three good reasons for using a Petri-net-based workflow management system// The International Working Conference on Information and Process Integration in Enterprises,1996.

[22] Aversano L,Canfora G,Lucia A,D,et al. Business process reengineering and workflow automation : a technology transfer experience. The Journal of Systems and Software,2002, 63(1):29-44.

[23] Workflow management coalition terminology and glossary. Workflow Management Coalition,1996.

[24] Graham R E,Lawler E L,Lenstra J K,et al. Optimization and approximation in deterministic sequencing and scheduling:a survey. Annals of Discrete Mathematics,1979,4:287-326.

[25] Cheng R,Gen M,Tsujimura Y. A tutorial survey of job-shop scheduling problems using genetic algorithms-I representation. Computer and Industrial Engineering, 1996, 30 (4): 983-997.

[26] Holsapple C,Jacob V,Pakath R,et al. A genetic-based hybrid scheduler for generating static schedules in flexible manufacturing contexts. IEEE Transactions on Systems,Man,and Cybernetics,1993,23:953-971.

[27] Gen M,Tsujimura Y,Kubota E. Solving job-shop scheduling problem using genetic algorithms//International Conference of Computer and Industrial Engineering,1994.

[28] Yamada T,Nakano R. Job-shop scheduling. Genetic Algorithms in Engineering Systems, 1997:134-160.

[29] Dorndorf U,Pesch E. Evolution based learning in a Job shop scheduling environment. Computer and Operation Research,1995,22:25-40.

[30] Herrmann J W,Lee C Y,Hinchman J. Global job-shop scheduling with a genetic algorithm. Production and Operations Management,1995,4(1):30-45.

[31] Hemant K N S,Srinivasan G. A genetic algorithm for job-shop scheduling-a case study. Computers in Industry,1996,31(2):155-160.

[32] Giffler B,Thompson G. Algorithms for solving production scheduling problems. Operations Research,1960,8:487-503.

[33] Tamaki H,Nishikawa Y. A paralleled genetic algorithm based on a neighborhood model and its application to the jobshop scheduling// The Second International Conference on Parallel Problem Solving from Nature,1992.

[34] Yamada T,Nakano R. A genetic algorithm applicable to large-scale job-shop problems// The Second International Conference on Parallel Problem Solving from Nature,1992.

[35] Adams J, Balas E, Zawack D. The shifting bottleneck procedure for Job shop scheduling. Management Science, 1988, 34(3): 391-401.

[36] Bean J. Genetic algorithm and random keys for sequencing and optimization. ORSA Journal on Computing, 1994, 6: 154-160.

[37] Norman B A, Bean J C. Random keys genetic algorithm for scheduling: unabridged version. Department of Industrial and Operations Engineering, University of Michigan, 1995.

第 3 章　免疫遗传调度算法

Jerne[1]于 1974 年提出了免疫网络理论,认为免疫系统中淋巴细胞(主要包括 B 细胞和 T 细胞)之间存在相互抑制和刺激的作用,由此形成一个动态免疫网络,免疫系统对入侵抗原的应答不仅是局部免疫细胞和分子的相互作用,而是整个免疫网络共同作用的结果。Mori 等[2]把免疫网络原理引入到遗传算法中,通过调整种群中抗体的适应度来影响选择概率,以此调节种群多样性,避免优秀抗体过度支配群体,增强算法的全局搜索能力。此后,很多学者研究基于免疫网络理论的进化算法,这类算法的特点是利用免疫网络机制来提高遗传算法的种群多样性,通过引入免疫记忆机制来加快算法收敛,称这类算法为免疫遗传算法。

本章首先介绍免疫遗传算法的基本思想,然后介绍几种免疫遗传调度算法。

3.1　免疫遗传算法

免疫遗传算法由 Mori 等[2]提出。算法基于免疫网络理论,利用信息熵度量种群多样性,用交叉和变异操作进行基因重组,同时引入记忆机制来提高收敛速度。Fukuda 等[3]对 Mori 的算法进行了改进。之后,一些学者相继提出了各种形式的免疫遗传算法,其原理与 Fukuda 的算法类似,在此介绍 Fukuda 的免疫遗传算法。

3.1.1　抗体多样性表达

信息熵用来度量信息量的大小。这里用信息熵来测量种群的多样性。如图 3.1所示,假设种群中有 N 个抗体,每个抗体为长度为 L 的串,抗体中每个基因位有 S 个可能的取值,则抗体的第 j 个基因的信息熵表示为

$$H_j(N) = \sum_{i=1}^{S} p_{i,j} \log p_{i,j} \tag{3.1}$$

其中,$p_{i,j}$ 为第 j 位基因取 i 值的概率,即

$$p_{i,j} = P\{\text{gene}_j = i\} \tag{3.2}$$

用种群中抗体的所有基因平均信息熵来衡量种群的多样性,表示为

$$H(N) = \frac{1}{L} \sum_{j=1}^{L} H_j(N) \tag{3.3}$$

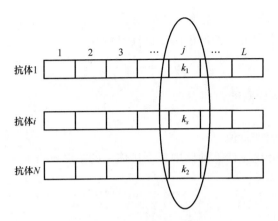

图 3.1　抗体基因位的信息熵

3.1.2　算法的步骤

算法流程如图 3.2 所示,具体步骤如下:

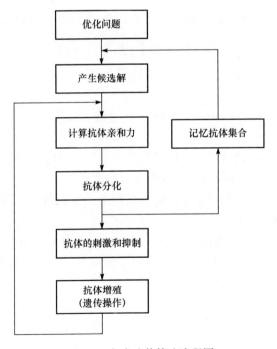

图 3.2　免疫遗传算法流程图

Step 1,给定要优化的问题。

Step 2,由记忆集合产生候选解(即抗体)。记忆集合中保存着以前成功解决问题的解。这相当于利用以前解决类似问题的解来初始化种群。

Step 3,计算亲和力。种群中两个抗体 v 和 w 的亲和力 $ay_{v,w}$ 为

$$ay_{v,w} = \frac{1}{1+H(2)} \tag{3.4}$$

种群中抗体 v 与抗原间的亲和力 ax_v 为

$$ax_v = opt_v \tag{3.5}$$

其中,opt_v 为抗体的评价值。

Step 4,抗体分化。计算种群中每个抗体 v 的浓度 c_v,即

$$c_v = \frac{1}{N}\sum_{w=1}^{N} ac_{v,w} \tag{3.6}$$

$$ac_{v,w} = \begin{cases} 1, & ay_{v,w} \geqslant \sigma_1 \\ 0, & 其他 \end{cases} \tag{3.7}$$

其中,σ_1 为给定的阈值。

如果 c_v 的值大于一个给定的阈值 σ,则其被抑制,即将其从种群中删除;反之,则将其加入到记忆集合中。

Step 5,抗体刺激和抑制。按下式计算每个抗体的增殖期望,即

$$e_v = \frac{ax_v \displaystyle\prod_{j=1}^{N}(1-as_{v,j})}{c_v \displaystyle\sum_{i=1}^{N} ax_i} \tag{3.8}$$

$$as_{v,j} = \begin{cases} ay_{v,j}, & ay_{v,j} \geqslant \sigma_2 \\ 0, & 其他 \end{cases} \tag{3.9}$$

这表明,具有高亲和力且浓度低的抗体增值期望高,而具有低亲和力或高浓度的抗体的增殖期望低。以此保持进化过程中种群的多样性。

Step 6,抗体增殖。采用交叉和变异操作来产生新抗体。用新抗体替换以上步骤中被删除的抗体。

该算法能够产生具有多样性的解,在寻找全局最优解的同时,也能找到局部最优解。文献[3]中的仿真表明,算法能找到多峰函数的全局最优和局部最优解,种群在进化后期保持了很大的多样性。

3.2　用于 JSP 的免疫遗传算法

Miyashita 对 Mori 等的免疫遗传算法进行了改进,用于解决 Job shop 调度问题。Mori 等[2]的免疫算法把抗体看作是候选解,抗原看作是待优化的问题,抗体和抗原间的亲和力(即抗体评价值)是确定的。Miyashita[4]把决策变量分成两部分,在设计阶段确定的变量对应于抗体;在设计阶段不能确定的变量(如扰动因素)

对应于抗原。

优化问题可以描述为

$$\text{minimize} f(\boldsymbol{x}) \tag{3.10}$$
$$\text{s. t.} \quad g(\boldsymbol{x}) \leqslant 0$$

其中，$\boldsymbol{x}$ 为决策变量向量，可分为向量 $\boldsymbol{x}_b$ 和 $\boldsymbol{x}_g$，分别对应于抗体和抗原；f 为目标函数；g 为约束条件。

3.2.1 抗体和抗原的关系

抗体和抗原间的相互作用表现为如下目标函数。

对于抗体

$$F(\boldsymbol{x}_b) = \min\{ f(\boldsymbol{x}_b, \boldsymbol{x}_g) \mid \boldsymbol{x}_g \in \{\text{所有抗原}\} \} \tag{3.11}$$

对于抗原

$$F(\boldsymbol{x}_g) = \max\{ f(\boldsymbol{x}_b, \boldsymbol{x}_g) \mid \boldsymbol{x}_b \in \{\text{所有抗体}\} \} \tag{3.12}$$

式(3.12)的目标是寻找抗原，使抗原对于所有抗体的性能最差。然后再针对找到的抗原，用目标函数(3.11)寻找抗体，使得抗体对这些抗原的性能最好。这样，抗体在最不理想的环境下(对应于性能最差的抗原)，也具有优秀性能，由此保证决策变量的鲁棒性。

3.2.2 抗体和抗原的交互进化

抗体采用基于操作的编码(2.5.2 节)，对于一个 n 工件 m 机器的 JSP，编码长度为 $n \times m$。采用 Giffler & Thompson 算法进行解码，生成活动调度。抗原为长度 m 的实数编码，每个基因对应一台机器，表示该机器上工件的延迟时间。

免疫算法流程如图 3.3 所示。首先随机初始化抗体和抗原群体，利用式(3.11)和式(3.12)评价每个抗体和抗原。利用目标函数(3.11)，对抗体群体施加遗传操作。然后，利用式(3.3)计算群体的平均信息熵 S_m，来衡量群体的多样性。若 S_m 大于某一给定阈值 T，则把抗体群体中最好的抗体与记忆集合中的抗体比较，如果该抗体更优，则将其加入到记忆集合中。接着，利用目标函数(3.12)，用遗传操作更新抗原。当达到给定世代数时，算法终止。记忆集合中的抗体即为优化的决策变量。

由于采用了记忆集合，该算法能产生多个调度解供选择。算法的另一个特点是用抗原来代表不确定变量，通过抗体和抗原的交互进化，生成对不确定调度环境具有鲁棒性的调度解。

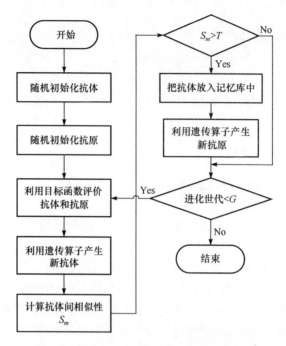

图 3.3　Miyashita 的免疫调度算法流程图[4]

3.3　用于 HFSP 的免疫遗传算法

　　带有准备时间的调度在化工、纺织、冶金和自动制造中有着广泛的应用背景。Zandieh 等[5] 提出了一种免疫调度算法用于带排序相关准备时间（sequence dependent setup times，SDST）的混合流水线调度问题（hybrid flow shop problem，HFSP）。

3.3.1　带有 SDST 的混合 FSP

　　若一个混合流水线调度问题不需要工件经历所有阶段，即允许工件跳过某些阶段加工，则为柔性混合流水线调度问题[6]。柔性混合流水线调度问题描述如下：
　　① 有 g 个阶段 $1,2,\cdots,g$。
　　② 有 n 个工件，每个工件从阶段 1 到 g 顺序加工，但不要求在每个阶段都加工，可跳过某个阶段。
　　③ 工件在各阶段间没有运输时间。
　　④ 阶段之间的缓存空间足够大，不会发生拥塞现象。
　　⑤ 每个阶段有一定数目的并行机，各阶段中的机器数目可能不同。
　　⑥ 不存在机器故障，机器可以连续加工。

⑦ 每个工件在每个阶段只能在一台机器上加工。

⑧ 每个工件在每个阶段的加工时间固定且已知。

柔性混合流水线调度如图 3.4 所示。第 1 阶段有 2 个并行机,第 2 阶段有 3 个并行机,第 3 个阶段有一台机器。工件从阶段 1 到 3 顺序加工,也可跳过某个阶段。工件可有多种类型,不同类型工件经历的阶段不同。例如,工件的路由可包括 1,2,3,1-2,1-3,2-3,1-2-3 几种(数字表示阶段号)。工件的加工路由为已知,决定每个工件在哪台机器上加工以及各机器上的工件加工顺序。

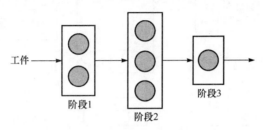

图 3.4 柔性混合流水线调度问题[5]

带有 SDST 的柔性混合流水调度问题为:当多个工件要在一台机器上加工时,一个工件加工完毕后,下一工件加工前需要有一个准备时间,而这个准备时间是与工件的加工顺序相关的,即准备时间与在该机器上加工的前一工件相关。假设在每个阶段中的每一对工件的准备时间已知且固定。该问题需要解决的是在各阶段上为每个工件分配机器,并且决定各机器上的开始准备时间、工件加工时间和完成时间。具体描述如下。

n,要加工的工件数目。

g,阶段数目。

m^t,在第 t 阶段中并行机数目。

p_i^t,工件 i 在第 t 阶段的加工时间。

s_{ij}^t,第 t 阶段中由工件 i 到工件 j 的准备时间。

$\tilde{p}_i^t$,工件 i 在第 t 阶段的修正加工时间($\tilde{p}_i^t = p_i^t + \min_j s_{ij}^t$)。

$S^t = \{i \mid i = 1, 2, \cdots, n, p_i^t > 0\}$,要在第 t 阶段加工的工件集合。

$S_i = \{t \mid t = 1, 2, \cdots, g, p_i^t > 0\}$,加工工件 i 的阶段集合。

假设存在工件 0 和工件 $n+1$,其加工时间均为 0。工件 0 在每个阶段的完成时间为该阶段的最早准备时间。工件 $n+1$ 的准备时间为 0,用于标识调度结束。假设在每阶段加工的工件数目大于或等于该阶段的并行机数目,即 $|S^t| \geqslant m^t$, $t = 1, 2, \cdots, g$。

3.3.2　免疫调度算法

抗原对应要优化的目标函数,抗体对应调度问题的可行解。利用免疫操作不断更新抗体群体,直到达到给定的进化世代数。算法流程如图 3.5所示。

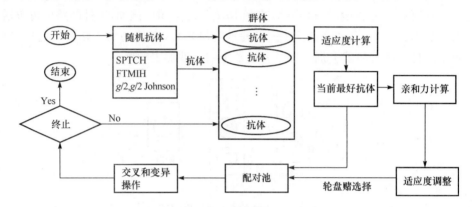

图 3.5　免疫调度算法框架[5]

算法步骤如下:

Step 1,初始化。给定算法参数,包括群体规模 np,进化世代数 ng,交叉概率 pc,变异概率 pm,亲和力阈值 at,亲和力调节因子 aa。初始群体中的 3 个抗体分别由 SPTCH、FTMIH 和 g/2,g/2 Johnson 启发式规则产生,其余 np−3 个抗体随机产生。

Step 2,计算抗体评价值。根据适应度函数计算每个抗体的适应度值。指标为所有工件的最大完成时间 C_{max}。

Step 3,构造配对池。记录当前适应度最高的抗体(最好抗体)。计算群体中每个抗体与最好抗体的相似度,用亲和力来表示。若一个抗体的亲和力高于给定阈值 at,则减少其被选择的概率。用轮盘赌方法从群体(包括最好抗体)中选择出 np−1 个抗体,将这 np−1 个抗体与最好抗体一起构成配对池。

Step 4,交叉操作。从配对池中选择 np×pc 个抗体进行交叉。

Step 5,替换操作。用当前群体替换上一世代群体,同时保留上一世代中的最好抗体。

Step 6,变异操作。从配对池中选择出 np×pm 个抗体进行变异。

Step 7,计算适应值。计算新群体中 np 个抗体的适应值。

Step 8,终止条件判断。如果满足停止准则,则算法停止;否则,返回 Step 3。

下面介绍算法的具体操作。

1. 抗体的表达

抗体采用随机键编码方式。与 2.5.8 节的随机键编码稍有不同,这里随机键编码针对混合 FSP。混合 FSP 需要决定工件在每个阶段在哪台机器上加工,以及每台机器上的工件加工顺序。一个随机键编码要做出以上决策,方法是在每阶段,给定每个工件一个实数,其中整数部分表示为其分配的机器号,小数部分表示其在该机器上的加工顺序。例如,一个有 5 工件($n=5$)和 2 阶段($g=2$)的混合 FSP,假设第 1 阶段有 2 个并行机($m^1=2$),第 2 阶段有 3 个并行机($m^2=3$),则一个随机键编码如图 3.6 所示。编码包括两部分,每一部分代表一个阶段。每个阶段有 5 个单元,依次对应工件 1~5。以第 1 阶段为例,工件 1、3、4 对应的单元整数部分为 1,表示这几个工件在机器 1 上加工;工件 2 和 5 对应的单元整数部分为 2,表示这两个工件在机器 2 上加工。在机器 1 上加工的 3 个工件的加工顺序由它们所对应单元的小数部分按升序排列,即工件加工顺序为 3-1-4。在机器 2 上的工件加工顺序为 5-2。

第1阶段					第2阶段				
1.41	2.13	1.23	1.65	2.01	3.27	1.19	1.87	2.61	3.05

图 3.6　抗体的随机键编码[5]

2. 抗体初始化

初始群体中 3 个抗体由启发式规则产生,其余抗体随机产生。用启发式规则 SPTCH、FTMIH 和 $g/2, g/2$ Johnson[6] 产生 3 个性能较好的初始抗体,以加快算法收敛。

(1) SPTCH 调度规则

SPTCH 规则是 SPT 循环启发式算法的简称。根据该规则,工件在第 1 阶段按照修正时间 $\tilde{p}_i^1$ 由小到大排序,依次在机器上尽早加工。在后继的每个阶段,按照工件的最早允许加工时间进行排序,依次在机器上尽早加工。

SPTCH 调度规则。

Step 1,计算工件在第 1 阶段的修正加工时间 $\tilde{p}_i^1$。

Step 2,按照工件的修正加工时间 $\tilde{p}_i^1$ 由小到大的顺序对工件排序(SPT 规则,即最短加工时间优先)。

Step 3,在每个阶段上,为每台机器分配工件 0(即为每台机器设定初始准备时间)。

Step 4,在第 1 阶段,令 bestmc=1。

For $i=1$ to $n,i\in S^1$

　　For mc$=1$ to m^1

　　　　把工件 i 在机器 mc 上最后位置加工（即作为机器上的最后一个工件加工）。

　　　　获得工件 i 的完成时间。若该工件在 mc 上的完工时间小于其在 bestmc 上的完工时间，则令 bestmc$=$mc。

　　　　把工件 i 分配给机器 bestmc 加工。

Step 5,在第 t 阶段$(t=2,3,\cdots,g)$

　　获取各工件在阶段 t 的准备时间（即各工件在 $t-1$ 阶段的完成时间）。

　　按准备时间由小到大对各工件排序，令 bestmc$=1$

　　For $i=1$ to $n,i\in S^t$

　　　　For mc$=1$ to m^t

　　　　　　把工件 i 在机器 mc 上最后位置加工。

　　　　　　获得工件 i 的完成时间。若该工件在 mc 上的完成时间小于其在 bestmc 上的完成时间，则令 bestmc$=$mc。

　　　　把工件 i 在机器 bestmc 上的最后位置加工。

（2）FTMIH 调度规则

FTMIH 调度规则是一种插入式规则，以最小化每阶段的总流经时间为目标。在每阶段 t，FTMIH 调度规则为工件分配机器。

Step 1,计算每个工件的修正加工时间 $\tilde{p}_i^t$。

Step 2,按 $\tilde{p}_i^t$ 由大到小对工件进行排序（即 LPT 规则）。

Step 3,For $i=1$ to n, $i\in S^t$

　　　　把工件 i 插入到阶段 t 中每台机器上开始加工时间尽可能早的位置，计算总流经时间。

　　　　把工件 i 分配给能使总流经时间最小的机器上加工。

Step 4,把工件在 t 阶段上的完成时间作为在 $t+1$ 阶段上的准备时间。

（3）$g/2$，$g/2$ Johnson 调度规则

Johnson[8] 于 1954 年提出的 Johnson 规则用于寻求 $F/2/C_{\max}$ 问题的最优 makespan。$g/2$，$g/2$ Johnson 规则是其扩展形式，适用于带有准备时间的具有两个以上阶段的混合流水线调度问题。该规则利用前半阶段和后半阶段的总加工时间来安排工件在第一阶段的加工。这里 $\tilde{p}_i^1$ 代表工件 i 从第 1 阶段到第$[g/2]$阶段的修正加工时间之和，$\tilde{p}_i^g$ 代表工件 i 从第$[g/2]+1$ 阶段到第 g 阶段的修正加工时间之和。

　　$g/2$,$g/2$ Johnson 调度规则。

Step 1,计算每个工件的前半阶段和后半阶段的修正加工时间之和 $\tilde{p}_i^l$、$\tilde{p}_i^g$。

Step 2,令 $U=\{j\,|\,\tilde{p}_j^l<\tilde{p}_j^g\}$,$V=\{j\,|\,\tilde{p}_j^l\geqslant\tilde{p}_j^g\}$。

Step 3,对 U 中的工件按 $\tilde{p}_j^l$ 递增的顺序排列,对 V 中的工件按 $\tilde{p}_j^g$ 递减顺序排列。把 V 中已排列工件置于 U 中已排列工件的尾端,形成 n 个工件的序列。

Step 4,在每个阶段,每台机器加工工件 0,即设定每个阶段的机器初始准备时间。

Step 5,For $i=1$ to n, $i\in S^1$

    For mc $=1$ to m^1

        把工件 i 放在机器 mc 的最后位置加工。

        如果工件 i 在机器 mc 上加工的完成时间更小,则令 $m=$mc。

        把工件 i 置于机器 m 的最后位置加工。

Step 6,对于阶段 $t=2,3,\cdots,g$,执行以下步骤:

    把各工件在 $t-1$ 阶段的完成时间作为在 t 阶段的准备时间。

    各工件按其准备时间升序排列。

    For $i=1$ to n, $i\in S^t$

        For mc $=1$ to m^t

            把工件 i 放在机器 mc 的最后位置加工。

            如果工件 i 在机器 mc 上加工的完成时间更小,则令 $m=$mc。

        把工件 i 置于机器 m 的最后位置加工。

置于机器的最后位置加工是指接着该机器上刚加工完毕的工件加工,而不插入到机器上工件间的空闲时间段加工。

3. 抗体适应度

以 C_{max} 作为性能指标。令第 i 个抗体解码后得到的调度的性能指标为 $C_{max}(i)$,则其适应值为

$$f(i) = \frac{\dfrac{1}{C_{max}(i)}}{\displaystyle\sum_{i=1}^{N}\dfrac{1}{C_{max}(i)}} \tag{3.13}$$

其中,$f(i)$ 为抗体 i 的适应度;N 为群体规模。

4. 交叉操作

采用顺序交叉(order crossover, OX)操作。仍以 5 工件 2 阶段的混合流水线调度为例。两个抗体 $P1$ 和 $P2$ 进行交叉时,每个阶段随机产生一个交叉点;然后交换

交叉点前面的基因,同时交换交叉点及其后面基因的整数部分;最后将交叉点及其后面基因的小数部分由父抗体直接拷贝给子抗体,如图 3.7 所示。由交叉过程可看出,交叉操作只改变了每阶段机器上的工件加工顺序,而没有改变工件在机器上的分配。

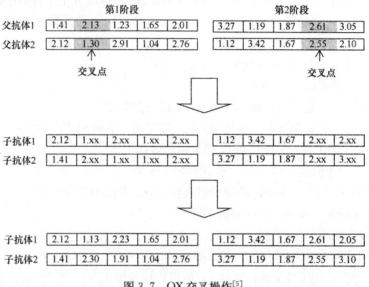

图 3.7　OX 交叉操作[5]

5. 变异操作

采用单点变异操作。在抗体中随机选择一个变异点,该变异点的整数部分随机改变,小数部分保持不变,如图 3.8 所示。变异操作用于改变工件在某一阶段上的机器分配。

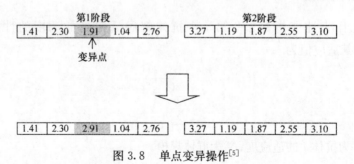

图 3.8　单点变异操作[5]

6. 选择与相似抗体的抑制

用轮盘赌方法[9]进行选择,即高适应度的抗体被选择的概率高,更容易进入下一代群体,低适应度的抗体被选择的概率小。根据免疫网络的抗体相互作用机理,在轮盘赌选择中加入了激励和抑制机制,在维持群体较大多样性的同时加快算法收敛。

　　首先,保留群体中适应值最高的抗体(当前最好解)到配对池中。其次,将群体中每个候选解与当前最好解比较,计算二者的相似性(亲和力),如果该抗体的亲和力高于给定阈值,则将该抗体的选择概率乘以一个小于 1 的因子,以降低其被选择的概率。抗体抑制机制用来避免优秀候选解被大量复制而过度支配群体。

　　抗体 i 和当前最优抗体的相似度,即亲和力 $\mathrm{aff}(i)$ 计算为

$$\mathrm{aff}(i) = \frac{1}{1 + \dfrac{1}{L}\displaystyle\sum_{j=1}^{L} h_{i,j}} \tag{3.14}$$

其中,L 为抗体长度;$h_{i,j} = -p_{i,j}\log p_{i,j}$,$p_{i,j}$ 为抗体 i 的第 j 个基因出现的概率。

　　令 x_j 为抗体 i 的第 j 个基因,xb_j 为最优抗体的第 j 个基因。若 $x_j = xb_j$,则 $p_{i,j} = 1$;若 $x_j \neq xb_j$,则 $p_{i,j} = 0.5$。根据式(3.14),如果抗体与最优抗体完全相同,则亲和力值最大;如果抗体与最优抗体完全不同(每个基因位都不同),则亲和力值最小。

　　文献[5]将该免疫算法与文献[6],[10]中的 RKGA 算法比较,分别用这两个算法解决 2520 个问题实例。对于每个实例,两算法均运行 20 次,得到其平均和最大损耗值。所有实例的统计结果表明,该免疫算法能够找到更低的损耗值,且更多次地找到具有最小损耗的调度。随着问题规模的增加,与 RKGA 相比,该免疫算法的计算时间更长。但实验结果表明其能得到具有更小 makespan 的调度解。

3.4　用于 FMS 的免疫遗传算法

　　Chan 等[11]用免疫算法来解决柔性制造系统(flexible manufacture system,FMS)的机器选择和操作分配问题。该问题包含多个目标,这些目标相互冲突且具有不精确性,为此采用模糊目标规划为该问题建模。优化目标是在满足机器生产能力、工具管理和使用寿命等约束条件下,最小化机器操作、材料处理和准备的总成本。

3.4.1　机器选择和操作分配问题

　　一个 FMS 包含若干机器,机器上带有加工操作的工具。每种工件类型包含几个操作,这些操作需要在带有特殊工具的某些机器上加工。每种类型工件的操作数目、加工时间、所需工具为已知。

　　为描述该问题,先给出如下符号。

p,工件类型,$1 \leqslant p \leqslant P$,其中 P 是类型数目。

m,机器,$1 \leqslant m \leqslant M$,其中 M 是机器数目。

l,工具,$1 \leqslant l \leqslant L$,其中 L 是工具数目。

o,p 类型工件的操作,$1 \leqslant o \leqslant O_p$,其中 O_p 是 p 类型工件包含的操作数目。

MS_{po},能够加工 p 类型工件的操作 o 的机器集合。

TS_{po},能够加工 p 类型工件的操作 o 的工具集合。

T_{pmlo},p 类型工件的操作 o 在机器 m 上使用工具 l 的时间。

C_{pmlo},p 类型工件的操作 o 在机器 m 上使用工具 l 的成本。

$H_{mm'}$,从机器 m 到机器 m' 的材料处理成本。

SU_m,机器 m 的准备成本。

T_m^a,在机器 m 上的最大允许加工时间。

TL_l,工件 l 的使用寿命。

B_p,p 类型工件的批次规模。

TS_m,机器 m 上的最大可用工具槽数目。

μ_{po},p 类型工件的操作 o 所选择的机器。

τ_{po},p 类型工件的操作 o 所选择的工具。

问题的决策变量有

$$x_m = \begin{cases} 1, & m \text{ 被选择} \\ 0, & \text{其他} \end{cases}$$

$$x_{m\mu_{po}} = \begin{cases} 1, & m = \mu_{po} \\ 0, & \text{其他} \end{cases}$$

$$z_{l\tau_{po}} = \begin{cases} 1, & l = \tau_{po} \\ 0, & \text{其他} \end{cases}$$

$$x_{pmlo} = \begin{cases} 1, & p \text{ 类型工件的操作 } o \text{ 用机器 } m \text{ 上的工具 } l \text{ 加工} \\ 0, & \text{其他} \end{cases}$$

$$y_{ml} = \begin{cases} 1, & \text{工具 } l \text{ 被分配给机器 } m \\ 0, & \text{其他} \end{cases}$$

令 f_i 为成本函数,G_i 为优化目标决策变量,下标 MC、SU 和 MH 分别表示机器成本、准备成本和材料装卸成本。

模糊规划目标如下:

① 总机器成本 $f_{MC} \leqslant G_{MC}$

$$f_{MC} = \sum_{p=1}^{P} B_p \sum_{o=1}^{O_p} C_{p\mu_{po}\tau_{po}o} \tag{3.15}$$

② 总准备成本 $f_{SU} \leqslant G_{SU}$

$$f_{\mathrm{SU}} = \sum_{m=1}^{M} \mathrm{SU}_m x_m \tag{3.16}$$

③ 总材料装卸成本 $f_{\mathrm{MH}} \leqslant G_{\mathrm{MH}}$

$$f_{\mathrm{MH}} = \sum_{p=1}^{P} B_p \sum_{o=1}^{O_p-1} H_{\mu_{po}\mu_{p(o+1)}} \tag{3.17}$$

需要满足的约束条件：

① 可把多个工具分配给一台机器，但不能把一个工具分配给多台机器（即一个工具只能分配给某一台机器）。

$$\sum_{m=1}^{M} y_{ml} = 1, \quad \forall l \tag{3.18}$$

$$\sum_{\forall l} y_{ml} \geqslant x_m, \quad \forall m \tag{3.19}$$

② 工具被分配给机器后，把操作分配给机器上的工具加工。

$$\sum_{p=1}^{P} \sum_{o=1}^{O_p} x_{pmlo} \geqslant y_{ml}, \quad \forall m, \forall l \tag{3.20}$$

③ p 类型工件的每个操作 o 只能分配给一个机器和工具的组合。

$$\sum_{l \in \mathrm{TS}_{po}} \sum_{m \in \mathrm{MS}_{po}} x_{pmlo} = 1, \quad \forall p, \forall o \tag{3.21}$$

④ 工件在每台机器上的加工时间不能超过其最大允许加工时间。

$$\sum_{p=1}^{P} B_p \sum_{o=1}^{O_p} T_{pmlo} x_{m\mu_{po}} \leqslant T_m^a, \quad \forall m \tag{3.22}$$

⑤ 工具的加工时间不超过其使用寿命。

$$\sum_{p=1}^{P} B_p \sum_{o=1}^{O_p} T_{pmlo} z_{lr_{po}} \leqslant \mathrm{TL}_l, \quad \forall l \tag{3.23}$$

⑥ 每台机器上被分配的工具数不超过最大可用的工具槽数目，即

$$\sum_{l=1}^{L} y_{ml} \leqslant \mathrm{TS}_m, \quad \forall m \tag{3.24}$$

将机器成本、加工准备成本和材料装卸成本进行模糊化处理。用下式将成本函数 f_i 转化为隶属度 λ_i，用 λ_i 取代成本函数作为优化目标，即

$$\lambda_i = \begin{cases} 1, & f_i \leqslant G_i \\ 1 - \dfrac{f_i - G_i}{T_i}, & G_i \leqslant f_i \leqslant G_i + T_i \\ 0, & f_i \geqslant G_i + T_i \end{cases} \tag{3.25}$$

其中，T_i 为决策变量 G_i 的容忍阈值。

3.4.2 免疫调度算法

1. 抗体表达

该问题需要决定机器工具的选择和操作的分配,因此抗体包括两部分,即所有工件的每个操作选择的机器和分配的工具。抗体编码如图 3.9 所示。其中每个工件的各位置代表其包含的操作。编码中上部分每个工件中的数字代表其中各操作分配的机器号,下部分每个工件中的数字代表机器上的工具号。

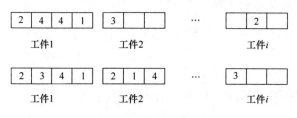

图 3.9　抗体的编码

2. 抗体评价

如果抗体解码产生的机器和工具分配方案违反约束条件,则对其施加惩罚,以降低其适应度,即进入下一世代的机率变小。

(1) 机器时间惩罚

若违反了约束条件④,为一台机器分配的加工时间超过其最大允许加工时间时,则被施加一个机器时间惩罚 ϕ_m。

$$\phi_m = \begin{cases} 0, & \sum_{p=1}^{P} B_p \sum_{o=1}^{O_p} T_{pmlo} x_{m\mu_{po}} \leqslant T_m^a \\ \dfrac{\sum_{p=1}^{P} B_p \sum_{o=1}^{O_p} T_{pmlo} x_{m\mu_{po}} - T_m^a}{\mathrm{TOL}_m}, & T_m^a < \sum_{p=1}^{P} B_p \sum_{o=1}^{O_p} T_{pmlo} x_{m\mu_{po}} \leqslant T_m^a + \mathrm{TOL}_m \\ 1, & 其他 \end{cases} \tag{3.26}$$

其中,TOL_m 表示机器时间违反程度的阈值。

(2) 工具寿命惩罚

若违反了约束条件⑤,即分配给工具的总加工时间大于其使用寿命,则施加一个寿命惩罚 ϕ_l,即

$$\phi_l =$$

$$
\begin{cases}
0, & \sum_{p=1}^{P} B_p \sum_{o=1}^{O_p} T_{pmlo} z_{lr_{po}} \leqslant \mathrm{TL}_l \\[3mm]
\dfrac{\sum_{p=1}^{P} B_p \sum_{o=1}^{O_p} T_{pmlo} z_{lr_{po}} - \mathrm{TL}_l}{\mathrm{TOL}_l}, & \mathrm{TL}_l < \sum_{p=1}^{P} B_p \sum_{o=1}^{O_p} T_{pmlo} z_{lr_{po}} \leqslant \mathrm{TL}_l + \mathrm{TOL}_l \\[3mm]
1, & \text{其他}
\end{cases}
\tag{3.27}
$$

其中，TOL_l 表示工具时间违反程度的阈值。

将以上惩罚项加入目标函数，可得到如下目标函数，即

$$f = \frac{\sum_{\forall i} \omega_i \lambda_i}{1 + \phi_l + \phi_m} \tag{3.28}$$

其中，ω_i 为 λ_i 的加权值，由 λ_i 值的重要性决定。

用式(3.28)评价由抗体解码生成的调度，作为抗体的适应度。由式(28)可看出，若调度违反约束条件，则其适应度降低。

3. 免疫算法

用免疫算法来寻求适应度最高的抗体。算法包括 3 个操作，即交叉、变异和超突变。对图 3.9 所示的抗体的上下两部分分别进行单点交叉操作，即随机产生两个交叉点，分别对父母抗体的上下两部分进行交叉来产生子抗体。变异操作中，随机选择抗体中的某个基因，将其与另一个随机选择的基因交换。超突变操作与变异操作类似，只是不同抗体的变异率不同。用亲和力表示一个抗体与最优抗体的相似程度。若抗体的亲和力低，则变异率高；反之，抗体变异率低。

首先，随机产生初始群体并计算抗体的适应度。用轮盘赌方法从群体中选择出一半抗体进行交叉操作，生成的子抗体组成下一世代群体中的 50% 抗体。这些抗体进一步进行超突变操作。下一世代中其他 50% 的抗体按以下方法产生，根据抗体与群体中最好抗体间的亲和力，选出 50% 的抗体进行交叉操作，然后再进行变异操作。两抗体 v 和 w 间的亲和力 $ay_{v,w}$ 按信息熵来衡量，即利用式(3.4)计算。

该免疫算法被用于一个随机生成的 FMS。该 FMS 有 6 个机器，工作时间为 8 小时。6 个机器的准备成本分别为 225、250、150、275、200、150，每个机器的可用加工时间为 480 分钟。工件类型有 4 种，批次规模分别为 30、35、25、45，分别给定了各工件的加工数据，不同机器间的材料处理成本。调度结果为各操作在机器工具上的分配方案，同时给出了各操作的成本、时间，以及各机器和工具的利用率。

参 考 文 献

[1] Jerne N K. Towards a network theory of the immune system. Annual Immunology, 1974, 125C: 373-389.

[2] Mori M, Tsukiyama M, Fukuda T. Immune algorithm with searching diversity and its application to resource allocation problem. Transactions of the Institute of Electrical Engineers of Japan, 1993, 113-C(10): 872-878.

[3] Fukuda T, Mori K, Tsukiama M. Parallel search for multi-model function optimization with diversity and learning of immune algorithm. Artificial Immune Systems and Their Applications, 1999: 210-220.

[4] Miyashita T. An application of immune algorithms for Job-shop scheduling problems// International Symposium on Assembly and Tash Planning, 2003.

[5] Zandieh M, Ghomi S M T F, Husseini S M M. An immune algorithm approach to hybrid flow shops scheduling with sequence dependant setup times. Applied Mathematics and Computation, 2006, 180: 111-127.

[6] Kurza M E, Askin R G. Comparing scheduling rules for flexible flow lines. International Journal of Production Economics, 2003, 85: 371-388.

[7] Norman B A, Bean J C. A genetic algorithm methodology for complex scheduling problems. Naval Research Logistics, 1999, 46: 199-211.

[8] Johnson S M. Optimal two and three-stage production schedules with setup times included. Naval Research Logistics Quarterly, 1954, 1: 61-67.

[9] Goldberg D E. Genetic algorithms in search optimization and machine learning. MA: Addison-Wesley. 1989.

[10] Kurz M E, Askin R G. Scheduling flexible flow lines with sequence-dependent setup times. European Journal of Operational Research, 2004, 159(1): 66-82.

[11] Chan F T S, Swarnkar R, Tiwari M K. Fuzzy goal-programming model with an artificial immune system (AIS) approach for a machine tool selection and operation allocation problem in a flexible manufacturing system. International Journal of Production Research, 2005, 43(19): 4147-4163.

第 4 章 克隆选择调度算法

免疫系统的适应性免疫应答是一个学习过程。根据克隆选择原理,适应性免疫应答通过一个学习进化过程产生与抗原高度匹配的抗体。该过程包括初始识别抗原、克隆扩增、超突变等阶段。基于克隆选择原理,De Castro 等[1,2] 提出了克隆选择算法。该算法模拟 B 细胞在免疫应答过程中的进化现象,通过选择、克隆、超突变等操作实现 B 细胞(抗体)群体的进化。此后,许多学者相继提出了多种基于克隆选择原理的免疫算法。该类免疫算法已成为最常用的免疫算法之一,广泛用于解决各种调度问题。

4.1 克隆选择算法

De Castro 等[1,2]于在 2000 年提出了克隆选择算法(clonal selection algorithm,CLONALG)。算法模拟免疫系统对外来抗原的适应性免疫应答过程,其基本思想是只有识别外来抗原的 B 细胞被选出进行克隆扩增和超突变,该过程可能产生与抗原亲和力更高的 B 细胞;经过若干世代的 B 细胞选择、克隆扩增、超突变,最终生成高亲和力的 B 细胞。

CLONALG 中的符号说明:

① $Ab \in S^{N \times L}$ 为抗体群体,其中 N 为群体规模,L 为抗体长度,S 为抗体基因可取值的集合。Ab 可分为两个子群体,即 $Ab = Ab_{\{r\}} \bigcup Ab_{\{m\}}$,$r + m = N$。

a) $Ab_{\{m\}} \in S^{m \times L}$ 为抗体记忆集合,其中 $m \leqslant N$ 为记忆集合中抗体数目。

b) $Ab_{\{r\}} \in S^{r \times L}$ 为剩余抗体集合,其中 $r = N - m$ 为剩余抗体的数目。

c) $Ab_{\{n\}} \in S^{n \times L}$ 表示 Ab 中与第 j 个抗原 Ag_j 的亲和力最高的 n 个抗体,其中 $n \leqslant N$。

d) $Ab_{\{d\}} \in S^{d \times L}$ 为取代 $Ab_{\{r\}}$ 中亲和力最低的 d 个抗体的新抗体集合,其中 $d \leqslant r$。

② $Ag_{\{M\}} \in S^{M \times L}$ 为抗原集合,其中 M 为集合中抗原的数目。

③ f_j 为亲和力向量,包含所有抗体对抗原 Ag_j 的亲和力。

④ $C^j \in S^{N_c \times L}$ 为由 $Ab_{\{n\}}$ 产生的 N_c 个克隆,经变异后,C^j 变为 C^{j*}。

⑤ Ab_j^* 为由 C^{j*} 中选出进入记忆集合的抗体。

下面分别介绍用于模式识别和优化计算的 CLONALG。

4.1.1　用于模式识别问题

解决模式识别问题时,CLONALG 要识别 M 个抗原 $Ag_{(M)}$。不失一般性,假设 $m>M$。算法步骤如下:

Step 1,随机选择一个抗原 $Ag_i \in Ag_{(M)}$,将其呈现给 Ab 中的所有抗体。

Step 2,计算 Ab 中的所有 N 个抗体对抗原 Ag_j 的亲和力,即向量 f_j。

Step 3,从 Ab 中选出 n 个对抗原 Ag_j 亲和力最高的抗体,组成集合 $Ab_{(n)}$。

Step 4,n 个被选出的抗体进行克隆,克隆的数目与其亲和力成正比,产生克隆集合 C^j。

Step 5,C^j 经历亲和力成熟过程,获得变异克隆集合 C^{j*}。一个克隆的亲和力越高,其变异率越小。

Step 6,计算 C^{j*} 中每个变异克隆与抗原 Ag_j 的亲和力,即向量 f_j^*。

Step 7,从 C^{j*} 中选择亲和力最高的抗体 Ab_j^* 作为进入记忆集合 $Ag_{(M)}$ 的候选解。如果 Ab_j^* 的亲和力大于 $Ag_{(M)}$ 中与其对应的记忆抗体的亲和力,则用 Ab_j^* 替换该记忆抗体。

Step 8,用新抗体集合 $Ab_{(d)}$ 替换 $Ab_{(r)}$ 中与抗原 Ag_j 亲和力最低的 d 个抗体。

对于 $Ag_{(M)}$ 中的每个抗原,都执行以上 8 个步骤,作为一个世代。经过 N_{gen} 世代的进化后,记忆集合中的抗体即为对抗原的识别结果。

在 Step 4 中,首先对选出的 n 个抗体按亲和力降序排列,第 i 个抗体产生的克隆数目为 $round(\beta \cdot N/i)$,其中 β 为给定的参数。n 个抗体产生的克隆数目为

$$N_c = \sum_{i=1}^{n} round\left(\frac{\beta \cdot N}{i}\right) \tag{4.1}$$

其中,$round(\cdot)$ 表示向最近取整。

在 Step 5 中,克隆的亲和力反比于其变异率,可用下式表达,即

$$\alpha = exp(-\rho \cdot f) \tag{4.2}$$

其中,α 为变异率;ρ 用于控制衰减率;f 为克隆的亲和力,被规范化到 $[0,1]$。

4.1.2　用于优化计算问题

用于优化计算的 CLONALG 与用于模式识别的略有不同,主要区别如下:

① 只有一个目标函数 $g(\cdot)$,没有要识别的 Ag 群体。抗体亲和力为其目标函数评价值。

② 没有记忆集合 $Ab_{(m)}$。

③ 在 Step 7 中,从 C^* 中选出 n 个抗体构成 $Ab_{(n)}$,而不是只选出一个最好个体 Ab_j^*。

当该算法用于寻找多个最优值时,算法参数需要设置如下:

① $n=N$,即 Ab 中的所有抗体被选出进行克隆。

② 每个抗体克隆的数目与其亲和力无关,均为 round($\beta \cdot N$)。N 个抗体产生的克隆数目为

$$N_c = \sum_{i=1}^{N} \text{round}(\beta \cdot N) \tag{4.3}$$

$n=N$ 意味着在更多抗体在局部区域进行勘探。每个抗体产生的克隆的数目相同,即在这些抗体所在局部区域进行相同程度的搜索,用以发现更多的极值点。抗体的超突变率仍然由其亲和力决定,抗体亲和力越高,其变异程度越小。

文献[2]把 CLONALG 用于以下模式识别和优化计算问题。

(1) 模式识别问题

CLONALG 被用于一个字符识别问题。抗原群体对应于 8 个二进制表示的字符,每个字符用长度 $L=120$ 的二进制串表示(即一个 12×10 的图片)。抗体种群中包括 $N=10$ 个抗体,记忆集合 $Ab_{\{m\}}$ 中包含 8 个抗体,即 $m=8$。其他参数为 $n=5, \beta=10, d=0$。按海明距离来抗原 Ag_j 和抗体 Ab_k 间的亲和力,即

$$D = \sum_{i=1}^{L} \delta_i, \quad \delta_i = \begin{cases} 1, & Ab_{ki} \neq Ag_{ji} \\ 0, & \text{其他} \end{cases} \tag{4.4}$$

实验结果表明 CLONALG 能够很好地识别这 8 个字符。

(2) 优化计算问题

用 CLONALG 解决如下函数优化问题,并与带有适应度共享机制的进化算法 EA_{sh} 比较。

$g1(x) = \sin^6(5\pi x), \quad x \in [0,1]$

$g2(x) = 2^{[(x-0.1)/0.9]^2} \sin^6(5\pi x), \quad x \in [0,1]$

$g3(x,y) = x\sin(4\pi x) - y\sin(4\pi y + \pi) + 1, \quad x, y \in [-1,2] \tag{4.5}$

CLONALG 的参数为:对于函数 $g1$ 和 $g2$,$N_{gen}=50, N=n=50, d=0.0, \beta=0.1$;对于函数 $g3$,$N_{gen}=50, N=n=100, d=0.0, \beta=0.1$。$EA_{sh}$ 采用锦标赛选择,参数为 $\alpha=1, p_c=0.6, p_m=0.0, k=0.6, \sigma_{share}=4$。用二进制串表示优化变量,每个变量的编码长度 $L=22$。实验结果表明,CLONALG 很好地解决这 3 个问题,获得的解较均匀地分布于各极值点上。

用 CLONALG 解决 30 城市的旅行商问题。抗体采用整数编码,即每个基因位为一个整数,表示一个城市。用一个抗体来表示一个遍历城市的顺序,用路径的总长度来评价抗体的亲和力。通过交换抗体中的基因进行变异。算法参数为 $N_{gen}=300, N=300, n=150, \beta=2, d=60$。每 20 世代,对群体中低亲和力的抗

体进行一次替换(每次替换 60 个抗体)。实验结果表明算法找到了理想的最短路径。

4.2　用于 JSP 的基于基因库的免疫调度算法

Coello 等[3]把基因库引入到克隆选择算法中,用来解决 Job Shop 调度问题。算法思路是用基因库来保存搜索过程中获得的优秀基因片段。在抗体群体的进化过程中,不断用优秀的基因片段来更新基因库,同时利用基因库来构造新抗体。

4.2.1　抗体的表达

每个抗体表示一个调度解,抗体由基因片段组成。如图 4.1 所示,抗体包括 3 个基因片段,分别来自 3 个基因库。每台机器对应一个基因库,基因库中每个基因片段代表在该机器上加工的操作排序。抗体由每台机器上的操作排序组成。对于 $n \times m$ 的 JSP,抗体长度为 $n \times m$。

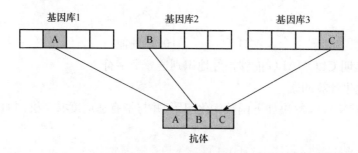

图 4.1　由基因库组成抗体

抗体采用基于操作的编码,编码方式见 2.5.2 节。对解码方法进行改进,采用在机器空闲时间段内插入操作的方式,在不违反加工约束的前提下,把每个操作尽可能地提前加工,称之为局部搜索。

4.2.2　免疫调度算法

用一种改进的克隆选择算法解决 JSP。其中抗原用于保存搜索到的最好的解,基因库中保存着每台机器上最好的工件排序。令 p 为迭代次数,$i=0$ 为计数器。算法步骤如下:

Step 1,由基因库中的基因片段产生一个抗体。

Step 2,对抗体解码并用局部搜索来提高其性能。

Step 3,if 抗体比抗原性能更好 then

　　　　把抗原更新为该抗体

　　end if

Step 4,产生该抗体的 N 个克隆。

Step 5,对每个克隆进行变异。

Step 6,从变异克隆中选出最好的基因片段来更新基因库。

Step 7,$i=i+1$;若 $i>p$,则算法停止;否则,返回 Step 1。

算法结束后,抗原中保存的为最优调度解。

首先,随机产生一个基因库,该库包含若干串。每个串对应一台机器,包括若干基因,每个基因表示该机器上的一种工件排序。然后,随机产生一个抗原,表示调度问题的一个可行解。接着,通过组合基因库中的不同片段,构造一个抗体。该抗体被解码,并用局部搜索来消除工件操作间的较大时间间隙。将该抗体与抗原进行比较,若抗体性能更优,则用其代替抗原。该抗体产生 N 个克隆,并对每个克隆进行变异。从变异克隆中选择最好的基因片段(即每个机器的最好的工件排序),用其来更新基因库。

文献[3]将 AIS 与文献中[4]的 GRASP 算法比较,用于解决文献[5]中的测试问题。AIS 的变异采用交换变异,即抗体的基因按一定的变异概率与其他基因进行交换。抗体克隆的数目为 $100\sim1000$,根据问题的复杂程度确定。实验结果表明,AIS 能够找到所有测试问题中 38.7% 的问题的已知最好解(best known solution),而 GRASP 能找到 35.4% 的问题的已知最好解。对于较大规模的问题,AIS 能用较少的评价次数找到更好的解。AIS 和 GRASP 的平均百分比误差接近,分别为 2.2% 和 2.3%。

4.3　用于 JSP 的多模态免疫调度算法

Luh 等[6]提出一种多模态免疫算法用于 Job shop 调度问题。算法把抗原看作目标函数,抗体看作可行解。抗体采用基于操作的编码(见 2.5.2 节),随机生成初始群体。算法流程如图 4.2 所示。

4.3.1　标识轻链

抗体中的基因分为轻链和重链。对于一个 n 工件 m 操作的 JSP,抗体中轻链数目为

$$n_L=\text{round}(\gamma \cdot n) \tag{4.6}$$

其中,γ 为轻链/重链比。

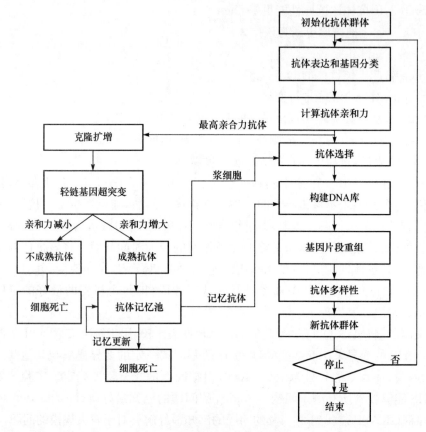

图 4.2　多模态免疫算法流程图[6]

在抗体解码产生的调度中,每台机器的最后 n_L 操作为轻链,其他操作为重链。以表 4.1 所示的 3×3 的 JSP 为例,一个抗体及其对应调度的甘特图如图 4.3 所示。表 4.1 中给出了每个操作的加工时间和所需机器。如果 $\gamma = 0.3$,则

$$n_L = \text{round}(0.3 \times 3) = 1 \tag{4.7}$$

即每台机器的最后一个操作被标识为轻链(在图 4.3 中标出)。

表 4.1　一个 3×3 的 JSP 的操作加工时间和机器加工限制

t_{ij}	O_1	O_2	O_3	k	O_1	O_2	O_3
J_1	3	3	2	J_1	1	2	3
J_2	1	5	3	J_2	1	3	2
J_3	3	2	3	J_3	2	1	3

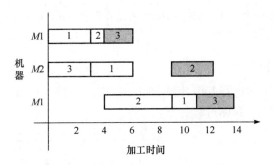

图 4.3　抗体及其对应调度的甘特图[6]

4.3.2　抗体亲和力

每个抗体与抗原的亲和力为

$$AgAb_i = \frac{obj_i}{SC_i} \tag{4.8}$$

其中，$obj_i = \dfrac{\min\{makespan_i \mid i=1,2,\cdots,N_{Ab}\}}{makespan_i}$，$makespan_i$ 为第 i 个抗体所代表的调度的 makespan 值，N_{Ab} 为群体规模；SC_i 表示抗体间的相互关系，用来调节抗体亲和力，以保持群体的多样性。

$$SC_i = \frac{\sum\limits_{j=1}^{N_{Ab}} count_{ij}}{N_{Ab}}, \quad i = 1,2,\cdots,N_{Ab} \tag{4.9}$$

其中

$$count_{ij} = \frac{\sum\limits_{k=1}^{n \cdot m} Ab_{ij}^k}{n \cdot m} \tag{4.10}$$

$$Ab_{ij}^k = \begin{cases} 1, & 抗体\ Ab_i\ 和\ Ab_j\ 的第\ k\ 个基因位相同 \\ 0, & 其他 \end{cases} \tag{4.11}$$

按以上方法计算群体中每个抗体的亲和力。一个抗体的目标函数值越高，且与其他抗体的相似度越低，则其亲和力越高，被选择进行基因重组的概率越大。

4.3.3　克隆扩增、超突变和选择

从群体中选出的最高亲和力抗体进行克隆和超突变。抗体中只有轻链基因发生超突变，为了避免超突变产生非法解，若抗体的一个轻链基因从工件 i 变为工件

j,则同一机器上的工件 j 变为工件 i。

　　超突变产生的更高亲和力的抗体是浆细胞和记忆抗体。把记忆抗体加入到记忆池中,同时删除超突变产生的低亲和力抗体。记忆池中保存着具有高亲和力和较大多样性的抗体,若抗体的低亲和力低或多样性小,则将其从记忆池中清除。

　　浆细胞与群体一起进行锦标赛选择,然后将选出的抗体与记忆池中的抗体一起组成 DNA 库,如图 4.2 所示。

4.3.4　基因片段重组

　　DNA 库中的抗体进行基因片段重组。以表 4.1 所示的 3×3 的 JSP 为例,基因重组如图 4.4 所示,具体过程如下:

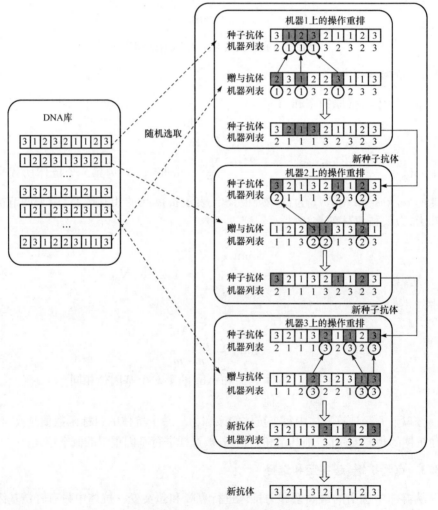

图 4.4　基因重组过程[6]

① 从 DNA 库中随机选择一个抗体作为种子抗体,再从 DNA 库中随机选择一个抗体作为赠与抗体。由表 4.1 可以看出,种子抗体的第 2、3、4 位置基因所代表的操作(即工件 1 和 2 的第 1 个操作,工件 3 的第 2 个操作)在机器 1 上加工,赠与抗体的第 1、3、6 位置基因代表的操作在机器 1 上加工。用在机器 1 上加工的赠与抗体中的操作替换种子抗体中的相应操作,产生新的种子抗体。

② 从 DNA 库中随机选出另一个赠与抗体,用其在机器 2 上加工的操作取代上一步骤中产生的新种子抗体中的相应操作。

③ 对机器 3,重复步骤 2,最终产生一个新抗体。由以上步骤可看出,基因重组不会产生非法的抗体。

4.3.5 抗体多样性

采用以下 6 种方法来保持抗体多样性。在进化过程中,随机选取 6 种方法中的一种来保持抗体多样性。

① 体细胞点变异。按照给定的概率,随机交换抗体中两个重链基因,如图 4.5 所示。

② 体细胞重组。选择抗体中相等长度的重链基因,按给定的概率交换这两个基因片段,如图 4.6 所示。

③ 基因变换、反转和移动。抗体按给定的概率执行基因变化、反转和移动操作。基因变换如图 4.7 所示。重链基因片段中随机产生起始点和结束点,这两点间的每个重链基因与抗体中剩余的任一重链基因交换。基因反转如图 4.8 所示,随机选择一个重链基因片段,从前到后对基因进行反转。基因移动如图 4.9 所示,随机选择的重链基因片段从左到右移动一定距离。

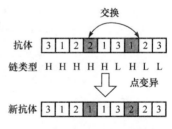

图 4.5 体细胞点变异[6]

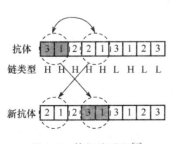

图 4.6 体细胞重组[6]

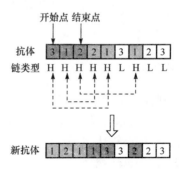

图 4.7 基因变换[6]

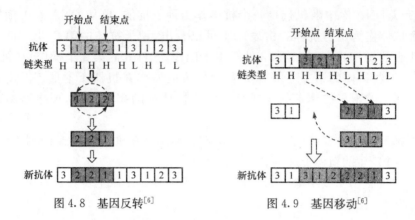

图 4.8　基因反转[6]　　　　　　　　图 4.9　基因移动[6]

④ 添加核苷酸。核苷酸由随机产生的一定长度的整数串(范围为从 1 到 n)表示。如图 4.10 所示,随机产生一个串(223)表示核苷酸,将其插入抗体中随机给定的基因位。核苷酸插入后抗体变长,为了保证抗体的合法性,需要去除多余基因。抗体中出现次数大于 n(此例中 $n=3$)的操作被删除,从而产生合法的抗体。

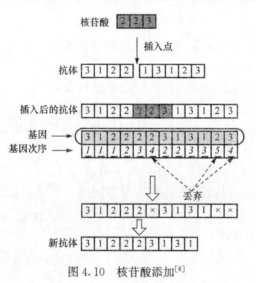

图 4.10　核苷酸添加[6]

4.3.6　停止准则

当达到给定世代数后,算法停止;否则,循环执行以上步骤。算法结束后,记忆池中保存的为亲和力最高,多样性最好的抗体。

文献[6]把该算法用于 FT 和 LA 系列中的 19 个标准 Job shop 调度问题。实验结果表明,该算法找到了 17 个问题的最优解。进一步分析表明,该算法获得的最优解具有较好的多样性。

4.4　用于 JSP 的田口免疫调度算法

Tsai 等[7]将免疫算法和田口(taguchi)方法结合,提出了一种改进的田口免疫算法(modified taguchi immune algorithm, MTIA)用于数值优化和 Job shop 调度问题。

田口方法是一种统计学方法,可用较少实验组合得到决策变量(设计变量)的近似最优配置。虽然其不如全因子法能找到真正的最优配置,但可行性要远大于全因子法。在 MTIA 中,用免疫算法来执行全局搜索,在重组操作中用田口方法寻求性能更优的抗体,以提高算法的局部勘探能力。算法的操作如下。

4.4.1　群体初始化

对于数值优化问题,抗体采用实数编码。每个抗体为优化问题的一个解,表示为一个决策变量(或设计变量)向量$\{x_1, x_2, \cdots, x_n\}$。随机产生 P_s 个抗体组成初始群体。

对于 Job shop 调度问题,抗体采用基于操作的编码(2.5.2 节)。用随机交换基因位的方法来产生 P_s 个初始抗体,步骤如下:

Step 1,产生一个初始抗体向量 OP。例如,对于 3×3 的 JSP,OP＝(1 1 1 2 2 2 3 3 3)。

Step 2,随机产生两个整数 $\alpha, \gamma \in [1, M \times N]$,其中 N 和 M 为工件数及每个工件包含的操作数。交换抗体向量 OP 中位置 α 和 γ 的基因。

Step 3,重复第 2 步骤 $M \times N$ 次,生成一个抗体。

Step 4,重复以上步骤 p_s 次,生成 p_s 个可行解组成初始群体。

4.4.2　克隆扩增和超突变

按克隆选择率 p_c 从群体中选出一部分抗体进行克隆,然后每个克隆发生超突变。超突变采用凸组合方式,即抗体的每个基因按照超突变率 p_h 执行凸组合变异。

对于数值优化问题,一个抗体为$(x_1, x_2, \cdots, x_i, \cdots, x_n)$,若基因 x_i 发生超突变,则随机选择该抗体中的其他基因 x_k,生成变异抗体 $x' = (x_1, x_2, \cdots, x_i', \cdots, x_n)$,其中基因 $x_i' = (1-\beta)x_i + \beta x_k$,$\beta$ 为[0,1]间的随机数。

对于 Job shop 问题时,超突变采用操作交换方式,即抗体中每个基因按照超

突变概率 p_h 与其他基因进行交换。

4.4.3　基于田口方法的重组

田口方法[8]可用少量实验来获得多个决策(设计)变量组合的效果。假设有 Q 个因子(即决策变量或设计变量),每个因子有 2 个水准。令 $L_n(2^{n-1})$ 表示共有 n 组实验,其中最多可容纳 2 个水准的 $n-1$ 个因子,由此得到一个 n 行 $n-1$ 列的实验矩阵,作为带有 2 个水准的 Q 个因子的正交排列。其中 $n=2^k$,k 为正整数,$Q \leqslant n-1$。若 $Q < n-1$,则只用前 Q 列,忽略其他 $n-1-Q$ 列。

信噪比 η 是指目标函数的平均方差。田口[8]针对最大化和最小化情况分别定义 η 为

$$\eta = -10\log_2\left(\frac{1}{n}\sum_{t=1}^{n}\frac{1}{y_t^2}\right) \tag{4.12}$$

$$\eta = -10\log_2\left(\frac{1}{n}\sum_{t=1}^{n}y_t^2\right) \tag{4.13}$$

其中,y_t 表示第 t 次实验(即实验矩阵的第 t 行)的评价值。

把田口方法用于抗体交叉操作可以提高交叉效果,此时式(4.12)和式(4.13)变为 $\eta_i = (y_i)^2$ 和 $(1/y_i)^2$,分别用于目标函数最大化和最小化的情况。因子 f(即决策变量)在水准 l 上的效果定义为

$$E_{fl} = \text{在 } n \text{ 次实验中因子 } f \text{ 在 } l \text{ 水准上的信噪比 } \eta_i \text{ 的和} \tag{4.14}$$

其中,i 为 n 次试验中因子 f 出现水准 l 的实验。

(1) 用于 Job shop 调度问题的交叉操作

从群体中选出两抗体 c_1 和 c_2 进行正交排列实验,步骤如下:

Step 1,令 $i=1$,产生一个集合 $U=\{1,2,\cdots,N\}$。然后用正交排列 $L_n(2^{n-1})$ 的前 N 列来分配 N 个因子,每个因子有两个水平,即 1 和 2。

Step 2,根据每次实验中因子的值把集合 U 分为两个子集 U_1 和 U_2,其中 $U_1 \cap U_2 = \phi$,$U_1 \cup U_2 = U$。

Step 3,如果抗体 c_1 的第 i 个基因属于 U_1,则将该基因加入新抗体。

Step 4,如果抗体 c_2 的第 i 个基因属于 U_2,则将该基因加入新抗体。

Step 5,如果 $i > M \times N$,则转到 Step 6;否则,令 $i = i+1$,返回到 Step 3。

Step 6,计算新抗体的亲和力值和信噪比。

举例说明,对于一个 4×4 的 JSP,其有 4 个工件,即 $U=\{1,2,3,4\}$,只需 4 列来分配 U 中的元素。所以采用 $L_8(2^7)$,矩阵实验中有 7 列,取前 4 列用来分配 U 中的元素。以 $L_8(2^7)$ 中的第 3 个实验为例,该实验前 4 列的值为(1 2 2 1),可把 U 分为两个集合 $U_1 = \{1,4\}$ 和 $U_2 = \{2,3\}$。用集合 U_1 和 U_2 从抗体 c_1 和 c_2 中选出基因组成新抗体,如图 4.11 所示。计算新抗体的亲和力和信噪比,来评价第 3 次

实验。

$$U = \{1, 2, 3, 4\} \Leftarrow 四个工件集合 U 中的元素$$

$$(1221) \Leftarrow L_8(2^7) 中的第 3 个实验的前 4 列的值$$

$$\Downarrow$$

$$U_1 = \{1, 4\} 和 U_2 = \{2, 3\}$$

抗体 $c_1 = (\underline{1}, 2, 2, \underline{4}, 3, \underline{1}, 3, \underline{4}, 2, \underline{1}, 3, 3, 2, \underline{4}, \underline{1}, \underline{4})$

抗体 $c_2 = (\underline{2}, 1, \underline{2}, 4, \underline{3}, 1, 4, 4, \underline{3}, 1, \underline{2}, \underline{2}, 1, 4, \underline{3}, \underline{3})$

$$\Downarrow$$

新抗体 $= (1, 2, 2, 4, 3, 1, 4, 3, 1, 2, 2, 4, 1, 3, 4, 3)$

图 4.11　两个抗体的一次正交实验

（2）用于数值优化问题的交叉操作

随机从群体中选择两个抗体，用田口方法进行正交排列实验，步骤如下：

Step 1，令 $j = 1$，把要交叉的两抗体看作两个集合 U_1 和 U_2，每个集合有 Q 个设计因子（决策变量）。采用正交排列 $L_n(2^{n-1})$ 的前 Q 列来分配 Q 个设计因子（$n \geqslant Q + 1$），以此构造实验矩阵。

Step 2，每个设计因子有两个水准，分别代表集合 U_1 和 U_2 中的相应基因。对于第 j 次实验的每个水准值，水准 1 来自 U_1，水准 2 来自 U_2。

Step 3，计算第 j 次实验对应的抗体的亲和力和信噪比。

Step 4，如果 $j > n$，则转到 Step 5；否则，令 $j = j + 1$，返回 Step 2。

Step 5，按式（4.14）计算各因子的效果，即 E_{f1} 和 E_{f2}，其中 $f = 1, 2, \cdots, Q$。

如果因子 f 在水准 1 的效果 E_{f1} 高于其在水准 2 的效果 E_{f2}，即 $E_{f1} > E_{f2}$，则新抗体的第 f 个基因来自抗体 U_1，否则来自抗体 U_2。

由此可见，利用田口方法仅用 n 次实验，就可找到两个抗体交叉产生的 2^Q 个可能组合中的最优或次优组合（新抗体）。

4.4.4　变异操作

对于数值优化问题，变异与超突变操作相同。对于 JSP，抗体的每个基因按概率 p_m 进行交换变异。

4.4.5　田口免疫算法的步骤

田口免疫算法流程如图 4.12 所示。具体步骤如下：

Step 1，初始化群体，并计算每个抗体的目标函数值。

Step 2，用轮盘赌方法以概率 p_c 进行选择操作。

Step 3，选出的抗体进行克隆，然后克隆抗体的每个基因按超突变率 p_h 进行凸组合或交换变异。

Step 4,按复制率 p_r 产生复制抗体。用田口方法将复制抗体和经超突变的克隆抗体一起进行组合操作,包括 Step 5～10。

Step 5,选择一个两水准的正交排列用于矩阵实验。

Step 6,随机选择两个抗体进行矩阵实验。

Step 7,计算正交排列 $L_n(2^{n-1})$ 中的 n 次实验的目标函数值和信噪比。

Step 8,计算每个因子的效果 E_{f1} 和 E_{f2}。

Step 9,用 Step 8 的结果,产生一个新抗体。

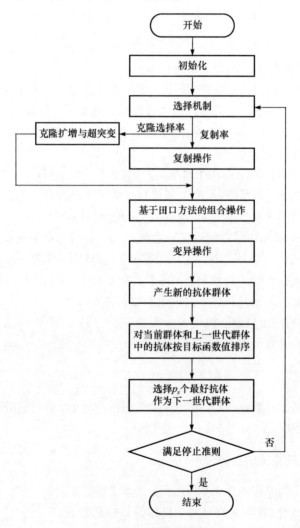

图 4.12　田口免疫算法[7]

Step 10，重复 $1/2 \times p_s \times p_r$ 次 Step 6～Step 9，由基于田口方法的组合操作而产生抗体群体。

Step 11，群体中的抗体进行变异操作。

Step 12，对当前群体和上一世代群体中的抗体按目标函数值排序，选择 p_s 个最好抗体作为下一世代群体。

Step 13，判断是否满足停止准则。若满足，则算法停止；否则，转到 Step 2。

文献[7]把 MTIA 用于以下数值优化问题和 Job shop 调度问题。

（1）用于数值优化问题

将 MTIA 用于 15 个测试函数，将其优化结果与 OGA/Q[9] 和 HTGA[10] 算法比较。用这 3 个算法对每个函数进行 50 次独立的优化，分别统计优化每个函数的函数评价次数及其标准差，以此评价算法的收敛速度，统计平均函数值及其标准差，用于评价解的质量。

首先，给定 MTIA 的算法参数值与 HTGA 和 OGA/Q 的相同，即除了克隆选择 p_c 和超突变率 p_h 外，MTIA 的其他参数与这两个算法相同。然后，用田口方法优化算法参数，获得变异率 p_m、克隆选择率 p_c 和超突变率 p_h 的最优组合。结果表明，MTIA 的收敛速度更快，相比其他两种算法，其收敛所需的评价次数更少；MTIA 获得的解更稳定，与 HTGA 的结果接近。通过算法参数的优化，MTIA 的函数评价次数明显减少，说明参数的优化可提高算法的收敛速度。

为了验证在 MTIA 中采用田口方法进行组合操作的效果，将田口方法从 MTIA 中去除，构造 AIA。AIA 与 MTIA 的唯一区别在于没有用田口方法进行组合操作。结果表明，AIA 的函数评价次数增大，说明其收敛速度小于 MTIA，并且 AIA 获得的函数值和方差更大，说明其解的质量较差且不稳定。由此表明 MTIA 中采用田口方法进行组合操作的必要性。

（2）用于 Job shop 调度问题

用 MTIA 解决 FT10 和 FT20 问题，并与 GA、SyGA1、SyGA2[11]、EVIS[12]、MGA[13,14]、HTGA[15] 比较。对于这些问题，每个算法独立运行 30 次，得到算法获得的最好解、平均解及其标准差。实验结果表明，MTIA 能找到问题的最优解，且结果更稳定。

4.5　用于柔性 JSP 的克隆选择调度算法

Bagheri 等[16] 提出了一种用于柔性 Job shop 调度问题（flexible Job shop scheduling problems，FJSP）的免疫算法。FJSP 是 JSP 的扩展形式，即每个操作可在一个给定的机器集合中的任一机器上加工。FJSP 可分解为两个子问题：

① 把每个操作分配给一个机器集合中的某个机器（路由问题）。

② 为每个机器上的操作排序(排序问题)。

解决 FJSP 的方法可分为层次方法和集成方法。在层次方法中,把操作分配给机器和操作在机器上的排序分别进行,通过问题分解来降低问题的复杂性。集成方法同时考虑机器分配和操作排序问题,其结果通常会优于层次方法,但增加了问题的复杂性。这里采用集成方法。

4.5.1　柔性 Job shop 调度问题

FJSP 可描述为 n 个工件在 m 台机器上加工。机器集合为 $A=\{M_1,M_2,\cdots,M_m\}$,工件集合为 $J=\{J_1,J_2,\cdots,J_n\}$。每个工件 J_i 包括 n_i 个操作,即 $O_{i,1}$,$O_{i,2},\cdots,O_{i,n_i}$。每个操作 $O_{i,j}$ 可在 A 的子集 $A_{i,j}\subseteq A$ 中的任一机器上加工。FJSP 的可分为部分柔性和全部柔性。部分柔性是指至少存在一个操作 $O_{i,j}$,其所用的机器集合 $A_{i,j}\subset A$。全部柔性是指对于所有的操作,$A_{i,j}=A$。一台机器同时只能加工一个操作且不允许抢占。同一操作在不同机器上的加工时间可能不同。操作 $O_{i,j}$ 在机器 M_k 上的加工时间表示为 $p_{i,j,k}>0$。

问题的优化目标为最小化 Makespan,即 $C_{\max}=\max\{C_i\}$,其中 C_i 为工件 J_i 的完成时间。具有部分柔性的 FJSP 如表 4.2 所示,其中行对应于操作,列对应于机器,符号 ∞ 表示机器不能加工对应的操作。例如,操作 $O_{1,1}$ 可在机器 M_1 和 M_2 上加工,加工时间均为 6 个时间单元。

表 4.2　一个 FJSP 的各操作所用机器和加工时间

操作	M_1	M_2	M_3
$O_{1,1}$	6	6	∞
$O_{1,2}$	∞	5	∞
$O_{1,3}$	4	5	5
$O_{2,1}$	∞	6	∞
$O_{2,2}$	∞	5	7
$O_{2,3}$	7	9	∞
$O_{2,4}$	6	3	∞
$O_{3,1}$	5	3	3
$O_{3,2}$	4	∞	∞

4.5.2　免疫调度算法

免疫算法步骤如下：

Step 1,初始化。

(a) 参数设置：群体规模(popsize),进化世代数(ng),分配规则 1 的比例(pa1),分配规则 2 的比例(pa2),随机规则的比例(pr),MWR 规则的比例(pmw),MOR 规则的比例(pmo),每世代中变异数目(nm),交换抗体数目(nea),每个变异算子的执行概率。

(b) 生成初始群体：

(初始机器分配)

用分配规则 1 产生 pa1×popsize 个初始分配。

用分配规则 2 产生 pa2×popsize 个初始分配。

(初始分配的排序)

用工件随机选择(RANDOM)规则对 pr×popsize 个初始分配进行排序。

用最多工作剩余(MWR)规则对 pmw×popsize 个初始分配进行排序。

用最多操作剩余(MOR)规则对 pmo×popsize 个初始分配进行排序。

Step 2,评价每个抗体的适应度,即 Makespan。

Step 3,按下式计算每个抗体 i 的亲和力,即

$$\text{Affinity}(i) = \frac{1}{\text{makespan}(i)} \tag{4.15}$$

Step 4,克隆选择和扩增。

(a) 从群体中选出 M 个亲和力最高的抗体。

(b) 用锦标赛选择方法由选出的 M 个抗体产生 M 个克隆。

Step 5,生成下一代群体。

(a) 变异操作：从 M 个克隆中随机选择 nm 个抗体进行变异,产生 nm 个新抗体。

(b) 将 nm 个新抗体加入当前群体中。

(c) 受体编辑：用 Step 1(b)的方法产生 nea 个新抗体替换当前群体中亲和力最低的 nea 个抗体。

(d) 保留最好抗体到下一世代。用某种选择策略从当前群体选择 popsize−1 个抗体到下一世代。

Step 6,若满足停止准则,则算法停止;否则,返回 Step 2。

算法具体操作如下：

(1) 群体初始化

初始化群体中的所有抗体。先用规则为操作分配机器,然后再用规则对机器

上的操作排序。用两个规则分配机器,即文献[17]中的分配规则1和分配规则2。产生初始机器分配后,再用调度规则对机器上的操作排序。调度规则包括工件随机选择(RANDOM)、最多工作剩余(MWR)和最多操作剩余(MOR)规则。

(2) 抗体表达

抗体代表可行调度解,采用任务序列列表(task sequencing list)编码[17]。列表中每一位表示一个操作,用三元组(i,j,k)表示。其中i表示操作所属工件,j为操作在工件中的序号,k为分配给该操作的机器。抗体长度为操作总数。对于表4.2所示的FJSP,一个抗体表示为$S=(1,1,1),(3,1,3),(2,1,2),(3,2,1),(2,2,3),(1,2,2),(1,3,2),(2,3,1),(2,4,2)$。

(3) 变异操作

用4种变异算子来改变抗体的分配和排序,即分配变异(assignment mutation)、智能变异(intelligent mutation)[18]、优先保留移动变异(precedence preserving shift mutation)[19]、重排序变异(reordering mutation)。分配变异随机选择一个操作,然后调换其分配。智能变异随机选择具有最大负载的机器上的一个操作,将其分配给具有最小负载的机器。例如,在抗体S中,机器2的负载最大,从机器2上随机选择一个操作,假设选择操作$O_{1,3}$。由表4.2可知,$A_{1,3}=\{1,2,3\}$。抗体S中机器3的负载最小,因此把操作$O_{1,3}$分配给机器3构成新抗体。

优先保留移动变异可改变操作的加工顺序。在不违反工件加工约束条件下,从抗体中选择一个操作,将其移动到另一个位置。例如,在图4.13中,随机选择抗体中的一个操作$O_{1,2}$。根据操作加工限制(要在$O_{1,1}$之后$O_{1,3}$之前加工),该操作的可行位置包括2,3,4,5,6。从中随机选择一个位置(如位置3),则操作$O_{1,2}$移动到该位置。采用重排序变异时,随机选择抗体中两个位置p_1和p_2,对这两个位置间的操作重排序。如图4.14所示,随机选择抗体中位置3和8,在保证工件加工约束的前提下,对两位置间的5个操作随机排序。

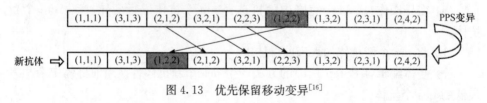

图4.13　优先保留移动变异[16]

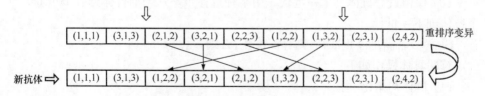

图4.14　重排序变异[16]

（4）受体编辑

抗体克隆和变异后，删除群体中 nea 个最差抗体，用随机产生的新抗体替换。新抗体按初始抗体生成方法产生。该操作用于在整个解空间中搜索新调度解，有利于算法脱离局部最优。

在文献[16]中，该免疫算法（AIA）被用于以下问题：

① Kacem data 集合[17]，其中包括 3 个问题实例。

② Fadata 集合[20]，包括 20 个问题实例。

③ BRdata 集合[21]，包括 10 个问题实例。

对每个实例 AIA 运行 10 次，其中获得的最好结果作为 AIA 的结果。对于 Kacem 和 BRdata 集合中的问题实例，采用锦标赛选择方式；对于 Fadata 集合，采用轮盘赌选择机制。算法参数为 pa1＝20％、pa2＝80％、pr＝20％、pmw＝40％、pmo＝40％、分配变异概率为 40％、智能变异概率为 25％、优先保留移动变异概率为 10％、重排序变异概率为 25％。

把 AIA 用于 Kacem 实例集合，与 AL＋CGA 算法[17]、PSO＋SA 算法[22]、MOGA 算法[23]，以及 ClonaFLEX 算法[24]比较。性能指标为 makespan、最大机器负载 W_m（机器的最大工作时间）、总负载 W_T（所有机器的总工作时间）。结果表明，AIA 能得到更小的 makespan，更大的机器负载。

把 AIA 用于 Fadate 实例集合，与文献[20]中的 ISA 和 ITS 比较。结果表明，AIA 对各问题实例能够获得更小的 makespan 值。

把 AIA 用于 BRdata 集合实例，与文献[18]、[24]、[25]、[26]中的结果比较。实验表明，AIA 对于一些问题实例性能略差于文献[24]中的 ClonaFLEX，但优于其他 3 种算法。

4.6　用于非等待 FSP 的心理学克隆选择调度算法

Kumar 等[27]提出了一种心理学克隆算法用于非等待流水线调度问题（no wait flow shop problem，NWFSP）。很多流水线调度研究都是假设存在中间存储区，然而对于某些生产过程，如金属、塑料、化工和食品工业，加工过程必须连续，不存在中间存储区。非等待流水线调度问题是指工件从开始到结束必须连续加工，中间不允许中断。

基于克隆选择算法[2]和马斯洛的需求层次理论[28]，Kumar 等提出一种心理学克隆选择算法用来解决非等待流水线调度问题。按照需求层次理论，人的需求分为不同层次，即生理需求、安全需求、发展需求、尊重需求、自我实现需求。该算法把不同层次的需求引入到克隆选择算法中。

4.6.1　非等待流水线调度问题

在非等待流水线调度问题中,工件的各个操作必须连续加工,即操作之间不存在空闲时间。因而,每个工件的完成时间取决于其起始时间。假设有 n 个工件 m 台机器,每个工件依次在 m 台机器上加工,把工件按开始加工时间升序排序为 $\{p(1),p(2),\cdots,p(n)\}$。令 $\delta_{i,j}$ 为工件 i 和工件 j 的起始时间差,则最大完工时间 $C_{\max}$ 为

$$C_{\max} = \Big(\sum_{i=1}^{n-1} \delta_{p(i),p(i+1)} \Big) + T_{p(n)} \tag{4.16}$$

其中,$T_{p(n)}$ 为最后加工的工件的总加工时间。

采用总流经时间作为性能指标,目标函数为

$$\min\Big\{ \sum_{i=1}^{n} \sum_{j=1}^{i} \delta_{p(j-1),p(j)} \Big\}, \quad \delta_{p(0),p(1)} = 0 \tag{4.17}$$

除了目标函数外,还要考虑调度的延迟时间最小。延迟时间 ζ_i 可以定义为

$$\zeta_i = \max\{0,(c_i - d_j)\} \tag{4.18}$$

其中,c_i 表示工件 i 的完成时间;d_i 表示工件 i 的交货期。

最小化延迟时间表示为

$$\min = \Big\{ \sum_{i=1}^{n} \tau(\zeta_i) \Big\} \tag{4.19}$$

其中

$$\tau(\zeta_i) = \begin{cases} 1, & \zeta_i > 0 \\ 0, & \text{其他} \end{cases} \tag{4.20}$$

4.6.2　马斯洛的需求层次理论

该理论认为人类的需求分为五个层次(图 4.15)。如果人们满足了一个需求层次,他们就会追求上一个层次的需求,不断努力去满足更高层次的需求。

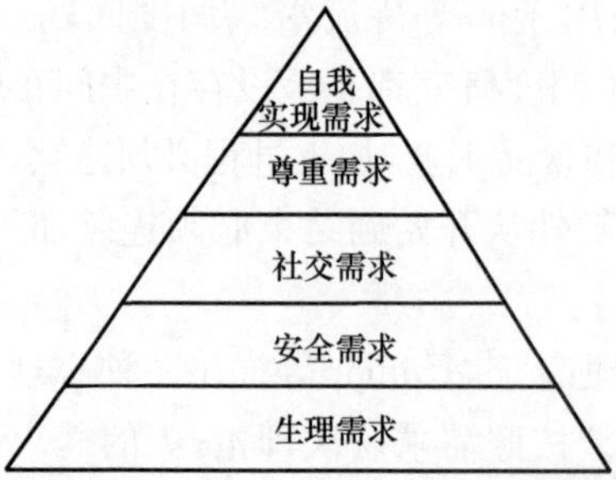

(1)生理需求

用以维持生存的基本需求,包括食物、水、居住等。只有生理需要得到基本的满足后,其他需要才能成为新的激励因素。

(2)安全需求

对外部威胁的生理安全和心理安全的需求。人类要求保障自身安全、摆脱威胁,整个

图 4.15　人类需求的五个层次

有机体是一个追求安全的机制。

（3）社交需求

社交需求属于较高层次的需求,如对友谊、情感以及隶属关系的需求。这一层次的需要包括两个方面:一是友爱需要,即人人都需要伙伴之间、同事之间的关系融洽;二是归属的需要,即人都有一种归属于一个群体的感情,希望成为群体中的一员。

（4）尊重需求

尊重需求可以分为内部尊重和外部尊重。内部尊重是指一个人希望在各种不同情境中有实力、能胜任、充满信心。外部尊重是指一个人希望有地位、有威信,受到别人的尊重、信赖和高度评价。

（5）自我实现需求

自我实现是最高层次的需要,是指实现个人理想和抱负,发挥个人的能力到最大程度,完成与自己的能力相称事情的需求,即人必须干称职的工作,才会使他们感到最大快乐。自我实现需要努力实现自己的潜力,使自己越来越成为自己所期望的人物。

4.6.3　心理学克隆算法

心理学克隆算法中,抗体、抗原、亲和力分别对应于候选解、约束条件、目标函数值。该算法用人类的五个需求层次与克隆选择算法的各算子相对应,仍采用克隆选择算法的基本步骤。流程如图 4.16 所示。

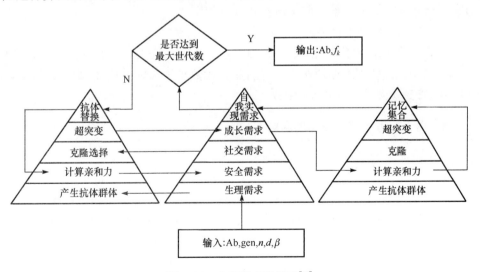

图 4.16　心理学克隆算法[27]

符号说明如下：

$Ab_{k,n}$，抗体集合中一部分亲和力最高的抗体。

Ab_d，用于取代抗体集合中低亲和力抗体的一些新抗体。

Ab_m，M 个抗原组成的群体。

其他符号与 4.1 节中的符号相同。

(1) 生理需求水平

确定优化问题的目标函数，产生初始群体。

(2) 安全需求水平

威胁对应于问题的约束条件（既抗原）。在该层次中，初始群体受到抗原威胁，即一个抗原 Ag_j 随机地从 Ag_m 中选出，呈现给群体中的所有抗体。

(3) 社会需求水平

社会反映抗体间的相互作用，对应于抗体的选择。从群体中选出 n 个与抗原 Ag_j 的亲和力最高的抗体组成集合 $Ab_{k,n}$。n 个抗体独立地进行克隆，克隆的数目正比于它们与抗原 Ab_j 的亲和力，共生成 C_k 个克隆。

(4) 成长需求水平

用成长需求取代需求层次理论的尊重需求。每个个体均希望繁衍与其同类的个体，这对应于 C_k 被施加超突变。抗体超突变的概率与其亲和力成反比，即抗体的亲和力越高，变异率越小。经超突变后，克隆集合 C_k 变为 C_k^*。

(5) 成熟安全需求水平

计算 C_k^* 中每个变异克隆的亲和力，得到 f_k^*。n 个抗体被选出组成记忆集合。群体中最低亲和力的一些抗体被新抗体替换。

(6) 自我实现需求水平

自我实现需求永不会满足，这与优化过程中不断搜索最优解类似。自我实现需求对应于算法的不断循环迭代。若当前世代数小于给定世代数，则重复执行以上操作，直到达到给定的最大世代数。

4.6.4　用于非等待流水线调度问题

(1) 抗体表达

抗体表示为工件的排序。初始群体中的抗体随机产生。对每个初始抗体，采用以下算法来清除最后机器上的操作间的空闲时间，以保证调度的可行性。

令抗体表示的工件排序为 $J_1, J_2, \cdots, J_n$；S_{im} 为 J_i 在机器 m 上的开始时间；C_{im} 为 J_i 在机器 m 上的结束时间；P_{im} 为 J_i 在机器 m 上的加工时间。

Step 1，令 $i=n$

Step 2，令 $\varepsilon = S_{im} - C_{(i-1)m}$

Step 3，if $\varepsilon > 0$

$$\text{for } x=1 \text{ to } i-1$$

$$S_{xm}=S_{xm}+\varepsilon$$

$$C_{xm}=S_{xm}+P_{xm}$$

if $i=1$ then 算法停止。

else $i=i-1$；返回 Step 2。

（2）抗体评价

以总流经时间作为性能指标，同时考虑调度的最大延迟时间。用式（4.17）作为目标函数来评价抗体的亲和力，以式（4.19）作为惩罚函数。

（3）克隆扩增和超突变

群体中 50% 的最高亲和力抗体用于克隆扩增和超突变。抗体的超突变概率为

$$\sigma=\exp(-\chi f) \tag{4.21}$$

其中，σ 为超突变概率；χ 为衰减控制因子；f 为克隆的亲和力。

用交换抗体中的工件加工排序实现超突变操作。

文献[27]用该算法解决两组问题集合，一组的工件数目较少，分别为 7、8、9、10、11；另一组的工件数目较多，分别为 50、100、200、300、400。机器的数目为 5、10、15、20、25。对每个问题，算法进行 30 次计算。

对于工件数目较少的问题，将算法与文献[29]中的 6 个启发式算法 PH、PH1(p)、PH3、PH3(p)、PH4、PH4(p)，以及 GA[30] 和文献[31]中的两个启发式算法比较，实验结果表明，与这些算法相比，心理学克隆算法的平均百分比误差更小，30 次计算中能够找到更多最优解。对于工件数目较大的问题，实验结果表明该算法优于其他算法。

4.7 用于机器负载问题的免疫调度算法

Prakash 等[32] 提出了一种改进免疫算法用于柔性制造系统（flexible manufacturing system）的机器负载问题（machine loading problem）。该算法在克隆选择算法的基础上进行了改进，包括引入了新的超突变操作、用记忆集合保留优秀抗体、混沌序列初时化等。

4.7.1 机器负载问题

机器负载问题可描述为 J 个工件要在 M 台机器上加工，每个工件包括 O 个操作，每个操作只能在部分机器上加工，并且在不同机器上的加工时间可能不同。工件的各操作需要满足加工顺序约束，且某些操作要在指定时间段内加工。需要

决策的是,在给定时间内,从工件池中选出一部分工件分配给机器加工,使目标函数值最优。采用的优化目标最大化生产量(即尽可能多地加工工件)和最小化系统不平衡(即最大化系统平衡)。

为描述机器负载问题,做如下假设:

① 任何机器在同一时间只能加工一个操作。

② 若一个工件在某台机器上加工,则其所有操作加工完毕后,才能加工下一工件。

③ 任一工件的任一个操作只能在一台机器上加工。

④ 工件的加工需求事先已知。

⑤ 不考虑机器上的工具共享和多个相同工具的情况。

⑥ 不考虑工件的装卸和运输时间。

先给出如下符号说明:

j,工件号,$1 \leqslant j \leqslant J$。

m,机器号,$1 \leqslant m \leqslant M$。

o,操作号,$1 \leqslant o \leqslant O$。

S,被选择加工的工件。

H,计划期。

SU_{max},最大系统不均衡,$SU_{max} = M \times H$。

O_j,工件 j 的操作集合。

M_{jo},加工工件 j 的第 o 个操作所需机器集合。

bsz_j,工件 j 的批次规模,即需要加工的工件 j 的数目。

MT_m^o,机器 m 的过度使用时间。

MT_m^u,机器 m 的未充分利用时间。

MT_{jom}^a,用于加工工件 j 的第 o 个操作的机器 m 上的可用时间。

MT'_{jom},用于加工工件 j 的第 o 个操作的机器 m 所需时间。

MT''_{jom},加工工件 j 的第 o 个操作后机器 m 上剩余时间。

MS_{jom}^a,用于加工工件 j 的第 o 个操作的机器 m 上的可用工具槽数目。

MS'_{jom},用于加工工件 j 的第 o 个操作的机器 m 所需工具槽数目。

MS''_{jom},加工工件 j 的第 o 个操作后机器 m 上剩余的工具槽数目。

(1) 决策变量

问题的决策变量为

$$\lambda_j \begin{cases} 1, & \text{工件 } j \text{ 被选择加工} \\ 0, & \text{其他} \end{cases} \tag{4.22}$$

$$\delta_{jom} \begin{cases} 1, & \text{工件 } j \text{ 的操作 } o \text{ 在机器 } m \text{ 上加工} \\ 0, & \text{其他} \end{cases} \tag{4.23}$$

即需要决定选择哪些工件加工,以及把这些工件的每个操作分配给哪台机器上加工。

(2) 负载不平衡系数和生产量系数

负载不平衡系数表示为

$$F_1 = \frac{SU_{max} - \sum_{m=1}^{M}(MT_m^o + MT_m^u)}{SU_{max}}, \quad 0 \leqslant F_1 \leqslant 1 \tag{4.24}$$

生产量系数表示为

$$F_2 = \frac{\sum_{j=1}^{J} bsz_j \times \lambda_j}{\sum_{j=1}^{J} bsz_j}, \quad 0 \leqslant F_2 \leqslant 1 \tag{4.25}$$

如果 $F_1 = 1$,则表示机器负载完全平衡;$F_2 = 1$,则表示在给定的时间窗内加工完成所有工件。解决机器负载问题就是寻求最优决策变量,使得 F_1 和 F_2 最大化。

(3) 目标函数

为了同时优化 F_1 和 F_2,采用如下目标函数,即

$$\text{maximize } F = \frac{(W_1 \times F_1) + (W_2 \times F_2)}{W_1 + W_2} \tag{4.26}$$

其中,W_1 和 W_2 分别为负载不平衡系数和生产量系数的权值。

(4) 约束条件

该问题需要满足以下约束条件,即

$$\sum_{m=1}^{M}(MT_m^o + MT_m^u) \geqslant 0 \tag{4.27}$$

$$\sum_{o=1}^{O_j} MS_{jom}^r \delta_{jom} \leqslant MS_{jom}^a \tag{4.28}$$

$$\sum_{o=1}^{O_j} MT_{jom}^r \delta_{jom} \leqslant MT_{jom}^a \tag{4.29}$$

$$\sum_{m \in M_{jo}} \delta_{jom} \leqslant 1 \tag{4.30}$$

$$\sum_{m=1}^{M} \sum_{o=1}^{O_j} \delta_{jom} = \lambda_j \times O_j \tag{4.31}$$

$$MS_{jom}^{r''} \delta_{jom} \geqslant 0 \tag{4.32}$$

$$\sum_{m=1}^{M} MT_{jom}^{r''} \delta_{jom} \geqslant 0 \tag{4.33}$$

式(4.27)表明系统不平衡要大于等于 0。式(4.28)要求在一台机器上使用的

工具槽数小于该机器拥有的工具槽数。式(4.29)要求一台机器上的加工时间小于该机器的可用加工时间。式(4.30)表明,用于加工一个操作的机器可有多台,但只能在一台机器上加工。式(4.31)表明,若一个工件被选择加工,则其所有操作都要加工完毕。式(4.32)表示一台机器完成一个工件的某操作后,剩余的工具槽数要大于等于 0。式(4.33)表示完成一个工件的某操作后,所有机器上剩余时间的和为正数或 0。

　　一个机器负载问题如表 4.3 所示。该问题共有 8 种工件,表中分别给出了每种工件的数目,包含的操作,以及操作的加工时间、所用机器、所需工具,共有 4 台机器,每台机器的可用时间为 480 分钟,可提供 5 个工具。

表 4.3　一个机器负载问题[33]

工件	批处理数量	操作 1:加工时间/所用机器/所需工具	操作 2:加工时间/所用机器/所需工具	操作 3:加工时间/所用机器/所需工具
J_1	8	18/M_3/1	——	——
J_2	9	25/M_1/1	25/M_4/1	22/M_2/1
		25/M_4/1	——	——
J_3	13	26/M_4/2	11/M_3/3	——
		26/M_1/2	——	——
J_4	6	14/M_3/1	19/M_4/1	——
J_5	9	22/M_2/2	25/M_2/1	——
		22/M_3/2	——	——
J_6	10	16/M_4/1	7/M_4/1	21/M_2/1
		——	7/M_2/1	21/M_1/1
		——	7/M_3/1	——
J_7	12	19/M_3/1	13/M_2/1	23/M_4/3
		19/M_2/1	13/M_3/1	——
		19/M_4/1	13/M_1/1	——
J_8	13	25/M_1/1	7/M_2/1	24/M_1/3
		25/M_2/1	7/M_1/1	——
		25/M_3/1	——	——

4.7.2　改进的免疫算法

1. 选择算子

　　用式(4.26)中的目标函数计算群体中每个抗体的亲和力。用轮盘赌方法选出抗体进行克隆扩增。按亲和力由低到高对群体中的抗体进行排序,令 f_i 为抗体 i 的序号,则抗体 i 的选择概率为

$$p_i = \frac{f_i}{\sum\limits_{k=1}^{pop\_size} f_k} \tag{4.34}$$

2. 克隆扩增

选出的抗体进行克隆。抗体产生克隆的数目与其亲和力成正比。按亲和力对选出的抗体进行排序,用 CLONALG 中的方法计算每个抗体的克隆数目。

3. 变异算子

与 CLONALG 的变异机制不同,这里交替使用高斯分布和柯西分布变异。随着抗体亲和力的减小,变异的步长和概率逐步增加。对高亲和力抗体采用小步长的高斯分布变异,对低亲和力抗体采用大步长的柯西分布变异。

变异过程如下:

Step 1,按(4.34)式计算每个抗体 i 的概率 p_i。

Step 2,for i=1 to popsize

    $r=$random$(0,1)$

    if $(r<p_i)$

     执行高斯变异

    else

     执行柯西变异

    end if

   end for

下面介绍高斯变异和柯西变异的具体操作。

(1) 高斯变异

假设抗体表示为 $\{x_1, x_2, x_3, \cdots, x_g, \cdots, x_l\}$,选取其中一个元素 x_g,用 x_g' 取代之,即

$$x_g' = x_g + N(\mu, \sigma) \tag{4.35}$$

其中,$N(\mu, \delta)$ 为服从以下高斯概率密度函数的一个随机数。

$$f(x) = \frac{1}{\sigma\sqrt{2\pi}} \exp\left[\frac{1}{2}\left(\frac{x-\mu}{\sigma}\right)^2\right], \quad -\infty < x < \infty \tag{4.36}$$

(2) 柯西变异

由于柯西分布函数曲线比高斯分布函数曲线更为平坦,即随机变量取较大值的概率更大,因此用其进行较大程度变异。选取抗体中的一个元素 x_c,用 x_c' 取代之,即

$$x_c' = x_c + \eta\delta \tag{4.37}$$

其中,η 为变异步长;δ 为服从以下柯西概率密度函数的随机数。

$$f(x) = \frac{t}{\pi(t^2 + x^2)} \tag{4.38}$$

其中,$t > 0$ 为比例参数。

4. 记忆集合

经过克隆扩增和超突变后,计算突变克隆的亲和力。然后,用轮盘赌方法选出记忆抗体集合。令 IM_m^t 表示第 t 世代的记忆集合,m 为记忆集合中抗体数目,P_{Ps}^t 为第 t 世代的群体,Ps 为群体规模,d 为记忆集合更新阈值,令 $\Gamma = 1$。由记忆抗体集合构造下一世代群体的算法如下。

Step 1,更新记忆集合 IM_m^t,令 μ 为 IM_m^t 中更新的抗体数目。

Step 2,if $\mu > d$

　　　　P_{Ps}^t 由当前群体中 μ 个最好抗体和 $Ps - \mu$ 个随机抗体构成。

　　else

　　　　令 $\chi = \dfrac{Ps}{1 + \log(\Gamma)}$

　　　　P_{Ps}^t 由记忆集合 IM_m^t 中的 χ 个抗体和 $Ps - \chi$ 个随机抗体构成。

　　　　$\Gamma = \Gamma + 1$

　　end if

如果记忆集合中更新抗体数目大于给定阈值,则表明当前群体中有更多优秀个体的概率大,此时利用当前群体中的最好抗体进行搜索。如果更新抗体的数目小于给定的阈值,则利用记忆集合中的抗体进行搜索。

5. 停止准则

当算法达到给定的最大世代数时算法停止。

4.7.3　用于机器负载问题

免疫算法用于机器负载问题时,抗体采用实数编码,其中包含由混沌序列产生的 l 个实数。抗体解码时,对这 l 个实数依次编号,然后将这 l 个实数升序排序(相应地,编号也被重排),重排后的编号序列代表工件的加工顺序。

用于机器负载问题的免疫算法伪代码如下。

首先定义以下符号。

p_n^0,规模为 n 的初始群体。

$p_n^t = \{a_1^t, a_2^t, \cdots, a_k^t, \cdots, a_n^t\}$,第 t 世代群体,a_k^t 为其中第 k 个抗体。

M_m^t,第 t 世代的记忆集合,其中包含 m 个抗体。

f,适应值。

Cs,约束条件。

l,抗体长度。

μ,记忆集合中更新的抗体数目。

δ,步长。

算法的伪代码如下：

Step 1,初始化 p_n^0。

Step 2,设定 $M_m^0 = 0$。

Step 3,While($t! = \text{gen\_max}$)

      Evaluate$\{P_n^t, \text{Ag}\}$

      /* 评价群体中每个抗体的亲和力 */

      $P_s^t = \text{Select}\{P_n^t, s\}; s \leqslant n$

      /* 根据抗体亲和力,从群体中选择 s 个抗体 */

      $P_d^t = \text{Cloning}(P_s^t);$

      /* 选择的抗体进行克隆 */

      $P_{hm}^t = \text{Hypermutate}(P_d^t)$

      /* 每个克隆进行变异(具体操作见上节中的变异算子) */

      Evaluate$\{P_{hm}^t, \text{Ag}\};$

      /* 评价每个变异的克隆 */

      $P_b^t = \text{Best}(P_{hm}^t);$

      /* 从变异的克隆中选出 b 个最好抗体 */

      $M_m^t = \text{Update}\{P_b^t, M_m^{t-1}\}$

      /* 用 b 个最好抗体来更新记忆集合 */

      $\mu = M_m^t - \{M_m^t \bigcap M_m^{t-1}\}$

      /* 在第 t 世代中进入记忆集合的新抗体数目 */

      按上节中的方法,根据 μ 值来构造下一世代群体。

      End

文献[32]把该免疫调度算法用于文献[34],[35]中的 10 个机器负载问题,并与文献[33]～[35]中的算法比较。性能指标为相对提高指数(comparative improvement index,CII),即

$$\text{CII(SU)} = \frac{\text{SU}_H - \text{SU}_{\text{MIA}}}{\text{SU}_H} \times 100$$

$$\text{CII(TH)} = \frac{\text{TH}_{\text{MIA}} - \text{TH}_H}{\text{TH}_{\text{MIA}}} \times 100$$

其中,CII(SU)为系统不平衡的相对提高指数;SU_H 和 SU_{MIA} 分别为其他算法和免疫算法获得的系统不平衡;CII(TH)为产出量的相对提高指数;TH_H 和 TH_{MIA} 分别为其他算法和免疫算法获得的产出量。

实验结果表明,与其他 3 种算法相比,免疫算法能获得更小的系统不平衡和更大的产出量。

4.8　用于非等待 FSP 的多目标免疫调度算法

调度问题包含多个性能指标,如最大完成时间、延迟时间、延迟工件的数目、空闲时间等。为了同时优化多个性能指标,Tavakkoli-Moghaddam 等[36]提出了一种多目标免疫调度算法用于非等待流水线调度问题。

4.8.1　问题的优化目标

优化目标为最小化加权平均完成时间和加权平均延迟。加权平均完成时间表示为

$$\overline{C}^{(w)} = \frac{1}{W}\sum_i w_i C_i \tag{4.39}$$

其中,C_i 是工件 i 的完成时间;w_i 为工件 i 的完成时间权值;$W = \sum_i w_i$ 。

加权平均延迟表示为

$$\overline{T}^{(w)} = \frac{1}{W}\sum_i w_i T_i \tag{4.40}$$

其中,w_i 为工件 i 的延迟权值;$T_i = \max\{0, C_i - d_i\}$ 为工件 i 的延迟时间,d_i 为工件 i 的交货期。

4.8.2　多目标免疫算法

多目标免疫算法中,抗原对应非支配解,抗体对应于支配解。算法的步骤如下:

Step 1,给定算法参数。

Step 2,产生初始抗体群体,Pareto 归档集为空。

Step 3,for 1 to MaxIter (最大迭代次数)

　　　　　　进行非支配排序。

　　　　　　更新 Pareto 归档集。

　　　　　　从归档集中选出高亲和力抗体组成群体。

　　　　　　群体中的一定比例的抗体进行交换变异。

　　　　　　群体中的一定比例的抗体进行线形组合变异。

　　　end for

1. 抗体表达

每个抗体同时采用两种编码方式,即基于工件的编码(2.5.1 节)和随机键编码,分别在算法的不同步骤中使用。随机键编码与 4.7.3 节中的编码类似,区别在于由随机数替代混沌序列。由随机键编码可得到基于工件的编码,然后按 2.5.1 节的方法进行解码。

2. 抗体初始化

采用精英禁忌搜索(elite tabu search,ETS)来生成具有多样性和高亲和力的初始抗体。

(1) 理想点

理想点(ideal point)是独立地优化每个目标而得到解空间中的虚拟点。要寻求理想点,需要分别优化问题的每个目标函数。为了简化问题,首先把问题线性化,然后采用优化软件(如 Lingo)来优化每个目标函数。对于大规模 NP-hard 问题,为了节省时间,在优化软件得到第一个可行解后的 ζ 秒中断优化,用近似理想点替代。

(2) 执行 ETS

为了生成具有多样性和高亲和力的 N 个初始抗体,ETS 要迭代 $\alpha \times N$ 次,其中整数 $\alpha \geqslant 1$。ETS 从理想点的第一个目标函数所对应的解出发进行搜索。每次迭代中,若当前解的邻域内的解满足接受准则,则邻域内的解取代当前解,同时把当前解保存到禁忌列表中。该过程不断进行,直到满足停止准则。ETS 的具体操作如下:

① 用工件加工顺序的反转来表示移动。对当前解施加一个移动,相当于随机选择当前解(表示为工件编号的排序)中的两点,将两点间的工件加工顺序反转,由此产生当前解的一个邻居。

② 禁忌列表中包含若干整数对 (i,j),其中 $i,j \in \{1,2,\cdots,n\}$。如果 (i,j) 在禁忌列表中,表示禁止交换工件 i 和工件 j。禁忌列表长度 ψ 为给定值。

③ 用以下函数来评价调度解,即

$$\zeta = \sum_{i=1}^{k} \frac{|f_i - F_i|}{w_i} \tag{4.41}$$

其中,f_i 是调度解的第 i 个目标值;F_i 是理想点的第 i 个目标值;w_i 为第 i 个目标权值,其随机产生,以使 ETS 向不同方向搜索,保持解的多样性。

令 A 为当前解,B 为由 A 经一个移动后产生的解,则用 η 来决定是否接受解 B,即

$$\eta = \zeta_B - \zeta_A \tag{4.42}$$

若 $\eta \leqslant 0$ 且移动不在禁忌表中,则 B 替代 A。

若 $\eta \leqslant 0$ 且移动在禁忌表中,则 B 替代 A。

若 $\eta > 0$,移动不在禁忌表中,且 B 不被解 A 支配时,则 B 替代 A。

若 $\eta > 0$ 且移动在禁忌表中,则 A 保持不变。

④ 停止准则。迭代 $\alpha \times N$ 次后 ETS 停止。搜索过程中共经历了 $\alpha \times N$ 个解,从中选出离理想点最近的 N 个解来构造初始群体。

3. 归档集更新

用一个归档集合更新过程来防止丢失新的非支配解。归档集规模给定为 Arch_size,当找到一个新的非支配解后,按以下方法更新归档集。

① 若归档集中解的数目小于 Arch_size,则把新解加入归档集中。

② 若归档集中解的数目等于或大于 Arch_size,如果新解位于归档集中离其最近的非支配解的重复区域(duplication area)外,则将其加入归档集中,归档集规模增加。

非支配解的重复区域为以该解为中心,以 r 为半径的区域。若新解不在归档集中离其最近的非支配解的重复区域内,则认为其为非相似解而加入归档集中。距离采用欧几里德距离。

4. 抗体选择

从归档集中选择所有非支配解组成一个群体。如果群体中非支配解数目小于给定的规模,剩余的抗体从支配解中选择,方法如下:

for 1 to 需要的抗体数目

    选取两个候选支配抗体进行锦标赛选择。

    若抗体 2 支配抗体 1,则选择抗体 2。

    若抗体 1 支配抗体 2,则选择抗体 1。

    若两个抗体互不支配,则计算每个抗体到归档集中非支配抗体的最小海明距离,选择距离较大的抗体。

end for

5. 超突变

选择出的群体经历超突变过程,包括以下两步骤:

① 交换变异。抗体的基于工件的编码中,随机选择两个位置,交换这两个位置的基因。

② 抗体组合。对抗体的随机键编码进行操作。从群体中随机选出 β 个抗体

进行线性组合来产生新抗体。例如,令 x_i,x_j 和 x_k 为选出的抗体,则新抗体 x_l 为

$$x_l = w_1 x_i + w_2 x_j + w_3 x_k \tag{4.43}$$

其中,$w_i(i=1,2,3)$ 为随机实数,且 $\sum\limits_{i=1}^{3} w_i = 1$ 。

在文献[36]中,把多目标免疫算法与 SPEAII 算法[37] 比较。随机产生两组问题实例集合,一组为小规模实例,包括 16 个问题实例;另一组为大规模实例,包括 20 个实例。小规模问题的工件数为 6~9,机器数 5~20,通过穷举法得到每个问题的 Pareto 最优解。

多目标免疫算法的参数为:群体规模 $N=50$;禁忌列表长度 $\psi=20$;归档集的规模 Arch_Size$=20$;$\alpha=10$;$\beta=3$;组合概率为 1;选出的抗体数目与群体规模相同。SPEAII 的参数为:群体规模 $N=50$;初始群体随机产生;采用锦标赛选择;选择率为 0.8;采用顺序交叉和反转变异;交叉和变异率分别为 0.8 和 0.4。两种算法均进化 50 世代。

用以下 5 个指标来评价算法。

① 算法找到 Pareto 最优解的次数。

② 错误率(error ratio,ER)用来衡量算法收敛到最优 pareto 前沿的能力,定义为

$$E = \frac{\sum\limits_{i=1}^{N} e_i}{N}$$

其中

$$e_i = \begin{cases} 0, & \text{解 } i \text{ 属于最优 Pareto 前沿} \\ 1, & \text{其他} \end{cases}$$

N 为算法找到的 Pareto 最优解个数。

若该指标越接近 1,则说明算法收敛到最优 Pareto 前沿的能力越差。

③ 世代距离(generational distance,GD)用于测量算法找到的解集与 Pareto 最优前沿间的距离,定义为

$$G = \frac{\sum\limits_{i=1}^{N} d_i}{N}$$

其中,d_i 为第 i 个解到离其最近的 Pareto 最优前沿上的解的距离。

④ 空间分布度(spacing metric,SM)用于测量非支配解在空间中的分布均匀程度,定义为

$$S = \left[\frac{1}{N-1} \times \sum\limits_{i=1}^{N} (\bar{d} - d_i)^2 \right]^{\frac{1}{2}}$$

其中,$\bar{d}$ 为所有 d_i 的均值。

（5）最大展度（diversification metric，DM）用于测量非支配解在空间中的伸展程度。

对于每个问题实例,以上两种算法分别独立运行 15 次,给出了算法获得的以上性能指标的平均结果进行比较。实验结果表明,多目标免疫算法在解决该类问题时性能优于 SPEAII,但计算时间要大于 SPEAII。

4.9　用于 HFSP 的克隆选择调度算法

Engin 等[38]用一种基于克隆选择原理的免疫算法解决混合流水线调度（hybrid flow shop problem，HFSP)问题。下面介绍算法的步骤和主要操作。

4.9.1　免疫调度算法

抗体采用基于工件的编码（2.5.1 节）。

算法的步骤如下：

Step 1,产生一个包含 A 个抗体的群体。

Step 2,每一世代执行以下操作：

　　　　计算每个抗体的亲和力（即 makespan）。

　　　　计算选择概率（即克隆率）。

　　　　抗体克隆。

Step 3,每个克隆执行以下操作

　　　　进行反转变异。

　　　　计算变异克隆（新抗体）的 makespan。

　　if makespan(newantibody)＜makespan(clone) then

　　　　clone＝newantibody

　　else

　　　　进行交换变异

　　　　计算变异克隆（新抗体）的 makespan。

　　　if makespan(newantibody)＜makespan(clone) then

　　　　　clone＝newantibody

　　　else clone＝clone

Step 4,清除群体中最差的 %B 个抗体,同时生成相同数目的新抗体。

Step 5,当满足停止准则时,算法停止。

4.9.2　克隆选择

每个抗体 z 的亲和力定义为

$$\text{Affinity}(z) = \frac{1}{\text{makespan}(z)} \tag{4.44}$$

抗体克隆数目与其亲和力成正比。每个抗体的选择概率计算如下：

Step 1，计算群体中每个抗体的 makespan。

Step 2，确定最大 makespan，即 max $C_{\max}$。

Step 3，计算每个抗体的适应度，即

$$\text{fintess value} = (\text{max } C_{\max} + 1) - \text{makespan of antibody} \tag{4.45}$$

Step 4，每个抗体的选择概率为其适应度与群体中所有抗体的适应度之和的比。

克隆数目与群体的规模相同。通过轮盘赌方法根据抗体的选择概率进行选择，形成克隆群体。一个抗体的亲和力越高，克隆群体中越可能有其多个拷贝，而低亲和力的抗体克隆数目少或没有克隆。

4.9.3　亲和力成熟

在亲和力成熟阶段，每个克隆要经历两种变异，即反转变异和交换变异。

（1）反转变异

对于一个克隆 s（基于工件的编码），令 i 和 j 为 s 中随机选择的两个位置，对 i 和 j 间的工件排序取反而得到一个新抗体，即为 s 的一个邻居。如果新抗体的 makespan 值小于克隆 s，则用新抗体替换 s；否则，克隆 s 再进行交换变异。

当 $|j-i| < 2$ 时，不进行反转变异。

（2）交换变异

对于一个克隆 s，令 i 和 j 为 s 中随机选择的两个位置，交换 i 和 j 位置上的工件编号而得到一个新抗体。如果新抗体的 makespan 值小于克隆 s，则用新抗体替换克隆；否则，克隆 s 保持不变。

反转变异的变异程度大，适应于进化的早期阶段，此时离最优点还很远，大的变异有利于快速发现更好的解。在进化后期阶段已获得较好的解，再用较大程度变异会破坏较好的工件排序，此时更适合采用变异程度较小的交换变异。

4.9.4　受体编辑

群体中 %B 的最差抗体被清除，用随机产生的抗体取代。该操作用于在整个解空间中探索新区域，有利于脱离局部最优。群体经过受体编辑后，作为下一世代群体。

4.9.5　多步实验设计

为了快速获得优化问题的最优和次优解,需要给定合适的算法参数。文献[38]研究了抗体群体规模(A)和抗体清除比例(B)这两个参数的最优配置。A的取值范围为$1\sim50$,B的范围为$1\sim100\%$。采用多步试验设计方法(multi-step experimental design approach,MSEDA)来优化这两个参数。每个参数取两个水准,即水准 1 和水准 2。对 A 和 B 的所有水准的组合进行全因子实验,如表 4.4 所示。

表 4.4　L4 正交排列实验[38]

实验次数	A	B
1	1	1
2	1	2
3	2	1
4	2	2

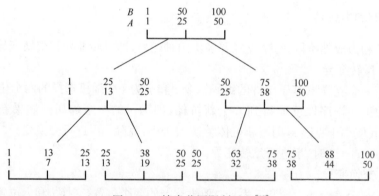

图 4.17　搜索范围限制过程[38]

多步试验设计方法优化算法参数的过程如下:

Step 1,把每个参数的取值范围 4 等分。把取值范围的第 1 段和第 2 段,第 3 段和第 4 段的分割点作为两个水准。例如,参数 A 的两个水准为 13 和 38,参数 B 的两水准为 25 和 75。

Step 2,设计 L4 正交实验。用每个参数组合运行 5 次。

Step 3,计算每个参数组合得到的 5 个解的 makespan 均值,据此从 4 个参数组合中选择最优参数组合。例如,当参数 A 为 13、参数 B 为 75 时,5 个解的 makespan 均值最小,此时 13 和 75 为第一步最优参数组合。

Step 4,对最优参数组合的每个参数,用搜索范围限制过程(search range limitation procedure, SRLP)来确定新的参数范围,如图 4.17 所示。例如,根据第一步最优参数组合 13 和 75(分别对应参数 A 和 B),可确定参数 A 的范围为$[1,25]$(因为 13 为该范围的中心),参数 B 的范围为$[50,100]$。分别对这两个参数范围 4 等分,得到 A 的两个水准为 7 和 19,B 的两个水准为 63 和 88。再进行 $L4$ 正交实验,得到第二步最优参数组合。

Step 5,将当前最优参数组合的 5 次实验的 makespan 均值($AMEV_n$)与上一步最优参数组合的实验结果均值($AMEV_{n-1}$)比较。若 $AMEV_{n-1} < AMEV_n$,则停止优化参数。若 $AMEV_{n-1} > AMEV_n$,则转到 Step 4。

文献[38]利用文献[39]中 77 个 benchmark 问题对免疫算法进行测试,并与改进的分支定界方法(B&B)[40]比较。文献[40]中给出了每个问题的解的下界,利用解的下界来计算相对偏差,以此评价算法性能,即

$$\%Deviation = \frac{Best\ C_{max} - Laower\ Bound}{Lower\ Bound}$$

在文献[40]中,B&B 算法的运行时间限定为 1600s,若在该时间内不能找到最优解,则算法停止,把所找到的最好解作为最后结果。免疫算法的运行时间也限定在 1600s,把在此时间内找到的最好解作为 Best C_{max}。

给出了免疫算法和 B&B 算法解决这 77 个问题实例的最好 Best C_{max} 值,计算时间及相对于下界的百分比偏差。这些 77 个问题实例可分为 a、b 类型和 c、d 类型,免疫算法能够找到所有 a、b 类型问题(47 个)的最优解,B&B 算法能找到其中 46 个最优解。c、d 类型中有 24 个很难的问题,免疫算法找到了其中 17 个问题的下界,B&B 算法找到了 18 个问题的下界,但免疫算法获得的解的百分比偏差更小。对于所有问题实例,免疫算法和 B&B 算法的平均百分比偏差分别为 1.657% 和 3.6%。

4.10　用于置换 FSP 的克隆选择调度算法

Hsieh 等[41]提出了一种免疫算法用于带缓存的置换流水线调度问题(permutation flow shop problem, PFSP)。

4.10.1　带缓存的置换流水线调度问题

(1) 假设条件

① 系统有 n 个工件 $J = \{1, 2, \cdots, n\}$ 和 m 个机器 $M = \{1, 2, \cdots, m\}$。

② 每个工件都从机器 1 到机器 m 依次加工。

③ 每个工件在同一时间只能在一台机器上加工。每台机器在同一时间只能加工一个工件。

④ 每对前后衔接的机器 $i-1$ 和 i 间存在先入先出的缓存 F_i,其存储能力为 $f_i \geqslant 0$(即最多存储 f_i 个工件), $i \in M \backslash \{1\}$。

⑤ 一个工件在机器 $i-1$ 上加工完毕后,若缓存 F_i 没有满将进入 F_i,否则将滞留在机器 $i-1$ 上直到缓存 F_i 有空余的空间。

⑥ 每台机器上的工件加工顺序均相同。

⑦ 优化目标为最小化最后工件的完成时间,即 $C_{\max}$。

(2) 图模型

问题的解表示为工件的排序 $\pi = (\pi(1), \pi(2), \cdots, \pi(n))$,其中 $\pi(j)$ 为位于位置 j 上的工件序号,n 为工件的数目。令 Π 表示 J 中元素的所有排列组合的集合。一个调度解为所用工件在机器上的起始加工时间,即 $S_{ij} \geqslant 0 (i \in M, j \in J)$。由于工件排列相同但起始时间可以不同,因此每个排列 π 可对应多个可行解。如果 π 对应的起始时间 $S_{ij} \geqslant 0 (i \in M, j \in J)$ 满足以下条件,则其为可行调度[42],即

$$S_{i\pi(j)} \geqslant S_{i-1,\pi(j)} + p_{i-1,\pi(j)} \tag{4.46}$$

$$S_{i\pi(j)} \geqslant S_{i,\pi(j-1)} + p_{i,\pi(j-1)} \tag{4.47}$$

$$S_{i\pi(j)} \geqslant S_{i+1,\pi(j-f_{i+1}-1)} \tag{4.48}$$

其中,若 $j \leqslant 0, \pi(j) = 0, S_{i0} = 0, p_{i0} = 0, i \in M \bigcup \{m+1\}, m$ 为机器的数目;$f_{m+1} = 0$;$S_{m+1,j} = 0, j \in J$;$S_{0j} = 0$;$p_{0j} = 0, j \in J$。

式(4.46)表示工件加工约束,即每个工件 $\pi(j)$ 在前一台机器加工完毕后才能在本台机器上加工。式(4.47)表示机器加工约束,即在每台机器上,前一个工件加工完毕后才能加工本工件。式(4.48)表示缓存能力约束,即机器 i 和 $i+1$ 间的存储能力为 f_{i+1},只能当前 $f_{i+1}+1$ 个工件在机器 $i+1$ 开始加工后,机器 i 才能开始加工本工件。

该问题就是要寻求一个工件排序 $\pi \in \Pi$,使得调度的 makespan 最小。给定一个工件排列 π,可用动态规划方法获得具有最小 makespan 的调度,即

$$S_{i\pi(j)} = \max(S_{i-1,\pi(j)} + p_{i-1,\pi(j)}, S_{i\pi(j-1)} + p_{i\pi(j-1)}, S_{i+1,\pi(j-f_{i+1}-1)}),$$
$$i = 1, 2, \cdots, m, \quad j = 1, 2, \cdots, n \tag{4.49}$$

调度的最大完成时间为 $C_{\max}(\pi) = S_{m\pi(n)} + p_{m\pi(n)}$,其中 $S_{m\pi(n)}$ 由式(4.49)计算得到。

工件加工顺序 $\pi \in \Pi$ 可用有向图 $G(\pi) = (N, A^V \bigcup A^H \bigcup A^S)$ 表示,其中 $N = M \times J$ 为节点集合,表示各操作;$A^V \bigcup A^H \bigcup A^S$ 为弧集合,分别为

$$A^V = \bigcup_{j=1}^{n} \bigcup_{i=2}^{m} \{((i-1,j),(i,j))\} \tag{4.50}$$

$$A^H = \bigcup_{j=2}^{n} \bigcup_{i=1}^{m} \{((i,j-1),(i,j))\} \tag{4.51}$$

$$A^S = \bigcup_{i=1}^{m-1} \bigcup_{j=f_{i+1}+2}^{n} \{((i+1,j-f_{i+1}-1),(i,j))\} \tag{4.52}$$

其中,节点(i,j)表示$\pi(j)$的第i个操作(在机器i上加工);A^V表示工件加工约束;A^H表示机器加工约束;A^S表示存储能力约束。节点$(i,j)\in N$的权值为$p_{i\pi(j)}$。A^V和A^H中的弧的权值为0。弧$((s,t),(i,j))\in A^S$的权值为$-p_{s\pi(t)}$,这是因为由式(4.48)可知

$$S_{i\pi(j)}\geqslant C_{i+1,\pi(j-f_{i+1}-1)}-p_{i+1,\pi(j-f_{i+1}-1)} \tag{4.53}$$

因此,弧$((i+1,j-f_{i+1}-1),(i,j))\in A^S$的权值为$-p_{i+1,\pi(j-f_{i+1}-1)}$。由式(4.49)得到的工件起始时间$S_{i\pi(j)}$为从起始节点到节点$(i,j)$的最长路径。最大完成时间$C_{\max}(\pi)$等于$G(\pi)$中的关键路径长度。确定关键路径的方法是给定节点$(m,n)$,每次迭代时按下式寻找当前节点$(i,j)$的下一个节点$(s,t)$,即

$$(s,t)=(i-1,j),\quad S_{i-1,\pi(j)}+p_{i-1,\pi(j)}=S_{i,\pi(j)} \tag{4.54}$$

$$(s,t)=(i,j-1),\quad S_{i,\pi(j-1)}+p_{i,\pi(j-1)}=S_{i,\pi(j)} \tag{4.55}$$

$$(s,t)=(i+1,j-f_{i+1}-1),\quad S_{i+1,\pi(j-f_{i+1}-1)}=S_{i,\pi(j)} \tag{4.56}$$

若节点(s,t)同时满足一个以上公式,则任选其一作为(s,t)节点。当前节点(i,j)的起始值为(m,n),每次迭代时更新当前节点$(i,j)=(s,t)$,直到变为节点$(1,1)$。找到的节点序列$(1,1),\cdots,(m,n)$即为从起始节点$(1,1)$到节点(m,n)的关键路径。

4.10.2　免疫调度算法

采用一种免疫算法来解决带缓存的置换流水线调度问题,算法步骤如下:

Step 1,随机产生初始抗体群体,每个抗体表示为一个工件排序。

Step 2,计算群体中每个抗体的适应值。

Step 3,选择适应值最好的k个抗体。

Step 4,选出的k个抗体进行克隆,每个抗体产生的克隆数目与其适应值成正比。

Step 5,对 Step 4 产生的克隆进行遗传操作,即交叉和变异。

Step 6,计算 Step 5 产生的新抗体的适应度值,从中选择比记忆集合中抗体适应值高的抗体,替换记忆集合中适应值低的抗体。若记忆集合中的某些抗体结构相似,则清除之。

Step 7,如果未达到给定的最大世代数,则转 Step 2;否则,转到下一步。

Step 8,算法停止。由记忆集得到问题的最优或次优解。

抗体采用基于工件的编码(2.5.1 节)。算法中的亲和力成熟过程采用 De Castro 的方法[2]。抗体多样性由抗体间亲和力来衡量,抗体 Ab_i 和 Ab_j 的亲和力按下式计算,即

$$f_{ij}=\|Ab_i-Ab_j\|,\quad \forall i,j \tag{4.57}$$

若记忆集合中某抗体的亲和力低于给定阈值,则将其删除,以保持记忆集合中抗体

多样性。

用该算法解决 29 个 benchmark 问题,即 Car1-Car8 等 8 个问题和 Rec01-Rec43 中的 21 个问题。文献[43]提出的混合遗传算法(hybrid genetic algorithm,HGA)也用于解决这 29 个问题。将该免疫算法与 HGA 比较。

对于每个问题,缓存分别设置为 0,1,2,4,∞。若缓存为∞,则问题变为典型的流水线调度问题。把问题和缓存设置进行组合,可获得 29×5＝145 个问题实例。

对每个问题实例,比较了免疫算法和 HGA 在 20 次运算中获得的最好解和平均解。实验结果表明,除了极少数问题实例外,该免疫算法均能获得更好的最好解和平均解,并且对于缓存较大的问题的效果更明显。

4.11　用于不确定 JSP 的变邻域免疫调度算法

实际调度过程中存在很多不确定性因素,如加工时间的不确定性、机器故障等,由此导致预先给定的调度方案性能降低,甚至变为不可行调度。Zuo 等[44]提出了一种基于工作流模型集合的鲁棒调度方法。该方法用工作流模型集合来描述不确定调度问题,用一个基于克隆选择原理的多目标变邻域免疫算法来生成 Pareto 鲁棒调度解。

4.11.1　不确定调度问题建模

调度的工作流仿真模型(2.1.3 节)能描述各种类型调度问题,适合为大规模复杂调度问题建模。由于工作流仿真模型的这些特点,采用该模型为不确定调度问题建模,如图 4.18 所示。

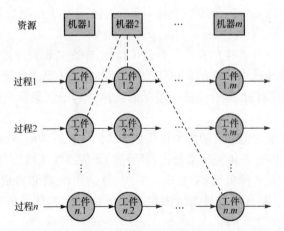

图 4.18　n 工件 m 机器的 Job shop 调度问题的工作流模型

　　图 4.18 为一个 n 工件 m 机器的 Job shop 调度问题的工作流仿真模型。过程视图包含 n 个过程，每个过程代表一类工件的加工，其中的活动"工件 $x \cdot y$"表示第 x 个工件的第 y 个操作的加工。每个活动需要使用固定的机器资源。资源视图包含 m 个机器。例如，第 2 个机器用来加工工件 2.1、工件 1.2、…、工件 $n \cdot m$。通过工作流模型，把 Job shop 调度问题转换为一个工作流资源分配问题。一个调度解相当于一个资源分配方案，用于在工作流仿真中为每个活动分配机器资源。

　　称没有动态事件发生的调度环境为标称调度环境。标称调度环境的工作流仿真模型为名义调度模型。利用名义调度模型进行工作流仿真，仿真中模拟动态事件的发生，由此得到变化的工作流模型，执行 n 次工作流仿真，得到一个包含 n 个变化的工作流模型的集合。该集合反映了不确定调度环境，用于描述不确定调度问题。

　　对一个不确定调度问题 x，假设其名义模型为 $M(x)$，由动态事件引起的调度环境的扰动为 Δ_i，则实际调度模型为

$$M_i(x) = M(x) + \Delta_i \tag{4.58}$$

用以下模型集合来描述不确定调度问题，即

$$U(x) = \{M_i(x) \mid i = 1, 2, \cdots, n\} \tag{4.59}$$

　　如果一个调度解对于模型集合中的每个模型都有满意的性能，则其对不确定调度环境具有鲁棒性。用问题的所有操作的优先级列表来表达调度解。对模型集合 $U(x)$ 中的每个模型执行一次仿真，仿真过程用操作（活动）的优先级为活动分配工作流资源（机器），以处理仿真中的资源冲突问题。综合 n 次仿真的调度性能来评价调度解。

　　对于一个调度解 s，令 $f(s, M_i(x))$ 为调度解 s 用于 $U(x)$ 中第 i 个模型的资源分配时，由仿真获得的调度性能指标。n 次工作流仿真的性能指标的均值 $A(s,x)$ 和方差 $D(s,x)$ 分别为

$$A(s,x) = \frac{1}{n} \sum_{i=1}^{n} f(s, M_i(x)) \tag{4.60}$$

$$D(s,x) = \sqrt{\frac{1}{n-1} \sum_{i=1}^{n} (f(s, M_i(x)) - A(s,x))^2} \tag{4.61}$$

性能指标均值反映了调度的最优性，而方差反映了调度的稳定性。要获得一个鲁棒调度解，需同时考虑性能指标的均值和方差，希望二者尽可能地小。为此，问题的目标函数为

$$\min F(s,x) = (f_1(s,x), f_2(s,x)) \tag{4.62}$$

其中，$f_1(s,x) = A(s,x)$；$f_2(s,x) = D(s,x)$。

4.11.2 不确定调度问题的优化

寻求鲁棒调度解是一个复杂优化问题,需要全局优化算法来解决。这里提出一种基于克隆选择原理的多目标变邻域免疫算法来获取鲁棒调度解。算法的优化过程如图 4.19 所示。

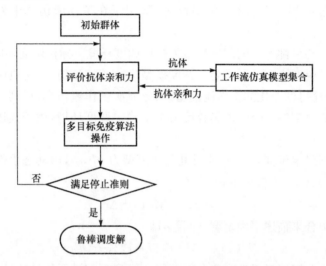

图 4.19 基于多目标变邻域免疫算法的鲁棒调度方法

（1）抗体编码

每个抗体代表一个调度解。抗体采用随机键编码,即每个基因为[0,1]区间内的一个随机实数,对应于一个操作的优先级。假设一个不确定 Job shop 调度问题有 m 个机器 $M_1, M_2, \cdots, M_m$ 和 n 个工件 $J_1, J_2, \cdots, J_n$,则抗体的编码为

$$\left\{ \underbrace{P_{M_1,J_1} \quad P_{M_1,J_2} \quad \cdots \quad P_{M_1,J_n}}_{M_1} \underbrace{P_{M_2,J_1} \quad P_{M_2,J_2} \quad \cdots \quad P_{M_2,J_n}}_{M_2} \cdots \underbrace{P_{M_m,J_1} \quad P_{M_m,J_2} \quad \cdots \quad P_{M_m,J_n}}_{M_m} \right\}$$

其中,$0 \leqslant P_{M_q,J_p} \leqslant 1 (q=1,2,\cdots,m; p=1,2,\cdots,n)$ 表示工件 J_P 在机器 M_q 上加工的操作的优先级。

（2）抗体解码

工作流仿真过程中,用抗体代表的活动优先级为工作流模型中的活动分配资源(机器),由此把抗体解码为一个可行调度。对于模型集合 U 中的每个模型,抗体可解码为一个可行调度。集合 U 中有 n 个模型,因此共产生 n 个可行调度。然后,按式(4.60)和式(4.61)计算抗体的两个目标函数值。

抗体的解码过程如下:

Step 1,初始化。给定一个工作流模型,系统时钟设定为 0,事件列表和资源列表设定为空。事件列表中包含正在执行的事件。每个资源(机器)有一个资源列

表,包含着等待使用该资源的事件。

Step 2,按照抗体的编码为过程模型中的每个活动设定一个优先级。

Step 3,把过程模型的每个过程的第一个活动加入到其对应的资源列表中。

Step 4,把资源列表中的活动移到事件列表中,将事件列表中的活动按完成时间升序排列。

Step 5,当事件列表中的活动数目不为 0,重复以下步骤:

a) 把系统时钟设定为事件列表中的首个活动的结束时间。

b) 完成事件列表中的首个活动,把该活动在过程模型中的状态设为空闲。

c) 如果已完成的活动所使用的资源的资源列表为空,则设置该资源的状态为空闲;否则,需要把一个活动由该资源列表移动到事件列表中。如果该资源列表中有多个活动(即发生资源冲突),则选择具有最高优先级的活动,将其移到事件列表中。

d) 对于已完成活动的下一个活动,如果该活动所需资源为空闲状态,则把该活动加入到事件列表中;否则,将其加入到其所需资源的资源列表中。

e) 把事件列表中的活动按完成时间升序排列。

Step 6,工作流仿真完成,由此产生一个调度,即确定了每个操作的起始和结束时间,据此计算调度的性能指标。

(3) 多目标变邻域免疫算法

按照免疫网络理论,免疫系统中包含大量相互作用的 B 细胞和 T 细胞,受到刺激的 B 细胞或 T 细胞进行克隆扩增。基于这一理论,Zuo 等[45]提出一种变邻域免疫算法,通过变邻域策略来平衡局部和全局搜索,利用两层免疫网络来保持群体较大的多样性。这里改进了变邻域免疫算法,使其适用于多目标优化问题。算法采用多群体策略,每个子群体中的抗体相互作用形成第一层免疫网络,各子群体相互作用形成第二层免疫网络。第一层免疫网络用于使每个子群体中的抗体分散在更广阔解空间;第二层免疫网络用于使各子群体尽可能分散。

算法中包含 Pop_num 个子群体,表示为 Population $=\{$ Pop$_1$, Pop$_2$, $\cdots$, Pop$_{\text{Pop\_num}}\}$,其中每个子群体 Pop$_i$($i=1,2,\cdots$,Pop_num)包含 Pop_size 个抗体,表示为 Pop$_i=\{$Ab$_1^i$, Ab$_2^i$, $\cdots$, Ab$_{\text{Pop\_size}}^i\}$。每个抗体 Ab$_j^i$ 表示为一个实数编码的串,即 Ab$_j^i=\{$gene$_1^{i,j}$, gene$_2^{i,j}$, $\cdots$, gene$_N^{i,j}\}$,其中 gene$_k^{i,j}\in[0,1]$($k=1,2,\cdots,N$),N 为优化变量的数目。每个抗体有一个邻域,取值范围为[N_min, N_max]。外部归档集 Archive 用来保存搜索过程中发现的非支配解,其中最多保存 Archive_num 个非支配解。

① 初始化。随机产生初始群体中的所有抗体,给定每个抗体的邻域半径为 N_min,设置归档集 Archive 为空。

② 第一层免疫网络。每个子群体 Pop$_i$ 中,每个抗体 Ab$_j^i$ 被远离的抗体刺激,

而被近邻的抗体抑制。第一层免疫网络描述如下：

Step 1，抗体亲和力。按式（4.60）和（4.61）计算每个抗体 Ab_j^i 的亲和力，即两个目标函数值。

Step 2，抗体间距离。计算任意两抗体间的欧几里德距离。群体 Pop_i 中抗体 j 和抗体 k 间的距离表示为 $Ab\_dis(i,j,k)$。

Step 3，抗体刺激水平。抗体刺激水平取决于其所在的子群体中其他抗体对其刺激和抑制的效果。每个抗体 Ab_j^i 有一个半径为 $Neigh_j^i$ 的邻域，表示为 $Neigh_j^i(x)$。基于免疫网络理论，把位于邻域内的抗体看做抑制抗体，而把位于邻域之外的抗体看做刺激抗体。其他抗体对 Ag_j^i 的刺激效果为

$$\text{Stimul}(i,j,\text{Neigh}_j^i) = \sqrt{\sum_{m\in\{k\,|\,Ab_k^i\notin\text{Neigh}_j^i(x),k=1,2,\cdots,Pop\_size\}} (Ab\_dis(i,j,m)-\text{Neigh}_j^i)^2}$$

$$(4.63)$$

其他抗体对 Ab_j^i 的抑制效果为

$$\text{Suppress}(i,j,\text{Neigh}_j^i) = \sqrt{\sum_{m\in\{k\,|\,Ab_k^i\in\text{Neigh}_j^i(x),k=1,2,\cdots,Pop\_size,k\neq j\}} (\text{Neigh}_j^i-Ab\_dis(i,j,m))^2}$$

$$(4.64)$$

由式（4.63）和（4.64）可看出，与抗体 Ab_j^i 距离更远的刺激抗体对该抗体有更大的刺激效果，而与抗体 Ab_j^i 距离更近的抑制抗体对该抗体的抑制效果更大。抗体的刺激水平是刺激和抑制效果的综合，即

$$\text{Ab\_stimul}(i,j,\text{Neigh}_j^i) = \frac{\text{Stimul}(i,j,\text{Neigh}_j^i)}{\text{Stimul}(i,j,\text{Neigh}_j^i)+\text{Suppress}(i,j,\text{Neigh}_j^i)}$$

$$(4.65)$$

Step 4，抗体排序。根据群体 Pop_i 中能支配抗体 Ab_j^i 的抗体数目，来确定 Ab_j^i 的等级值，即

$$\text{Ab\_rank}(i,j) = n_{i,j}+1 \qquad (4.66)$$

其中，$n_{i,j}$ 为群体 Pop_i 中支配 Ab_j^i 的抗体数目。按等级值从小到大对 Pop_i 中的抗体排序。若多个抗体的等级值相同，则按式（4.65）计算这些抗体的刺激水平，按刺激水平从高到低对这些抗体排序。

③ 第二层免疫网络。

Pop_num 个子群体相互作用而形成第二层免疫网络：

Step 1，群体亲和力。用群体中等级值最小的抗体来代表该群体，该抗体的亲和力作为该群体的亲和力。

Step 2，群体中心。每个群体 Pop_i 的中心为

$$C_i = (c_i^1, c_i^2, \cdots, c_i^N) \qquad (4.67)$$

其中，$c_i^k = \sum\limits_{j=1}^{\text{Pop\_size}} \text{gene}_k^{i,j}/\text{Pop\_size}, k = 1,2,\cdots,N$。

Step 3，群体间距离。利用群体的中心计算群体间距离。群体 Pop_i 和 Pop_j 间的距离表示为 $\text{Pop\_dis}(i,j)$，所有群体的平均距离为 Ave_dis。

Step 4，群体的刺激水平。群体的刺激水平取决于与其他群体间的距离，即被远离的群体刺激，而被近邻的群体抑制。为此，群体 Pop_i 的刺激水平为

$$\text{Pop\_stimul}(i) = \frac{\sum\limits_{i\in\{1,2,\cdots,\text{Pop\_num}\},j\neq i} \text{Pop\_dis}(i,j)/\text{Ave\_dis}}{(\text{Pop\_num}-1)} \tag{4.68}$$

从式(4.68)可看出，若 $\text{Pop\_dis}(i,j)>\text{Ave\_dis}$，则群体 j 对群体 i 起到增加刺激水平的作用；否则，群体 j 起到降低刺激水平的作用。

Step 5，群体排序。为每个子群体 Pop_i 分配一个等级值。群体 Pop_i 的等级值取决于支配该群体的群体数目，即

$$\text{Pop\_rank}(i)=n_i+1 \tag{4.69}$$

其中，n_i 为支配 Pop_i 的群体数目。按等级值从小到大对群体排序，若多个群体的等级值相同，则按式(4.68)计算这些群体的刺激水平，按刺激水平从高到低对这些群体排序。

④ 抗体克隆、变异和选择。

Pop_num 个群体共产生 Clone_num 个克隆。利用各群体的等级值，用正比选择方法为每个子群体 Pop_i 分配克隆数目，表示为 $\text{Pop\_Clonenum}(i)$。等级值越小的群体产生更多的克隆，利用每个子群体的克隆数目 $\text{Pop\_Clonenum}(i)$ 和其中抗体的等级值，利用正比选择方法确定群体中每个抗体 Ab_j^i 产生的克隆数目，表示为 $\text{Ab\_clonenum}(i,j)$。每个抗体 Ab_j^i 按以下过程进行克隆、变异和选择。

Step 1，抗体清除。若 $\text{Ab\_clonenum}(i,j)=0$，则意味着抗体 Ab_j^i 没被激活。抗体 Ab_j^i 被随机产生的抗体替换。

Step 2，抗体克隆。若 $\text{Ab\_clonenum}(i,j)\neq0$，则抗体 Ab_j^i 产生 $\text{Ab\_clonenum}(i,j)$ 个克隆，表示为 $C_j^i=\{\text{Clone}_1^{i,j},\text{Clone}_2^{i,j},\cdots,\text{Clone}_{\text{Ab\_clonenum}(i,j)}^{i,j}\}$。

Step 3，克隆变异。抗体 Ab_j^i 的每个克隆在其邻域内变异，产生一个变异克隆。变异克隆集合为 $M_j^i=\{\text{Muta}_1^{i,j},\text{Muta}_2^{i,j},\cdots,\text{Muta}_{\text{Ab\_clonenum}(i,j)}^{i,j}\}$，其中 $\text{Muta}_k^{i,j}(k=1,2,\cdots,\text{Ab\_clonenum}(i,j))$ 为 Ab_j^i 的邻域内的随机抗体。

Step 4，抗体选择。计算抗体 Ab_j^i 的每个变异克隆的亲和力。每个变异克隆 $\text{Muta}_k^{i,j}$ 的选择过程如下：

if Ab_j^i 支配 $\text{Muta}_k^{i,j}$, then

　　　　丢弃 $\text{Muta}_k^{i,j}$，Ab_j^i 保持不变。

else if $\text{Muta}_k^{i,j}$ 支配 Ab_j^i, then

用 $\mathrm{Muta}_k^{i,j}$ 替换 Ab_j^i。

if Archive 集合未满,then

把 $\mathrm{Muta}_k^{i,j}$ 加入 Archive。

else

把 $\mathrm{Muta}_k^{i,j}$ 加入 Archive,删除 Archive 中等级值最大的抗体。

end if

else if $\mathrm{Muta}_k^{i,j}$ 被 Archive 中任一抗体支配,then

丢弃 $\mathrm{Muta}_k^{i,j}$,Ab_j^i 保持不变。

else

if $\mathrm{Muta}_k^{i,j}$ 在 Archive 中的刺激水平大于 Ab_j^i 的刺激水平,then

用 $\mathrm{Muta}_k^{i,j}$ 替换 Ab_j^i。

else

丢弃 $\mathrm{Muta}_k^{i,j}$,Ab_j^i 保持不变。

end if

if Archive 集合未满,then

把 $\mathrm{Muta}_k^{i,j}$ 加入 Archive。

else if $\mathrm{Muta}_k^{i,j}$ 的刺激水平大于某一抗体 x 的刺激水平,then

用 $\mathrm{Muta}_k^{i,j}$ 替换 x。

end if

end if

Step 5,抗体交叉。经过选择操作后,每个抗体进行交叉操作。对于任一抗体 Ab_j^i,从集合 $\mathrm{Pop}_i \backslash \mathrm{Ab}_j^i$ 中随机选择一个抗体 Ab_k^i。构造一个新抗体 $\mathrm{Ab\_new}_j^i$,使其每个基因以概率 Exch_rate 来自于 Ab_k^i,以概率 $(1-\mathrm{Exch\_rate})$ 来自于 Ab_j^i。如果新抗体的亲和力高于抗体 Ab_j^i 的亲和力,则令 $\mathrm{Ab}_j^i = \mathrm{Ab\_new}_j^i$;否则,抗体 Ab_j^i 保持不变。

⑤ 变邻域策略。

在抗体的选择和克隆过程中,其邻域同时发生变化。用一种变邻域策略来改变邻域的大小,使邻域半径以步长 N_step 在区间 [N_min, N_max] 内变化。具体过程如下:

Step 1,初始化。群体中每个抗体 Ab_j^i 的邻域为

$$\mathrm{Neigh}_j^i(x) = \{x | \|x - \mathrm{Ab}_j^i\| \leqslant \mathrm{Neigh}_j^i, x \in R^N\} \tag{4.70}$$

其中,Neigh_j^i 为抗体 Ab_j^i 的邻域半径;给定所有抗体的初始邻域半径为 N_min。

Step 2,每一世代中,每个抗体 Ab_j^i 的邻域半径的变化如下:

if $\mathrm{Ab\_clonenum}(i,j) = 0$,then

$$\text{Neigh}_j^i = \text{N\_min}$$

else if Ab_j^i 被其克隆替换, then

$$\text{Neigh}_j^i = \text{N\_min}$$

else

$$\text{Neigh}_j^i = \text{Neigh}_j^i + \text{N\_step}$$

if $\text{Neigh}_j^i > \text{N\_max}$, then

$$\text{Neigh}_j^i = \text{N\_min}$$

end if

end if

⑥ 移民操作。

为了在不同子群体间交换信息,采用移民操作。首先,从集合 Population 中任选两个子群体。然后,分别从这两个子群体中随机选出两个抗体进行交换,同时交换两抗体的邻域半径。每隔若干世代执行一次移民操作。该操作将抗体基因从一个群体转移到另一个群体,使各子群体协同进化。

4.11.3 实验结果

用以上算法解决 4 个不确定 Job shop 调度问题来验证其有效性。这些问题的名义模型分别为 FT06、FT10、LA20、MT20,如表 4.5 所示。对于每个问题,每个工件中的一个操作加工时间为某一区间内的随机数,其名义加工时间为其在名义模型中的加工时间。把加工时间的变化看作是动态事件,加工时间不确定程度由其变化范围确定。例如,假设 o_i 的名义加工时间为 t_i,则实际加工时间 t_i' 为在 $[t_i - \alpha t_i, t_i + \alpha t_i]$ 区间服从均匀分布的随机数,用 $\alpha \in [0, 1]$ 来表示不确定程度。

表 4.5　Benchmark JSP 问题

JSP 问题	工件数目	操作数目	机器数目
FT06	6	6	6
FT10	10	10	10
LA20	10	10	10
MT20	20	5	5

用一个模型集合来描述每个调度问题,其中包括 50 个模型。用多目标变邻域免疫算法来获取每个问题的最优 Pareto 前沿,两个优化目标分别为性能指标

makespan 的均值和标准差。多目标变邻域免疫算法的参数为 Subpop_num＝4，Subpop_size＝5，Clone_num＝100，N_max＝0.05，N_min＝0.005，N_step＝0.005，Archive_num＝50。

对于每个问题,给定若干不确定程度(α 从 5%到 50%)。对每个不确定程度,多目标变邻域免疫算法运行 30 世代,获得若干 Pareto 最优解。从中选取一个能较好平衡均值和方差性能指标的解作为鲁棒调度解。为了与确定调度方法比较,用变邻域免疫算法[45]解决这 4 个问题,对每个问题运行 30 世代,得到每个问题的调度解。对于每个不确定程度,随机产生 100 个调度问题实例,分别用获得的鲁棒调度解和确定调度解进行调度。实验结果如表 4.6～表 4.9 所示。其中,"平均"为调度 100 个实例的平均结果,用来评价调度的质量;"方差"为调度结果的标准方差,表示调度结果的稳定性;"最好"和"最差"分别为 100 个调度结果中的最好结果和最差结果。其中"最差"调度结果尤为重要,因为这在实际调度中需要考虑。

对于 FT06 问题,鲁棒调度方案的结果好于确定调度方案。当不确定程度变大时,鲁棒调度方案的优势更加明显。对于 FT10 问题,鲁棒调度方案明显得到更好的结果。对于 LA20 问题,两种调度方法得到的调度结果的均值相似,但鲁棒调度方案对不确定扰动更具鲁棒性,即获得了更小的标准方差和更好的最差调度结果。对于 MT20 问题,鲁棒调度方案获得的均值和标准方差都明显好于确定调度方案。

为了比较鲁棒调度方法和确定性调度方法在相同调度环境下的性能,对于三个不确定程度中的每一个,随机产生 10 个确定的调度问题实例,分别用这两种方法求解。调度结果如表 4.10～表 4.13 所示。由表可以看出,鲁棒调度方法可获得更好的平均调度结果,并且结果更稳定,而确定性调度方法的调度结果不稳定,有时会得到较差的调度结果。

对于简单调度问题 FT06,鲁棒调度方法略好于确定性调度方法,而对于较复杂的调度问题 FT10、LA20、MT20,鲁棒调度方法表现出更大的优势。

表 4.6　FT06 的实验结果对比

不确定程度 α	鲁棒调度方案				确定调度方案			
	平均	最好	最差	方差	平均	最好	最差	方差
5%	57.961	57.330	58.514	0.210	58.643	57.246	64.267	1.828
10%	59.067	57.738	67.512	0.979	58.430	56.599	65.592	1.653
15%	58.931	56.682	60.603	0.672	59.247	56.452	72.946	2.655
20%	58.250	55.263	66.002	1.252	59.370	56.410	68.349	2.591
25%	58.800	55.277	62.253	1.281	59.713	56.753	69.811	2.945

不确定程度 α	鲁棒调度方案				确定调度方案			
	平均	最好	最差	方差	平均	最好	最差	方差
30%	59.843	55.829	63.232	1.413	60.004	55.761	72.690	3.454
35%	59.268	56.000	66.649	1.762	60.867	55.929	70.286	3.388
40%	60.216	55.945	64.704	1.759	61.003	55.312	70.413	3.624
45%	60.896	55.280	66.321	1.966	61.539	55.443	74.688	4.076
50%	60.704	54.640	67.562	2.324	61.941	54.361	72.157	4.344

表 4.7　FT10 的实验结果对比

不确定程度 α	鲁棒调度方案				确定调度方案			
	平均	最好	最差	方差	平均	最好	最差	方差
5%	1063.2	1056.4	1070.3	2.45	1088.3	1015.6	1208.5	80.48
10%	1101.1	1088.4	1167.6	11.76	1130.8	1015.8	1213.3	75.64
15%	1110.9	1070.8	1154.1	17.59	1132.5	1007.5	1217.5	72.58
20%	1123.8	1075.8	1202.1	28.48	1135.2	1016.2	1232.0	74.20
25%	1111.5	1078.6	1243.6	30.58	1138.3	1011.2	1227.4	67.91
30%	1095.3	1036.5	1168.8	26.47	1152.0	1015.4	1249.0	61.67
35%	1112.8	1011.3	1224.3	35.95	1138.6	1004.2	1278.4	72.07
40%	1101.4	1050.1	1194.0	23.91	1150.8	1012.7	1260.3	61.84
45%	1106.0	1043.4	1226.1	33.77	1156.9	1018.6	1260.9	61.51
50%	1089.4	1024.1	1183.1	29.03	1150.1	1012.0	1256.4	62.20

表 4.8　LA20 的实验结果对比

不确定程度 α	鲁棒调度方案				确定调度方案			
	平均	最好	最差	方差	平均	最好	最差	方差
5%	990.1	982.7	1012.2	5.54	986.9	961.5	1099.2	30.43
10%	965.0	937.6	1036.1	15.00	988.5	944.2	1197.1	44.09
15%	966.9	930.9	1008.7	20.04	993.7	943.1	1153.0	51.90
20%	1004.5	935.3	1180.3	43.11	1000.6	937.7	1200.8	52.95
25%	1001.6	939.8	1144.0	29.93	1001.2	926.3	1196.3	60.38
30%	995.6	956.2	1055.7	22.58	1000.3	928.7	1208.0	55.58
35%	1017.8	944.3	1131.0	40.51	1012.1	927.5	1189.7	62.86
40%	1009.0	958.9	1122.0	26.02	1007.1	925.8	1189.3	61.95
45%	1016.2	939.4	1116.1	42.08	1013.7	940.6	1202.3	58.09
50%	1010.5	966.0	1125.8	49.56	1022.7	938.0	1220.0	68.47

表 4.9　MT20 的实验结果对比

不确定程度 α	鲁棒调度方案				确定调度方案			
	平均	最好	最差	方差	平均	最好	最差	方差
5%	1264.9	1255.7	1282.0	8.74	1258.1	1237.0	1280.1	12.95
10%	1241.3	1219.4	1311.8	14.45	1267.6	1236.8	1341.4	21.72
15%	1275.5	1243.0	1333.5	14.00	1281.7	1233.9	1371.4	26.27
20%	1283.6	1244.1	1354.0	19.98	1290.5	1228.0	1351.7	27.64
25%	1290.7	1261.1	1357.7	19.94	1295.3	1236.0	1387.2	31.10
30%	1294.5	1204.7	1342.1	20.89	1298.6	1232.3	1367.0	29.86
35%	1293.7	1240.7	1367.0	26.08	1314.3	1255.1	1459.4	34.54
40%	1298.5	1233.8	1382.6	26.89	1308.3	1242.1	1407.1	35.57
45%	1270.3	1205.1	1337.1	30.19	1313.7	1225.7	1431.9	39.03
50%	1270.6	1206.8	1358.1	34.31	1316.7	1228.2	1490.6	42.58

表 4.10　FT06 的确定性实例比较

实验	不确定程度 α					
	10%		30%		50%	
	鲁棒	确定	鲁棒	确定	鲁棒	确定
1	59.187	58.487	58.589	68.299	60.000	58.000
2	59.000	58.840	60.748	59.604	62.102	59.577
3	59.000	58.795	59.361	60.192	60.000	60.933
4	59.131	58.131	59.851	59.354	59.335	62.672
5	59.291	57.415	59.145	56.610	58.609	66.287
6	59.740	59.125	59.000	64.890	60.294	61.090
7	59.000	58.083	59.728	59.022	59.196	70.710
8	59.062	64.000	55.337	58.000	59.000	56.000
9	59.168	58.140	59.188	58.605	59.279	64.128
10	59.274	64.000	60.059	69.706	61.242	59.549
平均	59.185	59.502	59.101	61.428	59.906	61.895
最差	59.740	64.000	60.748	69.706	62.102	70.710

表 4.11   FT10 的确定性实例比较

| 实验 | 不确定程度 α | | | | | |
| | 10% | | 30% | | 50% | |
	鲁棒	确定	鲁棒	确定	鲁棒	确定
1	1096.9	1175.1	1109.3	1196.9	1066.2	1165.8
2	1097.0	1023.4	1085.7	1167.4	1064.7	1200.7
3	1096.2	1021.5	1094.2	1076.1	1078.1	1220.6
4	1100.5	1207.5	1078.6	1170.7	1066.5	1067.5
5	1097.0	1178.3	1123.7	1196.6	1074.2	1060.9
6	1093.9	1180.3	1096.5	1065.0	1088.1	1051.4
7	1093.7	1180.2	1072.1	1206.8	1082.8	1252.1
8	1102.3	1172.6	1129.6	1203.0	1056.0	1154.9
9	1105.9	1181.0	1067.9	1198.2	1085.6	1023.7
10	1104.8	1193.1	1092.1	1020.2	1098.6	1227.7
平均	1098.8	1151.3	1095.0	1150.1	1076.1	1142.5
最差	1105.9	1207.5	1129.6	1206.8	1098.6	1252.1

表 4.12   LA20 的确定性实例比较

| 实验 | 不确定程度 α | | | | | |
| | 10% | | 30% | | 50% | |
	鲁棒	确定	鲁棒	确定	鲁棒	确定
1	970.1	1009.1	1008.8	977.2	985.1	998.8
2	968.3	983.6	979.0	1155.0	1079.1	1092.8
3	962.8	944.4	988.7	983.7	983.1	995.7
4	971.4	1041.1	981.5	999.5	1070.1	956.0
5	949.5	968.6	1032.6	1108.4	1121.1	994.0
6	987.8	991.4	990.9	1130.2	982.3	1001.4
7	952.7	962.0	1031.7	1032.3	964.5	1136.0
8	984.7	985.0	980.0	987.6	1008.0	997.7
9	954.5	962.2	978.6	988.7	1012.0	1062.2
10	985.0	986.0	980.8	1192.3	1016.9	1019.7
平均	968.7	983.3	995.3	1055.5	1022.2	1025.4
最差	987.8	1041.1	1032.6	1192.3	1121.1	1136.0

表 4.13　MT20 的确定性实例比较

| 实验 | 不确定程度 α | | | | | |
| | 10% | | 30% | | 50% | |
	鲁棒	确定	鲁棒	确定	鲁棒	确定
1	1244.4	1290.7	1285.2	1311.4	1201.9	1266.5
2	1226.7	1245.5	1285.2	1331.2	1332.6	1303.4
3	1227.3	1283.7	1278.6	1268.1	1278.4	1270.7
4	1243.7	1249.1	1293.2	1306.2	1230.3	1280.7
5	1233.5	1252.7	1324.5	1328.1	1294.9	1317.7
6	1235.8	1245.5	1286.8	1339.6	1217.1	1287.4
7	1265.4	1273.3	1298.4	1376.3	1234.3	1301.1
8	1229.3	1285.6	1303.1	1248.7	1229.2	1338.0
9	1230.1	1266.7	1309.2	1323.5	1212.6	1388.3
10	1227.8	1272.3	1318.6	1306.5	1260.5	1318.0
平均	1236.4	1266.5	1298.3	1314.0	1249.2	1307.2
最差	1265.4	1290.7	1324.5	1376.3	1332.6	1388.3

4.12　用于公交车辆调度的克隆选择调度算法

　　城市公共交通的车辆调度是根据给定公交发车时刻表(timetable)来分配车辆的,使车辆的发车时间(departure time)与时刻表中的开始时间(start time)一致,同时最小化某些优化目标,如最小化车辆数。由于合理的车辆调度能够提高服务质量和减少运营成本,因此对公交运营非常重要。

　　实际的公交车辆调度通常采用两种方式,一种是由调度人员根据经验为发车时刻表配车,这通常需要耗费较多时间,而且很难获得最优的调度效果;另一种方式是采用优化算法来自动调度车辆。

　　一般来说,车辆调度方法可分为精确算法和启发式算法。精确算法,如线性规划(linear programming)、列生成(column generation)算法和分支定界(branch and bound)算法能获得问题的最优解,然而所用时间较长。文献[46]用线性规划为单车场车辆调度问题(single depot vehicle scheduling problem)建模,提出一种基于竞拍的算法来求解。文献[47]提出一种列生成算法来解决车辆调度问题。文献[48]利用时空网络(time-space network)为多车场车辆调度问题(multi-depot vehicle scheduling problem)建模,解决多达 7000 个班次的实际问题。启发式算法,如调度规则[49]、拉格朗日松弛,能在较短时间内得到问题的近似解。文献[50]提出一种基于规则的启发式算法,用于解决存在不同类型车辆的公交车辆调度问题。文献[51]总结了用于多车场车辆调度问题的 5 种启发式算法,即启发式分支-切割法(branch-and-cut)、拉格朗日松弛法、列生成法、大邻域搜索法、禁忌搜索法,并用实际运营数据对这些算法进行了比较。

　　进化算法(evolutionary algorithm, EA)是一种基于群体的启发式算法。与精确最优化算法相比,能有效平衡算法的计算时间和解的质量。EA 能有效解决 NP-hard 调度问题,而最优化方法不能在合理的时间内解决这类问题。虽然 EA 已被广泛用于解决车辆路由问题(vehicle routing problem, VRP),但却没有被用于解决实际的公交车辆调度问题。

　　下面介绍一种基于文化克隆选择算法的公交车辆快速调度方法[52],以及一种改进的基于克隆选择算法的公交车辆调度方法[53],分别用西安 43 路和南京 1 路公交调度数据进行验证。这两种方法的基本步骤是首先构造一个车辆块集合;然后从该集合中选择一个车辆块子集,作为车辆调度解;最后调整车辆的发车时间以提高调度解的质量。该方法的主要贡献在于。

　　① 构造一种基于克隆选择算法的快速公交车辆调度方法。

　　② 设计了一种基于初始发车时刻点的个体编码方案,具有快速解码的特点。

　　③ 构造了评价函数来评价调度解的质量。

　　④ 设计了车辆发车时刻点调整方法来提高调度解的质量。

4.12.1　公交车辆调度问题

　　研究公交线路包含两个控制点(control point, CP)的公交车辆调度问题,即 CP1 和 CP2。车辆在控制点短暂停留和休息。一个班次为一台车辆从一个 CP 到另一个 CP 的一个行程。每个班次都有一个行驶时间和方向。一个车辆块(vehicle block)为分配给一台车辆的一系列班次的集合。一个车辆块如图 4.20 所示,其中包含 n 个班次。一个车辆块的初始发车时刻为其第一个班次的发车时刻。公交线路时刻表(timetable)包含一天中所有发车时刻(根据乘客需求制定)。对于时刻表的每个发车时刻,需要有一个车辆班次来覆盖。公交车辆调度问题就是确定

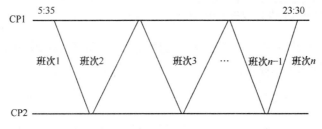

图 4.20　车辆块和班次

一个班次集合,使其能覆盖发车时刻表中所有发车时刻点。

假设 T 为发车时刻表中所有班次的集合,V 为所用车辆集合,D 为司机集合。对于每位司机 $d \in D$,Sp_d 表示司机的最大扩展时间(spread time),即工作时间和休息时间之和。Wk_d 为司机的最大允许工作时间。

有两种类型车辆块,即长块和短块。长车辆块由两位司机完成,而短车辆块由一位司机完成。短车辆块和长车辆块的运营时间分别为 Sp_d 和 $2\mathrm{Sp}_d$。令 B_s 和 B_l 分别为短车辆块和长车辆块集合。对于每个车辆块 $b \in B_s \bigcup B_l$,令 $\mathrm{Tb}(b)$ 为其中包含的班次集合,为每位司机 $d \in D$ 分配的班次集合为 $\mathrm{Td}(d)$,每台车辆 $v \in V$ 的班次集合为 $\mathrm{Tv}(v)$。发车时刻表中每个班次 $t \in T$ 的起始和结束时间分别为 $\mathrm{st}(t)$ 和 $\mathrm{et}(t)$。令

$$f(v,t) = \begin{cases} 1, & t \in \mathrm{Tv}(v) \\ 0, & t \notin \mathrm{Tv}(v) \end{cases}, \quad \forall v \in V, t \in T \qquad (4.71)$$

公交车辆调度需满足以下约束条件:

① 为时刻表中每个班次分配一个车辆,即

$$\sum_{v \in V} f(v,t) \geqslant 1, \quad \forall t \in T$$

② 司机的扩展时间不能超过允许的最大扩展时间,即

$$|\mathrm{st}(t_1) - \mathrm{et}(t_2)| < \mathrm{Sp}_d, \quad \forall t_1 \in \mathrm{Td}(d), \quad t_2 \in \mathrm{Td}(d), \quad d \in D$$

③ 司机的工作时间不能超过最大允许工作时间,即

$$\sum_{t \in \mathrm{Td}(d)} |\mathrm{st}(t) - \mathrm{et}(t)| < \mathrm{WK}_d, \quad \forall d \in D$$

④ 分配给每个司机和车辆的班次必须为可行,即

$$\mathrm{et}(t_1) < \mathrm{st}(t_2) \text{ 或 } \mathrm{et}(t_2) < \mathrm{st}(t_1), \quad \forall t_1 \in \mathrm{Td}(d), \quad t_2 \in \mathrm{Td}(d)$$

$$\mathrm{et}(t_1) < \mathrm{st}(t_2) \text{ 或 } \mathrm{et}(t_2) < \mathrm{st}(t_1), \quad \forall t_1 \in \mathrm{Tv}(v), \quad t_2 \in \mathrm{Tv}(v)$$

⑤ 对于短车辆块,需要满足

$$|\mathrm{et}(t_1) - \mathrm{st}(t_2)| < \mathrm{Sp}_d, \quad \forall t_1 \in \mathrm{Tb}(b), t_2 \in \mathrm{Tb}(b), \forall b \in B_s$$

对于长车辆块,需要满足

$$|\mathrm{et}(t_1) - \mathrm{st}(t_2)| < 2\mathrm{Sp}_d, \quad \forall t_1 \in \mathrm{Tb}(b), t_2 \in \mathrm{Tb}(b), \forall b \in B_l \qquad (4.72)$$

4.12.2　西安市 43 路公交车辆的调度

文献[52]提出一种基于文化克隆选择算法的公交车辆调度方法,用于西安市 43 路公交车辆调度问题。

1. 构造车辆块集合

定义初始发车时刻点为时刻表中可作为车辆块初始发车时刻的时刻。假设 s_f 和 s_l 分别为时刻表中第一个和最后一个初始发车时刻点。初始发车时刻点集合

为 $S=\{s_f, s_{f+1}, \cdots, s_l\}$，对于每个时刻点 s_i，可构造一个车辆块集合 $B_{s_i}=\{b_{s_i,1}, b_{s_i,2}, \cdots, b_{s_i,|B_{s_i}|}\}$，其中包括从该发车时刻点出发的所有可能车辆块，$b_{s_i,j}$ 为从时刻点 s_i 出发的第 j 个车辆块。车辆块集合表示为 $B=\bigcup\limits_{i=1}^{l-f} B_{s_i}$。每个初始发车时刻点对应的车辆块集合的构造过程如图 4.21 所示。令班次 1 为从 CP1 中初始发车时刻点 s_x 出发的第一个班次，到达 CP2 的时刻为 t_a。考察时间区间 $[t_a+R, t_a+R+W]$，其中 R 为司机休息时间，W 为最大允许等待时间。对于该区间中每个发车时刻点，都可能产生下一个班次来延续车辆块。每种可能都会生成不同的车辆块。例如，班次 2 和 3 分别从时刻点 t_b 和 t_c 出发，到达 CP1 后，再执行以上过程选择下一个班次。该过程不断持续下去，最终生成一个车辆块集合。用深度优先搜索得到从初始发车时刻点 s_x 出发的所有车辆块集合 B_{s_x}。在司机用餐时间段，选择下一班次的时间间隔为 $[t_a+R+M, t_a+R+M+W]$，其中 M 为用餐时间。

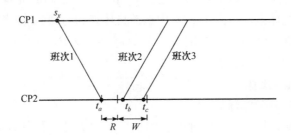

图 4.21　车辆块的构造过程

构造一个车辆块过程中，在把下一个班次加入该车辆块之前，检查该车辆块所用时间 T_w，并与最大允许扩展时间 Sp_d 比较。若 $T_w<Sp_d$（对于短块）或 $T_w<2Sp_d$（对于长块），则将该班次加入该车辆块；否则，该车辆块构造过程结束。

2. 车辆块的选择

集合 B 中包含大量的车辆块，从中选择一个子集来构造一个调度解是一个复杂组合优化问题，提出一种文化克隆选择算法来解决该问题。

文化算法[54]利用进化过程中抽取的知识来提高进化算法性能，其基本思想是把领域知识引入到进化算法中。文化算法包括两个层面，即微观进化和宏观进化。微观进化采用传统的进化算法来进化群体，即种群空间。宏观进化从个体中抽取知识，存储在信念空间中。这两个层面通过接受函数（acceptance function）和影响函数（influence function）相互作用。接受函数用于把个体经验加入到信念空间中，影响函数利用信念空间中存储的知识对种群空间中的个体施加影响。

文化克隆选择算法解决车辆调度问题的步骤如下：

Step 1，令 $t=0$，初始化种群空间 $P(t)$ 和信念空间 $B(t)$。$P(t)$ 中抗体的数目

为 N。

Step 2，评价群体 $P(t)$ 中每个抗体，按亲和力对抗体进行排序，选取 n_B 个亲和力最高的抗体加入到信念空间 $B(t)$ 中，形成信念空间 $B(t+1)$。

Step 3，群体 $P(t)$ 中的抗体克隆，每个抗体克隆的数目正比于其亲和力。采用轮盘赌方法确定每个抗体的克隆数目，共产生 N 个克隆，形成群体 $P_c(t)$。

Step 4，群体 $P_c(t)$ 中的每个克隆进行变异操作，形成群体 $P_m(t)$。每个克隆的变异概率反比于其亲和力，即高亲和力的克隆的变异率低。

Step 5，群体 $P_m(t)$ 中每个抗体与信念空间 $B(t+1)$ 中的任一抗体交叉，产生的抗体组成群体 $P_r(t)$。

Step 6，群体 $P(t)$ 中每个抗体与信念空间 $B(t+1)$ 中的任一抗体执行插入操作，产生的抗体组成群体 $P_i(t)$。

Step 7，从群体 $P_r(t)$ 和 $P_i(t)$ 中选出 n_s 个亲和力最高的抗体，组成群体 $S(t)$。若 $P(t)$ 中最好抗体亲和力高于 $S(t)$ 中最差抗体亲和力，则用前者替换后者。

Step 8，随机产生 $N-n_s$ 个抗体加入 $S(t)$ 中。令 $P(t+1) \leftarrow S(t)$，$t \leftarrow t+1$，返回 Step 2，直到满足收敛准则。

下面介绍具体操作。

(1) 抗体的编码和解码

设计了一种基于初始发车时刻点的抗体编码方法。抗体表达为一个整数向量，每个基因对应发车时刻表中的一个初始发车时刻点。由于发车时刻表中有 $l-f$ 个初始发车时刻点，因此抗体编码长度为 $l-f$。

对于一个抗体 x，其中基因 $x_i(i=f,f+1,\cdots,l)$ 对应于发车时刻表的第 i 个初始发车时刻点 s_i，取值范围为 $[0,|B_{s_i}|]$。若 $x_i=j(j\in[0,|B_{s_i}|])$，则表示从 B_{s_i} 中选出第 j 个车辆块 $b_{s_i,j}$ 来构成抗体所代表的调度解。若 $x_i=0$，则表示调度解中不存在起始于发车时刻点 s_i 的车辆块。因此，抗体 x 可解码为一个车辆块子集 B_x，其中包含 $m_x = \sum_{i=f}^{l} z_{x,s_i}$ 个车辆块。其中 $z_{x,s_i}=1(0)$ 表示选择(不选择)属于 B_{s_i} 的一个车辆块构成 B_x。B_x 表示为 $\{b_{x,1},b_{x,2},\cdots,b_{x,m_x}\}$，其中 $b_{x,j}(j=1,2,\cdots,m_x)$ 为其中第 j 个车辆块。

(2) 亲和力评价

用以下函数来评价一个抗体 x，即

$$f(x) = I - P \sum_{i=1}^{U} \left| \sum_{j=1}^{u_i} (v_{ij}-1) \right| - Q \sum_{i=1}^{n} z_{t_i} \tag{4.73}$$

其中，n 为发车时刻表 $\mathrm{Tab}=\{t_1,t_2,\cdots,t_n\}$ 中发车时刻点的数目；$z_{t_i}\in\{0,1\}$，$z_{t_i}=0$ 表示在 x 中至少存在一个发时刻为 t_i 的班次；$z_{t_i}=1$ 表示在 x 中不存在这样的班

次；$\sum_{i=1}^{n} z_{t_i}$ 用来衡量发车时刻表中发车时刻点被覆盖情况。把 Tab 中的发车时刻按给定时间间隔分为 U 组(每组中的时刻点位于给定时间间隔内),使得在每组中班次发车时间可通过调整过程被调整到与其相邻的发车时刻上。u_i 表示在第 i 组中发车时刻点数目。v_{ij} 表示覆盖第 i 组的第 j 个发车时刻点次数。式(4.73)中第二项用于评价解的质量。若该项为 0,则通过调整过程后,发车时刻表中每个发车时刻点可能恰好被一个班次覆盖。I、P、Q 为给定的正整数权值。

(3) 群体初始化

好的初始群体能加快算法收敛,有助于获得高质量的解。每个初始抗体包含的车辆块数目为 $[m_{min}, m_{max}]$ 区间内的一个随机整数,其中 m_{min} 和 m_{max} 分别为所需最小和最大车辆块数。假设初始抗体中包含 m 个车辆块,则这 m 个车辆块按以下规则之一构造:

① 从头至尾覆盖。设置初始发车时刻点集合 S 中每个发车时刻点状态为 0,即 $y_{t_i} = 0 (t_i \in S)$。从属于 CP1 的最早初始发车时刻开始,顺序检查每个时刻点 t_i 的状态是否为 0,然后再检查属于 CP2 的初始发车时刻点。若时刻点 t_i 的状态为 0(该点没有被覆盖),则从覆盖该点的车辆块集合中随机选择一个车辆块 $b_{s_k,j}$ 来覆盖该点,令 $y_{t_i} = 1$。令被 $b_{s_k,j}$ 覆盖的发车时刻点为 $T_{s_k,j} = \{t_{q(s_k,j,1)}, t_{q(s_k,j,2)}, \cdots, t_{q(s_k,j,r_j^k)}\}$,其中 $q(s_k,j,w)$ 为被 $b_{s_k,j}$ 覆盖的第 w 个时刻点在发车时刻表中的位置,r_j^k 为该块所覆盖的时刻点数目。对于每个时刻点 $t_i \in T_{s_k,j} \bigcap S$,若 $y_{t_i} = 0$,则令 $y_{t_i} = 1$。以上过程持续进行,直到获得 m 个车辆块或 S 中所有起始时刻点都被覆盖。抗体由获得的车辆块构造。

② 从尾至头覆盖。从 S 中属于 CP1 的最后一个起始时刻点开始,顺序检查每个时刻点 t_i,若该点未被覆盖,则从可覆盖该点的车辆块集合中随机选择一个块覆盖该点。然后再顺序从后往前检查 S 中属于 CP2 的起始时刻点。车辆块的选择过程与①中的方法相同。抗体由选出的车辆块构造。

③ 随机覆盖。从 S 中随机选择 m 个未被覆盖的起始时刻点。对于每个时刻点,从可覆盖该时刻点的车辆块集合中随机选择一个车辆块覆盖该点。抗体可由选出的车辆块构造。

初始种群中由第一种方式和第二种方式各产生 40% 的抗体,由第三种方式产生其余 20% 的抗体。

(4) 更新信念空间

接受函数用来确定种群空间 $P(t)$ 中哪些个体被加入到信念空间 $B(t)$ 中。种群 $P(t)$ 中 n_B 个最高亲和力的抗体被加入到信念空间中。

信念空间初始化为空,存储的最大抗体的数目为 $\max_B$。每一世代中,选出的 n_B 个抗体用于更新信念空间。首先,信念空间 $B(t)$ 中的抗体按其亲和力降序排列。对于每个要加入的抗体 v，若 $B(t)$ 中的抗体数目小于 $\max_B$，则把 v 加入 $B(t)$ 中，并对 $B(t)$ 中的抗体重新排序；若 $B(t)$ 中的抗体数目等于 $\max_B$，则比较 v 与 $B(t)$ 中最差抗体的亲和力，若 v 的亲和力较高，则用 v 替换该抗体，并对 $B(t)$ 中抗体重新排序。

（5）变异操作

种群 $P_c(t)$ 中的每个克隆进行变异操作，生成种群 $P_m(t)$。克隆的变异概率为

$$\mathrm{pm}=\exp(-\alpha \cdot f) \tag{4.74}$$

其中，pm 为变异概率；α 用于控制变异率衰减的系数；f 为抗体亲和力，被规范化到 $[0,1]$。

若抗体中基因 x_i 发生变异，则以 0.8 的概率从 B_{s_i} 中随机选择一个车辆块序号替换该基因，以 0.2 的概率把该基因置 0，即不从 B_{s_i} 中选择车辆块。

（6）文化影响操作

交叉和插入操作利用信念空间中的知识来影响种群空间。

群体 $P_m(t)$ 中的每个变异克隆与信念空间 $B(t+1)$ 中的任一抗体交叉，交叉概率为 pc，产生群体 $P_r(t)$。假设 Ab_i 为群体 $P_m(t)$ 中的一个变异克隆，Be_j 为信念空间中的任一抗体，则由这两个抗体构造一个新抗体，使其每个基因以概率 0.6 来自于 Ab_j 的对应基因，以概率 0.4 来自于 Be_j 的对应基因。由于不同抗体中同一基因的取值范围相同，因而该交叉操作不会产生不可行解。

群体 $P(t)$ 中的每个抗体以 0.1 的概率与信念空间 $B(t+1)$ 中的任一抗体进行插入操作，产生群体 $P_i(t)$。假设群体 $P(t)$ 中的一个抗体 Ab_w 执行插入操作，则从 $B(t+1)$ 中随机选择一个抗体 Be_k，然后随机产生两个整数 i 和 j，使得 $0<i<j<|S|$。用 Be_k 中从基因 i 到 j 的基因片段取代 Ab_w 的相应基因片段，由此构造一个新抗体。

3. 发车时刻调整

利用文化克隆选择算法选出一个车辆块子集构成一个调度解。为了提高调度解的质量，设计了以下发车时刻点调整方法。

假设发车时刻表中，属于 CP1 的发车时刻点有 n_1 个，属于 CP2 的发车时刻点有 n_2 个。覆盖属于 CP1 的发车时刻点的次数表示为 $C=\{c_1,c_2,\cdots,c_{n_1}\}$，覆盖属于 CP2 的发车时刻点的次数为 $D=\{d_1,d_2,\cdots,d_{n_2}\}$。对于解 $B_x=\{b_{x,1},b_{x,2},\cdots,b_{x,m_x}\}$ 中每个车辆块 $b_{x,j}(j=1,2,\cdots,m_x)$，令其中班次的松弛时间为 $L_{b_{x,j}}=\{l_{b_{x,j,1}},l_{b_{x,j,2}},\cdots,l_{b_{x,j,m_j^x}}\}$。班次的松弛时间定义为该班次的到达时间和下一班次的出发时间间隔。

按时间顺序先检查属于 CP1 的发车时刻点，再检查属于 CP2 的发车时刻点。对每个发车时刻点 i，若 $c_i=0$（即该点没有被覆盖），则先执行前向调整，再进行后

向调整,使得该点被覆盖。调整过程如下:

Step 1,从第 $i-1$ 个点开始,令 $k=i-1$,判断 c_k 是否为 1。

Step 2,若 $c_k=1$,则说明有一个车辆块覆盖该点,令该块为 $b_{x,j}$,假设其第 m 个班次覆盖了该点。

Step 3,判断该班次的松弛时间 $l_{b_{x,j},m}$ 是否大于发车时刻点 k 和 $k+1$ 的时间间隔,若大于,则说明发车时刻点是可调整的,令 $k=k-1$。

Step 4,重复以上过程,直到 $c_k \neq 1$ 或覆盖第 k 个点的班次的松弛时间小于第 k 个和 $k+1$ 个点的时间间隔。若 $c_k>1$ 且松弛时间大于两点时间间隔,转 Step 5;若 $c_k=0$ 或松弛时间小于两点间时间间隔,转 Step 6。

Step 5,对发车时刻序列 $(k,k+1,\cdots,i)$ 进行调整:选择覆盖第 k 个时刻点的具有较大松弛时间的班次,假设该班次为 $b_{x,j}$ 中的第 m 个班次;使该班次覆盖第 $k+1$ 个时刻点;重新计算松弛时间 $l_{b_{x,j},m}$ 和 $l_{b_{x,j},m-1}$,假设第 k 和 $k+1$ 个时刻点的时间间隔为 l_k,则 $l_{b_{x,j},m}=l_{b_{x,j},m}-l_k$,$l_{b_{x,j},m-1}=l_{b_{x,j},m-1}+l_k$。重复以上过程,直到达到第 i 个发车时刻点,令 $c_i=1$,$c_k=c_k-1$。

Step 6,前向调整结束,开始从第 i 个发车时刻点的后向调整。后向调整与前向调整类似,区别在于是从当前时刻点开始,向后寻找可调整的发车时刻点。

4. 实验结果

把该调度方法用于西安市 43 路公交线路的调度问题。该线路有两个 CP,即电力站(CP1)和劳南站(CP2),沿线有 24 个站点,总距离为 14.5 千米。交通低峰时一个班次的时间大约为 40 分钟,交通高峰和平峰的班次时间大约为 50 分钟。高峰时间段为 6:30-9:00 和 17:00-20:00;低峰时间段为 5:30-6:30;平峰时间段为 9:00-17:00 和 20:00-23:00。给定司机休息时间 R 为 10 分钟,用餐时间为 15 分钟,司机每天工作时间为 8 小时。表 4.14 为 43 路线路的发车时刻表,其中包括 551 个发车时刻。

表 4.14　西安市 43 路公交线路发车时刻表

方向	发车时刻					
电力→劳南	5:35	5:40	5:44	5:48	5:52	5:56
	…	20:00	20:06	20:12	20:18	20:24
劳南→电力	6:15	6:23	6:30	6:35	6:40	6:45
	…	21:24	21:30	21:40	21:50	22:20

车辆的第一个班次需要在 10 点以前开始,第 80 个时刻点为 10:02。把属于 CP1 的从 5:30-10:00 的 80 个时刻点作为初始发车时刻点。抗体的长度为 80,每个基因对应于一个初始发车时刻。

初始抗体中包含的车辆块数目为[35,42]内的一个随机整数,该区间是根据调度方案所需的车辆数估计得到。高峰、平峰、低峰的最大允许等待时间 W 分别为5min、6min、6min。文化克隆选择算法参数为 $N=300$、$n_s=240$、$pc=0.2$、$\alpha=5$、$\max_B=100$、$n_B=10$。

用 Visual C++实现算法,运行在具有 2.3GHz Intel CPU 和 2GB RAM 的PC 机上。独立运行 10 次算法,每次运行 500 世代。10 次运行获得的调度结果如表 4.15所示。可以看出,算法的运行时间很小,大约用 5s 来产生车辆块集合,大约用 1min 得到调度解。

表 4.15　算法 10 次运行得到的调度结果

运行次数	车辆数目	班次数目	产生候选车辆块集合所用时间/s	获得调度解所需迭代次数	获得调度解所需时间/s
1	40	570	5	362	65
2	40	571	5	383	69
3	40	568	5	313	56
4	40	569	5	339	61
5	40	570	5	373	67
6	40	570	5	364	65
7	40	569	5	373	67
8	40	569	5	346	62
9	40	571	5	314	56
10	40	572	5	384	69

第三次实验的进化曲线如图 4.22 所示。横坐标为进化世代数,纵坐标为每世代群体中最高亲和力值。图 4.23 为第三次实验获得的车辆调度解。横坐标

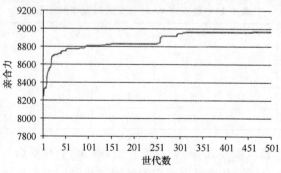

图 4.22　亲和力进化曲线

为时间,纵坐标表示调度中包含的各车辆块,每个矩形表示车辆块中的一个班次。一些班次后的深色片段表示用餐时间。若用基于经验的车辆调度方法,调度工程师需要花费很多时间进行车辆排班,而该方法自动生成满意的调度方案仅需 75s。

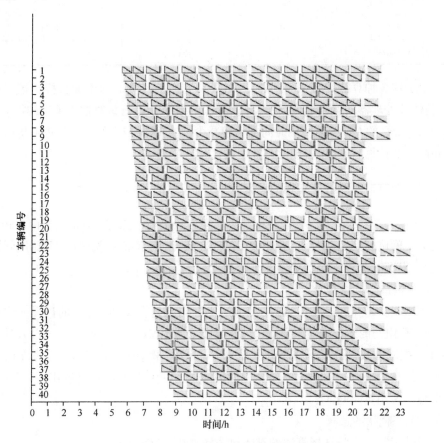

图 4.23　调度算法生成的车辆调度解

整数规划(IP)是一种常用的公交车辆调度建模方法。文献[55]采用整数规划模型解决有两个控制点的车辆调度问题,大约 1.5h 产生调度解。贪婪随机自适应搜索过程(GRASP)是一种流行的启发式算法,文献[56]用 GRASP 解决有 200 个班次的单发车场的车辆和人员调度问题,用时大约 10min 产生调度解。将该算法与数学规划方法和 GRASP 的计算时间比较结果如表 4.16 所示。从表中可看出,该算法能用更少时间解决具有更多班次的车辆调度问题,大约用时 75s 来生成调度,而 IP 和 GRASP 分别需要 5760s 和 600s。

表 4.16　计算时间比较

	提出的算法	IP	GRASP
班次数目	551	190	249
RAM	2G	4G	1G
CPU	2. 3GHz	675MHz	1. 8GHz
运行时间/s	<75	5760	600

　　由于这 3 种算法运行在不同的计算机上,它们的计算时间不能直接比较。然而,若估计处理器的运算速度,则可评估算法的效率。运行该算法的 CPU 略好于执行 GRASP 的 CUP,但所用时间却大幅减少。CPU 所带来的计算优势不足以导致如此大的计算时间差别,因此该算法的优化效率更高。

4.12.3　南京市 1 路公交车辆的调度

　　文献[53]对文献[52]中的公交车辆调度方法进行了改进,将其用于南京市 1 路公交车辆调度问题。与 4.12.2 节中的问题相比,南京市 1 路公交车辆调度问题更复杂,发车时刻表中包括更多发车时刻点。

　　(1) 构造车辆块集合

　　车辆块构造采用 4.12.2 节中的方法。不同之处在于,时刻 t_a 的最大允许等待时间 W 由与时刻 t_a 紧邻的两个时刻点(即 t_b 和 t_c)决定,即 $W=(t_c-t_b)\chi$,其中 $\chi \geqslant 1$ 为控制参数,用以保证在区间 $[t_a+R, t_a+R+W]$ 内至少存在一个发车时刻点来延续车辆块。一般来说,车辆块中相邻班次之间的休息时间足够用餐,因此不再单独考虑用餐时间 M。

　　(2) 车辆块的选择

　　设计了基于克隆选择算法的车辆块选择方法,过程如下:

　　Step 1,令 $t=0$。初始化群体 $P(t)$,抗体的数目为 N。

　　Step 2,计算群体 $P(t)$ 中每个抗体的亲和力,按亲和力对抗体进行降序排列。

　　Step 3,群体 $P(t)$ 中每个抗体进行克隆。每个抗体克隆的数目正比于其亲和力。按轮盘赌方法产生 N 个克隆构成群体 $P_c(t)$。

　　Step 4,群体 $P_c(t)$ 中每个克隆变异。克隆的变异率反比于其亲和力,即高亲和力的克隆的变异率低。N 个变异的克隆组成群体 $P_m(t)$。

　　Step 5,从群体 $P(t)$ 和 $P_m(t)$ 中选出亲和力最高的 n_s 个抗体构成群体 $S(t)$。

　　Step 6,随机产生 $N-n_s$ 个抗体加入 $S(t)$。令 $P(t+1) \leftarrow S(t)$,$t \leftarrow t+1$,返回

Step 2,直到满足停止准则。

算法中抗体编码和群体初始化采用 4.12.2 节中的方法。采用如下评价函数,即

$$f(x) = P \sum_{i=1}^{U} \Big| \sum_{j=1}^{u_i} (v_{ij} - 1) \Big| + Q \sum_{i=1}^{n} z_{t_i} \qquad (4.75)$$

根据抗体的评价值,将群体中的抗体降序排列,依次分为 w 个组。每组中包含相同数目的抗体,在第 i 组中的抗体亲和力为

$$\text{affinity}_i = h - i, \quad i \in [1, w] \qquad (4.76)$$

其中,h 为给定正整数。

每个克隆的变异率与其亲和力成反比。令 η 和 ρ 为最高和最低变异率,把克隆按亲和力由大到小排列,并等分为 g 组,在第 i 组中的克隆的变异率为

$$\rho + \frac{\eta - \rho}{g} \times i, \quad i \in [1, g] \qquad (4.77)$$

若克隆的基因 x_i 发生变异,则以 0.7 的概率从 B_{s_i} 中随机选择一个车辆块序号替换该基因,以 0.3 的概率把该基因置 0,即不从 B_{s_i} 中选择车辆块。

(3) 发车时刻调整

除了采用 6.12.2 节中车辆发车时刻调整方法,又设计了一种调整方法来排除车辆块中重复覆盖的班次。对调度解 x 中的每个车辆块 $b_{x,j}$($j = 1, 2, \cdots, m_x$)执行以下操作。假设 $b_{x,j}$ 覆盖的发车时刻点为 $T_{b_{x,j}} = \{t_{b_{x,j},1}, t_{b_{x,j},2}, \cdots, t_{b_{x,j},r_{b_{x,j}}}\}$,其中 $r_{b_{x,j}}$ 为该车辆块覆盖的发车时刻点数。依次检查 $T_{b_{x,j}}$ 中的发车时刻点。令 $i = 1$,检查 $t_{b_{x,j},i}$ 和 $t_{b_{x,j},i+1}$,如果 i 为奇数,则 $t_{b_{x,j},i}$ 和 $t_{b_{x,j},i+1}$ 分别在 CP1 和 CP2 中;否则,二者分别在 CP2 和 CP1 中。若时刻点 $t_{b_{x,j},i}$ 和 $t_{b_{x,j},i+1}$ 都被多于 1 个班次所覆盖,则从 $b_{x,j}$ 中删除从 $t_{b_{x,j},i}$ 到 $t_{b_{x,j},i+1}$ 的一个班次,令 $r_{b_{x,j}} = r_{b_{x,j}} - 2$。令 $i = i + 1$,重复以上过程,直到遍历 $b_{x,j}$ 中所有发车时刻。

(4) 实验结果

将该调度方法用于南京 1 路公交线路的车辆调度问题。该线路中,交通高峰时间段为 6:30-9:00,17:00-20:00;低峰期时间段为 4:30-6:30,21:00-01:05;平峰期时间段为 9:00-17:00,20:00-21:00。交通低峰期一个班次的时间大约为 32min,高峰和平峰期大约为 35min。司机的最大扩展时间为 8h。该公交线路的运营信息如表 4.17 所示。

表 4.17　南京 1 路公交信息

CP 的数目	2
总距离	10.7 km
车站数目	17
首班次	4:30 AM
末班次	01:05 AM
CP1 的发车时刻点数目	397
CP2 的发车时刻点数目	397

车辆的第一个班次应在上午 11 点之前发车。时刻表中两相邻发车时刻点的间隔为 3～4min，因此 CP1 中第 120 个发车时刻点恰好为 11:01（车辆首班车从 CP1 发车）。CP1 中的前 120 个发车时刻点为初始发车时刻点，解的编码长度为 120。根据实际所需车辆的估计，初始抗体中车辆块数的范围为 $[42, 46]$。每个车辆块对应于一台车辆，为其配备 1 位（短块）或两位（长块）司机。在产生候选车辆块集合阶段，给定休息时间 R 为 10min。给定控制参数 χ 为 1.2，以保证在最大等待时间内至少有一个发车时刻点来延续车辆块。克隆选择算法的参数取为 $N=300, n_s=240, \rho=0.02, \eta=0.08, g=4, h=17, w=8$。这些参数根据实验由经验给定。除了参数 ρ 和 η，算法的性能对参数的变化不敏感。在调整阶段，司机的最小休息时间 r_{min} 给定为 2min。

用 Visual C++实现该调度方法，运行在 Windows 7 操作系统，具有 2.4GHz Intel i5 CPU 和 2.3GB 内存的 PC 机上。该方法独立运行 10 次，每次运行克隆选择算法执行 1000 世代以使算法充分收敛。每次运行中，产生候选车辆块的时间小于 0.1s，调度解调整过程所用时间小于 0.01s。10 次运行中得到的解如表 4.18 所示。可以看出，该调度方法能快速产生调度解，所用时间大约为 1min。10 次运行中克隆选择算法的进化曲线如图 4.24 所示，横轴为进化世代数目，纵轴为每世代中的最小评价函数值。

表 4.18　10 次运行调度算法的结果

运行次数	车辆数	司机数	长车辆块数	短车辆块数	得到解所需世代数	得到解所需时间/s
1	45	77	32	13	205	43
2	47	77	30	17	230	49
3	46	79	33	13	292	44
4	46	76	30	16	234	44
5	45	76	31	14	131	44

续表

运行次数	车辆数	司机数	长车辆块数	短车辆块数	得到解所需世代数	得到解所需时间/s
6	46	77	31	15	297	45
7	47	78	31	16	234	45
8	46	76	30	16	428	44
9	46	76	30	16	209	44
10	45	76	31	14	225	44
平均	45.9	76.8	30.9	15	248.5	44.6

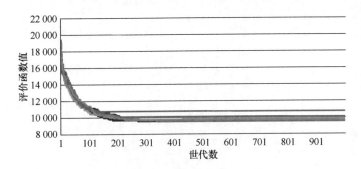

图 4.24　克隆选择算法的进化曲线

　　第 6 次运行调度算法得到的调度解如图 4.25 所示。横轴为一天内的时间,纵轴为该解所包含的车辆快。图中每个小矩形代表从一个 CP 到另一个 CP 的一个班次。每个车辆块包含若干班次。图中相邻两班次间深色区域表示为司机分配的用餐时间。两相邻班次间的短白色空隙表示司机休息时间。车辆块中班次间的长白色空隙表示车辆停止一段时间,然后再执行接下来的班次。

　　将算法得到的车辆调度解与实际使用的基于经验设计的调度方案比较。表4.19 给出了比较结果。由于公交线路运营成本取决于所用车辆和司机人数,因此采用这两个指标来评价调度解的质量。所用车辆数等于调度解中长车辆块和短车辆快数目之和。在表 4.19 中,最好解表示 10 次运行算法得到的最好解,即具有最小车辆和司机数的解;最差解表示 10 次运行得到的最差解;平均解表示 10 次运行获得的平均性能指标。可以看出,算法和基于经验的方法得到的车辆数相近,而算法得到的解需要更少的司机。这是因为与基于经验的方法相比,算法得到的解中有更多的短车辆块和更少的长车辆块。司机人数少可节约公交线路的运营成本。

　　算法中,司机的休息时间在候选车辆块生成阶段作为算法参数给出。在解的调整阶段,休息时间可能被加大或压缩。算法得到的解和实际调度方案的平均休息时间如表 4.19 所示。可以看出,算法得到的解的休息时间与实际调度方案相

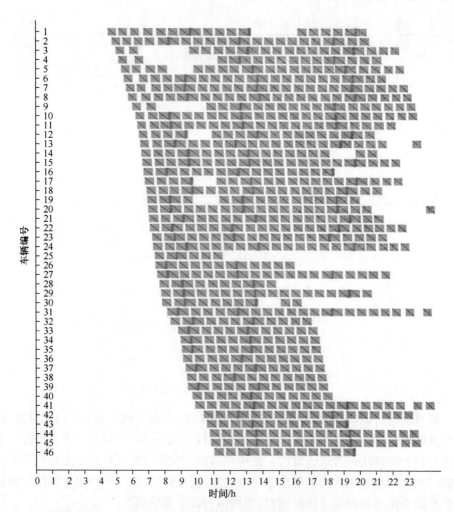

图 4.25　调度算法得到的一个调度解

似。这表明该算法能够在不减少司机休息时间的前提下得到更好的解。

表 4.19　算法产生的解与实际调度方案比较

	经验解	算法得到的解		
		最好解	最差解	平均解
平均休息时间	8.99	8.66	8.87	8.77
车辆数	46	45	47	45.9
长车辆块数	34	31	31	30.9
短车辆块数	12	14	16	15
司机数	80	76	79	76.8

为了分析克隆选择算法的变异率对算法性能的影响,给定若干变异率的取值范围,对于每个取值范围,运行算法 10 次,得到的结果如表 4.20 所示。可以看出,变异率过大或过小算法都不能得到好的调度解。这是因为变异率太大则使变异操作成为随机搜索,而太小的变异不能勘探足够的搜索空间。最好的变异率范围为 $[0.02, 0.08]$。

表 4.20　变异率对算法性能的影响

$[\rho, \eta]$	平均评价函数值	平均车辆数目	平均司机数目
$[0.01, 0.04]$	10 291	46.5	78.6
$[0.02, 0.08]$	9611	46	76.1
$[0.03, 0.12]$	9848	46	77.2
$[0.04, 0.16]$	9904	46.3	77.6
$[0.05, 0.20]$	10 038	46.9	77.9

控制参数 χ 所决定的最大等待时间 W 会影响候选车辆块数。给定 χ 不同的值,对每个值算法运行 10 次,结果如表 4.21 所示。可以看出,随着 χ 的增加,产生的候选车辆块数和所用时间急剧增加。χ 值变化对调度解的评价值、调度解中车辆块数和司机数有影响。若 χ 值太小,则产生的候选车辆块不足以构造一个满意的调度解。若 χ 值太大,产生的候选车辆块数目太大,由此导致搜索空间变大,不容易搜索到满意的调度解。

表 4.21　控制参数 χ 对算法性能的影响

控制参数	车辆块数	产生车辆块的时间/s	平均评价函数值	平均车辆块数	平均司机数
1.1	446	<0.1	10 080	45.7	77.4
1.2	534	<0.1	9432	46	76.1
1.3	774	<0.2	9566	46	76.3
1.4	4935	1	10746	46.2	77.4
1.5	129 136	31	10 812	46.1	77.6
1.6	165 237	37	11 064	46.1	77.9

4.13　小　　结

基于克隆选择原理的免疫调度算法是应用最广泛的免疫调度算法之一。这类调度算法的关键是克隆算子和变异算子的设计,这些算子可以根据具体调度问题需要而灵活设计,构造优秀的调度算法。克隆算法和变异算子通常与其他进化算

子结合使用,通过多种算子的组合,达到增强搜索能力的目的。选择算法一般采用
确定性选择,这容易导致群体多样性减少过快,因此常需要加入群体多样性保持机
制,或采用基于轮盘赌的选择机制来避免确定性选择的不足。

参 考 文 献

[1] De Castro L N, Zuben F J V. The clonal selection algorithm with engineering applications//
Genetic and Evolutionary Computation Conference, 2000.

[2] De Castro L N, Zuben F J V. Learning and optimization using the clonal selection principle.
IEEE Transactions on Evolutionary Computation, 2002, 6(3): 239-251.

[3] Carlos C C, Daniel C R, Nareli C C. Use of an artificial immune system for Job shop sched-
uling// Second International Conference on Artificial Immune Systems, 2003.

[4] Binato S, Hery W J, Loewenstern D M, et al. A GRASP for job shop scheduling//Ribeiro
C C, Hansen P. Essays and Surveys in Metaheuristics. Boston: Kluwer Academic Publish-
ers,2001:59-80.

[5] Beasley J E. OR-library: distributing test problems by electronic mail. Journal of the Opera-
tions Research Society, 1990, 41(11): 1069-1072.

[6] Luh G C, Chueh C H. A multi-modal immune algorithm for the Job-shop scheduling prob-
lem. Information Sciences, 2009, 179: 1516-1532.

[7] Tsai J T, Ho W H, Liu T K, et al. Improved immune algorithm for global numerical opti-
mization and Job-shop scheduling problems. Applied Mathematics and Computation, 2007,
194: 406-424.

[8] Taguchi G, Chowdhury S, Taguchi S. Robust Engineering. New York: McGraw-
Hill, 2000.

[9] Leung Y W, Wang Y. An orthogonal genetic algorithm with quantization for global numeri-
cal optimization. IEEE Transaction on Evolutionary Computation, 2001, 5: 41-53.

[10] Tsai J T, Liu T K, Chou J H. Hybrid taguchi-genetic algorithm for global numerical opti-
mization. IEEE Transaction on Evolutionary Computation, 2004, 8: 365-377.

[11] Tsujimura Y, Mafune Y, Gen M. Effects of symbiotic evolution in genetic algorithms for
Job-shop scheduling// IEEE 34th International Conference on System Sciences, 2001.

[12] Kim G H, Lee C S G. Genetic reinforcement learning approach to the heterogeneous ma-
chine scheduling problem. IEEE Transaction on Robotics and Automation, 1998, 14: 879-
893.

[13] Wang L, Zheng D Z. An effective hybrid optimization strategy for Job-shop scheduling
problems. Computers and Operations Research, 2001, 28: 585-596.

[14] Wang L, Zheng D Z. A modified genetic algorithm for Job-shop scheduling. International
Journal of Advanced Manufacturing Technology, 2002, 20: 72-76.

［15］ Liu T K, Tsai J T, Chou J H. Improved genetic algorithm for Job-shop scheduling problem. International Journal of Advanced Manufacture Technology, 2006, 27: 1021-1029.

［16］ Bagheri A, Zandieh M, Mahdavia M Y. An artificial immune algorithm for the flexible Job-shop scheduling problem. Future Generation Computer Systems, 2010, 26: 533-541.

［17］ Kacem I, Hammadi S, Borne P. Approach by localization and multi objective evolutionary optimization for flexible Job-shop scheduling problems. IEEE Transactions on Systems, Man, and Cybernetics Part C, 2002, 32(1): 1-13.

［18］ Pezzella F, Morganti G, Ciaschetti G. A genetic algorithm for the flexible Job shop scheduling problem. Computers and Operations Research, 2008, 35(10): 3202-3212.

［19］ Lee K M, Yamakawa T, Lee K M. A genetic algorithm for general machine scheduling problems. International Journal of Knowledge-Based Electronic, 1998, 2: 60-66.

［20］ Fattahi P, Mehrabad M S, Jolai F. Mathematical modeling and heuristic approaches to flexible Job shop scheduling problems. Journal of Intelligent Manufacturing, 2007, 18(3): 331-342.

［21］ Brandimarte P. Routing and scheduling in a flexible job shop by taboo search. Annals of Operations Research, 1993, 41: 157-183.

［22］ Xia W, Wu Z. An effective hybrid optimization approach for multi-objective flexible Job-shop scheduling problem. Computers and Industrial Engineering, 2005, 48: 409-425.

［23］ Zhang H, Gen M. Multistage-based genetic algorithm for flexible Job-shop scheduling problem. International Journal of Complexity, 2005, 11: 223-232.

［24］ Ong Z X, Tay J C, Kwoh C K. Applying the clonal selection principle to find flexible Job-shop schedules. // International Conference on Artificial Immune system, 2005.

［25］ Chen H, Ihlow J, Lehmann C. A genetic algorithm for flexible job-shop scheduling// IEEE International Conference on Robotics and Automation, 1999.

［26］ Jia H Z, Nee A Y C, Fuh J Y H, et al. A modified genetic algorithm for distributed scheduling problems. International Journal of Intelligent Manufacturing, 2003, 14: 351-362.

［27］ Kumar A, Prakash A, Shankar R, et al. Psycho-clonal algorithm based approach to solve continuous flow shop scheduling problem. Expert Systems with Applications, 2006, 31(3): 504-514.

［28］ Maslow A H. Motivation and Personality. New York: Harper and Bros, 1954.

［29］ Aldowiasan T, Allhverdi A. New heuristics for m-machine no-wait flowshop to minimize total completion time. International Journal of Management Science, 2004, 32: 345-352.

［30］ Chen C L, Neppali R V, Aljaber N. Genetic algorithms applied to the continuous flow shop problem. Computers and Industrial Engineering, 1996, 30: 919-929.

［31］ Rajendran C, Chaudhari D. Heuristic algorithms for continuous flowshop problem. Naval Research Logistics, 1990, 37: 695-705.

［32］ Prakash A, Khilwani N, Tiwari M K, et al. Modified immune algorithm for job selection and operation allocation problem in flexible manufacturing systems. Advances in Engineering Software, 2008, 39: 219-232.

[33] Shanker K, Srinivasulu A. Some solution methodologies for a loading problem in random FMS. International Journal of Production Research, 1989, 27(6): 1019-1034.

[34] Mukopadhyay S K, Midha S, Krishna V A. A heuristic procedure for loading problem in flexible manufacturing system. International Journal of Production Rresearch, 1992, 30(9): 2213-2228.

[35] Tiwari M K, Hazarika B, Vidyarthi N K, et al. A heuristic solution approach to the machine loading problem of FMS and its petri net model. International Journal of Production research, 1997, 35(8): 2269-2284.

[36] Tavakkoli-Moghaddam R, Rahimi-Vahed A R, Mirzaei A H. Solving a multi-objective no-wait flow shop scheduling problem with an immune algorithm. International Journal of Advance Manufacture Technology, 2008, 36: 969-981.

[37] Zitzler E, Laumanns M, Thiele L. SPEA2: improving the strength pareto evolutionary algorithm//EUROGEN 2001-Evolutionary Methods for Design, Optimization and Control with Applications to Industrial Problems, 2001: 95-100.

[38] Engin O, Doyen A. A new approach to solve hybrid flow shop scheduling problems by artificial immune system. Future Generation Computer Systems, 2004, 20: 1083-1095.

[39] Carlier J, Neron E. An exact method for solving the multiprocessor flowshop. RAIRO-Operations Research, 2000, 34: 1-25.

[40] Neron E, Baptiste P, Gupta J N D. Solving hybrid flow shop problem using energetic reasoning and global operations. Omega, 2001, 29: 501-511.

[41] Hsieh Y C, You P S, Liou C D. A note of using effective immune based approach for the flow shop scheduling with buffers. Applied Mathematics and Computation, 2009, 215: 1984-1989.

[42] Nowicki E. The permutation flow shop with buffers: a tabu search approach. European Journal of Operational Research, 1999, 116: 205-219.

[43] Wang L, Zheng D Z. An effective hybrid genetic algorithm for flow shop scheduling with limited buffers. Computers and Operations Research, 2006, 33: 2960-2971.

[44] Zuo X Q, Mo H W, Wu J P. A robust scheduling method based on multi-objective immune algorithm. Information Science, 2009, 179: 3359-3369.

[45] Zuo X Q, Fan Y S, Mo H W. Variable neighborhood immune algorithm. Chinese Journal of Electronics, 2007, 16: 503-508.

[46] Freling R, Wagelmans A P M, Paixão J M P. Models and algorithms for single-depot vehicle scheduling. Transportation Science, 2001, 35(2): 165-180.

[47] Ribeiro C C, Soumis F. A column generation approach to the multiple-depot vehicle scheduling problem. Operations Research, 1994, 42(1): 41-52.

［48］Kliewer N, Mellouli T, Suhl L. A time-space network based exact optimization model for multi-depot bus scheduling. European Journal of Operational Research, 2006, 175: 1616-1627.

［49］Eliiyi D T, Ornek A, Karakütük S S. A vehicle scheduling problem with fixed trips and time limitations. International Journal of Production Economics, 2009, 117: 150-161.

［50］Freling R, Huisman D, Wagelmans A P M. Applying an integrated approach to vehicle and crew scheduling in practice. Lecture Notes in Economics and Mathematical system, 2001, 505:73-90.

［51］Pepin A S, Desaulniers G, Hertz A, et al. A comparison of five heuristics for the multiple depox vehicle scheduling problem. Journal of scheduling, 2009, 12(1):17-30.

［52］Shui X G, Zuo X Q. A cultural clonal selection algorithm based fast vehicle scheduling approach// IEEE Congress on Evolutionary Computation, 2012.

［53］Zuo X Q, Shui X G, Chen C, et al. A clonal selection algorithm based bus vehicle scheduling approach. Submitted to Engineering Optimization, 2013.

［54］Reynolds R G. An introduction to cultural algorithms// The 3rd Annual Conference on Evolutionary Programming, 1994.

［55］Maikol M, Rodrigues C C D S, Arnaldo V M. Vehicle and crew scheduling for urban bus lines. European Journal of Operational Research, 2006, 170(3): 844-862.

［56］Laurent B, Hao J K. Simultaneous vehicle and crew scheduling for extra urban transports// The 21st International Conference on Industrial, Engineering and Other Applications of Applied Intelligent Systems: New Frontiers in Applied Artificial Intelligence, 2008.

第 5 章　其他免疫调度算法

除了免疫遗传调度算法和克隆选择调度算法,人类免疫系统中的一些其他机制和原理,如疫苗接种、免疫多智能体、先天免疫、错误耐受、免疫危险理论等,也被借鉴用来设计调度算法。本章介绍几种这类免疫调度方法。

5.1　基于疫苗的免疫调度算法

基于疫苗抽取和接种原理,Jiao 和 Wang[1]提出一种基于疫苗的免疫遗传算法用于优化计算。该算法把优化问题的局部特征信息看作疫苗,从优化问题中抽取特征信息(疫苗),在优化过程中把疫苗接种给抗体(问题的候选解),以防止种群退化,加快算法收敛速度。

该算法把优化问题看作抗原。首先,从问题中抽取基本特征信息。然后,对抗体群体施加遗传操作,并利用问题的特征信息来处理候选解。最后,对抗体群体进行免疫选择操作。算法中包括疫苗接种和免疫选择两个免疫算子。

5.1.1　免疫算法

(1) 免疫接种

免疫接种是利用先验知识来改变个体的部分基因,以提高其适应度。只对群体中部分个体进行接种,参与接种的个体比例为 α。

(2) 免疫选择

免疫选择包括免疫检测和退火选择。在免疫检测中,首先计算抗体亲和力,如果亲和力小于其父代抗体,则表明经过交叉和变异操作后抗体发生了退化,此时用父代抗体替代该抗体参与竞争。

采用退火选择时,子代群体 $E_k = (x_1, x_2, \cdots, x_{n_0})$ 中抗体 x_i 进入下一世代的概率为

$$P(x_i) = \frac{\mathrm{e}^{f(x_i)/T_k}}{\sum\limits_{i=1}^{n_0} \mathrm{e}^{f(x_i)/T_k}} \tag{5.1}$$

其中,$f(x_i)$ 为个体 x_i 的适应度;$\{T_k\}$ 为逐渐趋近于 0 的温度序列。

(3) 免疫算法步骤

免疫算法的步骤如下:

Step 1，产生随机初始群体 A_k，$k=1$。

Step 2，按照问题的先验知识抽取疫苗。

Step 3，如果当前群体包含最优抗体，则算法停止；否则，执行下一步。

Step 4，对第 k 世代群体 A_k 进行交叉操作，得到群体 B_k。

Step 5，对群体 B_k 执行变异操作，得到群体 C_k。

Step 6，对群体 C_k 进行接种，得到群体 D_k。

Step 7，对群体 D_k 进行免疫选择，得到下一世代群体 A_{k+1}，令 $k=k+1$，转到 Step 3。

算法利用疫苗接种来提高个体适应度，加快算法收敛；利用免疫选择来防止种群退化。这种免疫算法被用于解决多城市的旅行商问题[1]。

5.1.2　免疫调度算法

Xu 等[2]利用 Jiao 和 Wang 的免疫遗传算法[1]来解决 Job shop 调度问题。算法进行了改进，采用自适应交叉和变异的策略。

该算法流程如图 5.1 所示。具体步骤如下：

Step 1，随机产生初始群体，群体的规模为 M。

Step 2，分析要解决的问题，按照 JSP 的加工经验来抽取特征信息作为疫苗。

Step 3，评价群体中每个个体的适应度。

Step 4，若满足停止准则，则算法停止；否则，转 Step 5。

Step 5，采用 Srinivas 和 Patnaik 方法[3]根据群体适应度来自适应调整交叉率 P_c 和变异率 P_m。

Step 6，进行免疫操作，返回 Step 3。

算法的具体操作如下。

1. 个体表达

个体采用基于操作的编码（2.5.2 节）。对于一个 n 工件 m 操作的 JSP，编码长度为 $n \times m$。

2. 疫苗抽取

把最短加工时间（SPT）调度规则作为疫苗。当一些工件同时请求在一台机器上加工时，选取具有最短加工时间的工件先加工。这种规则可获得较小的平均流经时间、交付时间、等待时间以及平均空闲时间。对群体中的个体以概率 P_i 注射该疫苗。

3. 交叉操作

对文献[4]中的优先操作交叉（precedence operation crossover，POX）进行了

改进。假设两个染色体 Parent1 和 Parent2 执行改进的 POX 算子后,产生两个子个体 Child1 和 Child2,则交叉步骤如下:

Step 1,定义两个数组变量 Child1[]和 Child2[]来存放子个体。

Step 2,从 Parent1 和 Parent2 中分别随机选择一个操作,分别将其拷贝到 Child1[]和 Child2[]的对应位置。

Step 3,向左或向右移动 Child1[]和 Child2[]中的基因,移动距离随机产生。

Step 4,按照 Parent1 中的基因顺序,拷贝剩余操作到 Child2[]中的空位置;按照 Parent2 中的基因顺序,拷贝剩余操作到 Child1[]中的空位置。

4. 变异算子

变异算子的步骤如下:

Step 1,定义一个空数组 Child[]来存储子个体。

Step 2,从 Parent 中随机选择两个不同操作,拷贝到 Child[]中的对应位置。

Step 3,随机产生一个移动距离和移动方向。

Step 4,按照产生的移动距离和移动方向来移动 Child 中的基因。

Step 5,按照 Parent 中的基因顺序,拷贝剩余操作到 Child[]中的空位置。

5. 免疫算子

免疫算子包括疫苗接种和免疫选择两部分。

(1) 疫苗接种

对种群中的 $n_a = P_i \times n$ 个个体进行疫苗接种,其中 n 为种群规模。接种过程如下:

Step 1,构造矩阵 $M_{i,j} = [\overrightarrow{m_{0,j}}, \overrightarrow{m_{1,j}}, \cdots, \overrightarrow{m_{m,j}}]$,其中 $\overrightarrow{m_{i,j}}$ 表示在机器 M_i 上的操作加工顺序。

Step 2,按最短加工时间规则,对每台机器上的操作进行排序。

Step 3,按排序后的矩阵 $M_{i,j}$ 和加工约束,生成染色体。

(2) 免疫选择

免疫选择包括两步:第一步为免疫测试,如果子个体适应度小于父个体,则父个体进入下一世代。第二步的步骤如下:

Step 1,按下式计算适应度的近似和 S_n,即

$$S_n = n \times (f_{avg} - f_{min}) \tag{5.2}$$

其中,n 为群体规模;f_{avg} 为种群平均适应度;f_{min} 为种群中最小适应度。

Step 2,按下式计算个体的选择概率 p_i,即

$$p_i = (f_i - f_{min})/S_n \tag{5.3}$$

Step 3,按个体的选择概率,用轮盘赌方法进行选择操作。

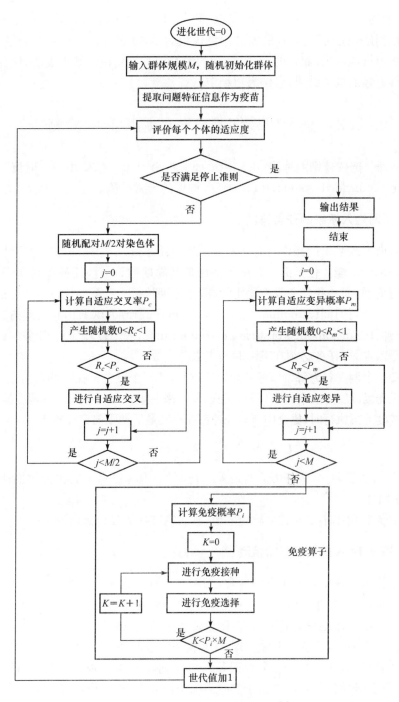

图 5.1　用于 JSP 的免疫调度算法[2]

该免疫算法被用于解决两个 benchmark 调度问题（即 MT10 和 MT20）。与

文献[5]中的 GA、SyGA1、SyGA2,文献[6]、[7]中的 MGA,文献[8]中的 HTGA
比较,给定群体的规模为 40,最大进化世代数为 5000 世代。对于每个问题,每种
算法独立运行 100 次,获得的 makespan 的最好值和平均值。结果表明,该免疫算
法能获得更好的调度结果,且结果更稳定。

5.2　基于树枝细胞算法的调度异常检测

Lay 等[9]把树枝细胞算法(dendritic cell algorithm,DCA)用于实时嵌入系统
(real-time embedded system,RTES)任务调度的异常检测。

5.2.1　实时嵌入系统的任务调度

实时嵌入式系统的操作可看作是一系列的任务,每个任务都有各自特性,负责
系统的一部分功能。任务的一个重要特性是其周期性。一些任务按周期执行,有
固定执行周期,而一些任务没有固定周期,不定期执行。任务的执行时间在最好情
况下的最小执行时间(minimum best-case execution time,BCET)和最差情况下的
最大执行时间(maximum worst-case execution time,WCET)之间。任务的另一重
要特性是限期,即任务必须在某一时间点之前完成。

需要一个调度器为每个任务分配处理时间,使每个任务都在限期之前完成。采
用固定优先级调度方法来调度任务,用式(5.4)来衡量一个任务集合的调度能力,即
当一个调度方案执行时,集合中所有任务都能在其最后期限前完成的能力,即

$$U_{\max} = \sum_{i=1}^{n} \frac{C_i}{T_i} \leqslant n(2^{1/n} - 1) \tag{5.4}$$

其中,n 为任务数目;C_i 为任务 i 的最差执行时间;T_i 为任务 i 的执行周期;$U_{\max}$ 为
最大利用率。

若最大利用率小于上式中给定的值,则表明该任务集合是可调度的。

5.2.2　基于 DCA 的调度异常检测

实时嵌入系统中会发生各种异常,超限是一种异常情况。当任务不能在其限
期之前完成时,会发生超限。一个任务的超限会引发其他任务超限,由此导致恶性
循环。若不能有效地进行超限检查,则会使整个系统故障。

如图 5.2 所示,D 为任务截止期,C 为任务完成时间,C 值大于 D 值,故发生超
限。R 为任务到达时间,即任务此时从等待队列转入执行队列。Dis 为任务调度
时间,即任务开始执行时间。由于实时系统中任务执行时间不稳定,因此对于不同
实例,任务调度时间和完成时间是变化的。采用如下一种树枝细胞算法来检测任
务超限异常。

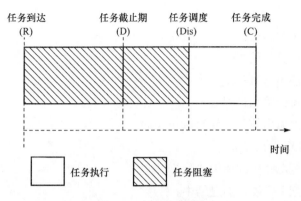

图 5.2 任务的超限

新产生的树枝细胞(dendritic cell,DC)处于不成熟状态,其收集一些化学信号(由宿主的细胞凋亡或坏死产生)和潜在的抗原样本。当一个树枝细胞在给定时间内接收到的危险信号超过某一阈值时,则转化为成熟状态。成熟树枝细胞转移到淋巴结中,提呈抗原,诱发先天免疫应答。若一个树枝细胞只检测到低水平的危险信号,则转化为半成熟状态。半成熟树枝细胞转移到淋巴结中,像成熟树枝细胞一样提呈抗原,但不会诱发免疫应答。

基于树枝细胞检测原理,用一个虚拟树枝细胞来检测由系统的某一属性而产生的虚拟信号。用一个树枝细胞集合来分别监测系统的不同组件。输入信号的组合引发虚拟树枝细胞成熟,由树枝细胞的输出组合来推断系统状态。树枝细胞包括抗原、输入信号水平、输出信号水平、阈值,如图 5.3 所示。

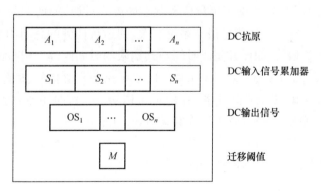

图 5.3 树枝细胞的数据结构

树枝细胞算法(DCA)的伪代码如下。

while dc cycle count<max dc cycle count loop

　　更新抗原和环境信号水平

```
for all DCs in population loop
        采样相关的抗原；
        采样相关的信号；
        计算输出信号；
        计算累计输出信号；
        if 累计输出信号＞转移阈值 then
            DC 变成熟；
            把 DC 从群体中移除；
            把 DC 放入淋巴结中；
        end if
    end loop
    dc cycle count＝dc cycle count＋1；
end loop
```

算法结束后,群体中剩余树枝细胞为半成熟的树枝细胞。每个树枝细胞的各输入信号的组合产生输出信号。树枝细胞的输入信号的危险水平可能不同,即一些信号比另外一些信号更危险。因此,需要为每个输入信号设置一个权值,表示信号的危险水平,即信号对树枝细胞输出的重要程度。将每个输入信号与其权值相乘,再将各输入信号对应的乘积相加,得到树枝细胞的输出。

把树枝细胞算法用于实时嵌入系统任务调度中超限异常检测,具体方法如下。

(1) 输入信号

为了执行 DCA,需要确定测量任务状态的方式,以及如何把测量值映射为树枝细胞的输入信号。一些测量值与系统有关,如运行任务的总利用率。一些测量值只与个体任务相关,如任务完成时间与其期限的时间间隔。树枝细胞的输入信号包括 PAMP(pathogenic associated molecular patterns)信号、危险信号、安全信号。PAMP 信号对应于实际任务超限(actual overrun),即任务完成时间 C_i 大于任务期限 D_i。危险信号对应于潜在超限(potential overrun),即最差情况下的任务响应时间大于任务期限。安全信号对应于非保护性超限(no projected overrun),即最差情况下的任务响应时间小于任务期限。

(2) 抗原

系统中的每个任务相当于一个抗原。每个抗原对应于一个危险水平。若一个任务有大的超限经历,则被标记为高危险水平。在 DCA 中,每个树枝细胞与一个任务(抗原)集合相关联,使得整个树枝细胞群体能够监测各种不同任务组合的情况。通过综合不同树枝细胞的输出,可了解整体系统的运行情况,并确定系统中哪一部分有问题。

（3）DCA 参数

树枝细胞群体的规模为 20。随机为群体中每个树枝细胞分配任务，要求能覆盖所有被监测的任务。一旦为树枝细胞分配了任务，树枝细胞和任务的对应关系就不再变化。PAMP、危险信号、安全信号的权值分别为 6、6、−6，转移阈值为 5。这意味着只要一个树枝细胞检测到 PAMP 或危险信号而没有检测到安全信号，则立即变为成熟树枝细胞并对其分析。树枝细胞的生命周期（即最大 dc cycle count）为 40 次循环，若期间没有遇到危险或 PAMP 信号，则变为半成熟状态。一旦一个树枝细胞变为成熟或半成熟状态，则将其更新后重新加入树枝细胞群体中，以使树枝细胞群体不断更新。

文献[9]通过仿真实验来验证树枝细胞算法检测任务异常的效果。用固定优先级方法来仿真调度一个任务集合，分别采用静态分析方法和 DCA 方法来监测调度器的状态，以检测系统中潜在的和实际的超限情况。用准确性和响应性指标来评价检测算法。假设传统的静态分析方法检测和预测超限的准确率为 100%。用 DCA 正确检测出的超限次数除以系统中发生的总超限次数（即静态分析方法检测出的次数），来计算 DCA 的准确性。算法的响应性指标同样参照静态分析方法，利用下式来测量算法的响应性，即

$$\frac{（任务结束时刻−DCA 算法检测到任务超限的时刻）}{（任务结束时刻−静态分析方法检测到任务超限时刻）}$$

用式（5.4）来测量一个任务集合的利用率，该利用率反应了调度任务集合的难度和复杂性。随机生成用于测试 DCA 性能的任务集合。对于集合中的每个任务，可知其 BCET、WCET、周期、截止时间，由此可计算每个任务的最好情况（best-case）和最差情况（worst-case）的利用率。通过组合个体任务的利用率，可以获得整个任务集合的利用率，以此衡量调度任务集合的难度。实验中给出了 DCA 的准确性随着任务集合利用率的变化情况。结果表明，DCA 对实际超限检测的准确率接近 100%；对于潜在超限的检测，随着任务集合的利用率增大，检测准确率和算法响应性有提高的趋势。

5.3　基于免疫智能体的分布系统任务分配

King 等[10]利用免疫系统的概念来设计基于智能体的任务分配方法，用于并行分布系统的任务分配。

5.3.1 H 细胞和 S 细胞智能体

把 H 细胞和 S 细胞看作是功能互补的智能体。H 细胞用于调度的实时控制，即用于监控硬件资源。S 细胞用于资源的长期调度，即先从并行程序代码中获取优先执行信息，然后利用该信息来计划在硬件资源上如何调度代码。

H 细胞包括硬件监测和抗原识别两个处理阶段。在系统启动阶段，H 细胞获取系统硬件资源和行为特性的知识。当接入新硬件资源时，H 细胞将学习该资源，并对其进行监测和管理。H 细胞的输入包括可用内存、CPU 利用率、磁盘流量，以及其他性能相关信息。在识别阶段，H 细胞利用这些信息来学习系统性能，以执行分配和优化功能。当程序执行时，S 细胞不断监测程序所用资源的状态，如果有资源不可用，则由 H 细胞负责在短期内找到适当的可用资源。

5.3.2 Hector 环境下的实现

Hetor 是一个分布式计算环境，用于控制并行程序并监控其性能。在 Hector 环境下运行免疫智能体。

Hector 通过分散/集中式管理器来执行并行程序控制功能。中心决策者为主分配器（master allocator，MA）。从分配器（slave allocator，SA）为分布智能体，运行在各个平台上。SA 接收 MA 发出的控制和执行命令，同时从任务（程序片断）中收集性能信息。SA 和 MA 通过 Unix 插槽连接，相互间发送消息进行通信。SA 定期测量系统负载，并向 MA 报告。

H 细胞用一个自适应方法来学习规则和识别抗原模式，以提高识别不同种类抗原的能力，利用自适应共振理论（adaptive resonance theory，ART）来快速地实时分类抗原，如图 5.4 所示。ART 为一个分层结构，包括 3 个水平。输入为一个性能信息向量，包括可用内存、CPU 利用率、磁盘流量等信息。这些信息输入顶层分类器（CL-1 层），对抗原按相似性分类，如一个分类结果为内存受限。第二层（CL-2 层）对第一层的分类结果进一步划分，例如进一步分类内存受限为由于运行大程序导致内存受限，用一个参数（如相似性测量）来精确地辨识抗原。对抗原分类后，或者辨识出已知抗原，或者识别出一种新抗原。叶水平（CL-C 层）用来确定最适当的响应，例如针对以上抗原，确定响应为把大程序移到有更多内存的机器上运行。分类器的输出为一个用来提高系统性能的指令集合。

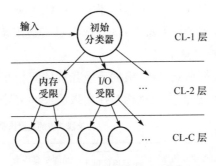

图 5.4　ART 的分层结构[10]

5.4　基于免疫网络的机器人动态任务分配

Gao 等[11]基于人工免疫网络模型[12]提出一种人工免疫网络方法用于多个机器人的动态任务分配,如图 5.5 所示。网络中包含 n 个根节点(用 R 表示),每个节点代表一个机器人,对应于 B 细胞。抗原对应于要执行的任务。抗体(用 A 表示)由 B 细胞产生,表示机器人能执行的任务。不同的任务表示为不同的抗体。抗体间的相互作用分两种:机器人内部作用,即当机器人能执行多种任务时,抗体(任务)间存在相互作用;机器人间作用,即当不同机器人选择相同的任务时,这些机器人中的抗体存在相互作用。

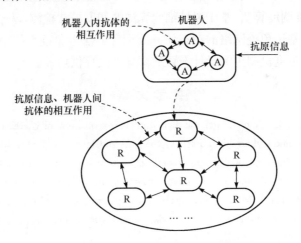

图 5.5　用于任务分配的人工免疫网络[11]

每个机器人的决策过程如图 5.6 所示。首先,机器人收集抗原信息(任务),包括自身感知信息以及由其他机器人传来的信息。机器人由此获得抗原刺激,计算机器人内部抗体间的作用,以及与其他机器人中抗体的相互作用,由此获得每个抗体的刺激水平。然后,B细胞(机器人)自动选择具有最高刺激水平的抗体来消灭抗原,即为该机器人选择合适的任务。

网络中每个机器人都独立决策,根据环境和抗体间相互作用来自动选择任务。当任务分配发生冲突时,机器人通过相互作用来解决冲突,进行合理的任务分配。

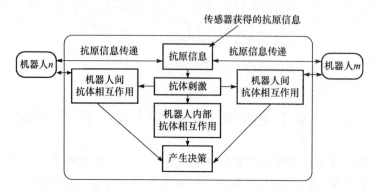

图 5.6　机器人内部的决策过程[11]

5.5　小　　结

除了免疫遗传和克隆选择调度算法,本章介绍了一些其他免疫调度算法,包括基于疫苗的免疫调度算法、基于树枝细胞算法的调度异常检测、基于免疫智能体的任务分配,以及基于免疫网络的动态任务分配等方法。免疫系统中包含多种信息处理机制,这些免疫机制可为设计新颖的调度方法提供启发。

参 考 文 献

[1] Jiao L C, Wang L. A novel genetic algorithm based on immunity. IEEE Transactions on System, Man, and Cybernetics, Part A: Systems and Humans, 2000, 30(5): 552-561.

[2] Xu X, Li C. Research on immune genetic algorithm for solving the job-shop scheduling problem. International Journal of Advance Manufacture Technology, 2007, 34: 783-789.

[3] Srinivas M, Patnaik L M. Adaptive probabilities of crossover and mutation in genetic algorithm. IEEE Transactions on System, Man, and Cybernetics, Part A: Systems and Humans, 1994, 24(4): 656-667.

[4] Zhang C Y, Rao Y Q, Li P G, et al. An improved genetic algorithm for job-shop scheduling. Computer Integrated Manufacturing Systems, 2004, 10(8): 966-970.

[5] Tsujimura Y, Mafune Y, Gen M. Effects of symbiotic evolution in genetic algorithms for job-shop scheduling//IEEE 34th International Conference on System Sciences, 2001.

[6] Wang L, Zheng D Z. An effective hybrid optimization strategy for job-shop scheduling problems. Computers and Operations Research, 2001, 28: 585-596.

[7] Wang L, Zheng D Z. A modified genetic algorithm for job-shop scheduling. International Journal of Advanced Manufacturing Technology, 2002, 20: 72-76.

[8] Liu T K, Tsai J T, Chou J H. Improved genetic algorithm for job-shop scheduling problem. International Journal of Advanced Manufacture Technology, 2006, 27: 1021-1029.

[9] Lay N, Bate I. Improving the reliability of real-time embedded systems using innate immune techniques. Evolutionary Intelligence, 2008, 1(2): 113-132.

[10] King R L, Russ S H, Lambert A B, et al. An artificial immune system model for intelligent agents. Future Generation Computer Systems, 2001, 17: 335-343.

[11] Gao Y, Wei W. Multi-robot autonomous cooperation integrated with immune based dynamic task allocation// International Conference on Intelligent Systems Design and Applications, 2006.

[12] Jerne N K. Towards a network theory of the immune system. Annual Immunology, 1974, 125C: 373-389.

第6章　混合免疫调度算法

调度问题作为一类复杂组合优化问题,很难获得大规模问题的最优解。已有研究表明,将不同性质的优化算法混合,能构造性能更优良的调度算法。虽然混合调度算法的计算复杂性较大,但其搜索能力更强,能够获得更好的调度解。

目前已有一些将免疫算法与其他算法混合来解决调度问题的研究,这些算法或者将免疫算法与其他优化算法混合,或者将某种免疫机制引入到其他算法中,这里统称为混合免疫调度算法。例如,将免疫算法与启发式算法[1]、模拟退火[2-6]、微粒群算法[7,8]、蚁群算法[9]、细胞自动机[10]、细菌优化算法[11]、分支定界等算法[12]混合。

本章介绍几种混合免疫调度算法。

6.1　克隆选择与模拟退火的混合

Naderi 等[2]设计了一种结合免疫算法和模拟退火的混合算法用于一种带有特殊机器约束的 Job shop 问题。当前 JSP 研究通常假设机器在整个调度期间为可用,然而在实际调度中,由于机器故障或预防性维护(preventive maintenance,PM),机器有时不可用。已有研究大多考虑固定时间间隔的预防性机器维护,即机器按给定时间间隔进行周期性维护,而文献[2]研究了机器维护间隔可提前或拖后的 Job shop 调度问题。

6.1.1　机器可用性约束

PM 的起始时间具有一定的灵活性。令两个连续 PM 的时间间隔是 T_{PM},当一个新工件要在一台机器上加工时,计算其完成时间。如果该时间超过了 $T_{PM}+\delta$,则该工件的加工被推迟,PM 先执行。例如,一个车间的 $T_{PM}=15$ 个时间单元,PM 的执行时间(D_{PM})为 3 个时间单元。最大的可接受的延迟时间 δ 为 4 个时间单元。车间中有 5 个工件要在一台机器上加工,加工时间如表 6.1 所示。

表 6.1　工件加工时间

工件数	加工时间
1	5
2	9
3	6
4	7
5	4

　　假设工件的加工顺序为{2,4,3,5,1},第一个工件(job 2)的完成时间是 9。如果接着加工 job 4,则完成时间为 9+7=16,比 T_{PM}=15 大。然而车间可以接受 4 个时间单元的延迟,因此机器可加工 job 4。由于 job 3 的加工时间是 6 个时间单元,若接着加工 job 3,完成时间为 16+6=22 个时间单元,大于 $T_{PM}+\delta$=19,因此推迟加工 job 3,先执行 PM。第 1 个 PM 的完成时间是 16+3=19。job 3 的完成时间是 19+6=25。加工 job 5 和 job 1 的完成时间为 25+5+4=34,不大于第 2 个 PM 的开始时间 19+15=34。因此,job 5 和 job 1 可在 job 3 之后连续加工。调度的甘特图如图 6.1 所示。

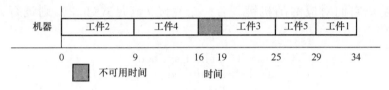

图 6.1　带机器维护的单机调度甘特图

6.1.2　人工免疫算法

　　采用基于克隆选择原理的免疫算法来解决该调度问题。抗体代表一个调度解,抗体亲和力表示调度解的性能。

　　(1) 抗体表达和初始化

　　采用随机键的编码方式来表示基于操作的编码(2.5.8 节)。例如,对于一个 2 工件 3 机器的 JSP,共有 6 个操作,若采用基于操作的编码,一个解可表示为(1,1,1,2,2,2)。为每个操作产生一个均匀分布的(0,1)区间的随机数,然后把操作按对应的随机数升序排列,可得到一个基于操作的编码,如图 6.2 所示。

操作	1	1	1	2	2	2
随机键	0.82	0.54	0.23	0.73	0.45	0.71

操作	1	2	1	2	2	1
随机键排序	0.23	0.45	0.54	0.71	0.73	0.82

图 6.2　用随机键表达的基于操作的编码

　　初始解对算法的快速收敛有重要影响。对初始群体中的一个抗体按最短加工时间调度规则生成,群体中其他 popsize-1 个抗体随机产生。

　　(2) 克隆选择

　　目标函数为最小化总完成时间(total completion time,TCT)。抗体代表调度解的总完成时间越小,其亲和力越高。第 i 个抗体的亲和力表示为

$$\text{Affinity}(i)=1/\text{TCT}(i) \tag{6.1}$$

抗体克隆的概率正比于其亲和力,抗体亲和力越高,产生越多克隆的可能性越大。产生的克隆进入变异池。

(3) 亲和力成熟

变异池中所有克隆进行超突变,根据每个克隆的亲和力进行不同程度的变异。克隆的亲和力越低,变异程度越大。亲和力高的抗体进行 SHIFT 变异,即随机选择一个操作,随机产生该操作对应的随机键(相当于随机选择一个操作,对其重排序)。低亲和力抗体进行如下超突变,随机选择两个操作,重新随机生成它们对应的随机键。若一个克隆 t 满足式(6.2),则进行 SHIFT 变异,即

$$\frac{\text{TCT}(t)-\text{TCT}(\text{best antibody})}{\text{TCT}(\text{best antibody})}<0.1 \tag{6.2}$$

否则,进行另一种变异。如果克隆变异后亲和力提高,则用变异克隆取代该克隆。若克隆变异后亲和力降低,则在(0,1)区间随机产生一个随机数 random,若

$$\text{random}<\exp\left(\frac{\text{TCT}(\text{offspring})-\text{TCT}(\text{creator})}{20}\right) \tag{6.3}$$

则用变异克隆替代该克隆。

(4) 免疫模拟退火算法

把模拟退火(simulated annealing,SA)与免疫算法结合来提高算法性能。免疫算法在执行克隆操作后,以其中最好抗体为初始解执行模拟退火算法。对每个温度进行 20 次迭代(即产生 20 个邻居),用 SHIFT 变异产生邻居。温度冷却方式为 $t_i=\alpha t_{i-1}$(其中 $0<\alpha<1$ 为温度衰减率)。

SA 的伪代码如下:

初始化(变异池中最好克隆作为初始解)

counter＝0

while counter≤5 do

　　for i＝1 to 20 do

　　　　由当前解产生一个新邻居。

　　　　由接受准则判断是否接受该解。

　　　　更新当前发现的最好解。

　　endfor

　　if 在当前温度下找到了更好的调度解 then

　　　counter＝0

　　else

　　　　　　　counter＝counter＋1

　　　　endif

　　　温度进一步降低

endwhile

利用文献[13]中的 benchmark 问题产生问题实例来测试算法性能。采用相对百分比偏差(relative percentage deviation，RPD)来评价算法性能，即

$$RPD = \frac{Alg_{sol} - min_{sol}}{min_{sol}} \times 100\%$$

其中，Alg_{sol} 为算法得到的解的总完成时间；min_{sol} 为所有算法得到的最好的总完成时间。

　　工件和机器数目 (n,m) 取如下组合：$(15,15)$，$(20,15)$，$(20,20)$，$(30,15)$，$(30,20)$，$(50,15)$，$(50,20)$，$(100,20)$。加工时间服从 $[1,99]$ 区间上的均匀分布。顺序相关准备时间(SDST)分别为 $[1,25]$，$[1,50]$，$[1,100]$，$[1,125]$ 区间上的均匀分布。每个机器的 T_{PM} 服从区间 $[200,300]$ 上的均匀分布，D_{PM} 分别服从区间 $[1,50]$，$[1,99]$，$[1,150]$ 上的均匀分布。以上各种水平的组合产生 96 个场景，对于每个场景随机产生 10 个问题实例，总共生成 960 个问题实例。

　　通过算法参数的全因子组合实验，确定算法参数为：群体规模为 50。初始温度 $T_0＝20$，温度衰减率 $\alpha＝0.9$，采用锦标赛选择机制。把人工免疫模拟退火算法(AISA)与文献[14]中的遗传算法、文献[15]中的免疫算法以及文献[16]中的 SPT 方法比较。实验结果表明，与其他算法相比，AISA 能得到更好的 RPD，且其性能对于问题工件数目变化具有鲁棒性。

6.2　免疫接种与模拟退火的混合

　　Zhang 等[3]提出一种基于免疫机理的模拟退火算法用于 Job shop 问题(描述为 $J//\sum w_j T_j$)，优化目标为最小化总加权延迟。

　　算法是基于瓶颈工件概念。瓶颈工件是指那些加工顺序对调度性能有重要影响的工件。若这些工件被合理地调度，则会显著提高调度性能。用一种模糊推理方法来评价每个工件的瓶颈特征值，然后利用瓶颈工件设计一种免疫机制来提高 JSP 调度解。将该免疫机制与 SA 结合，构造了一种免疫模拟退火算法(immune simulated annealing，ISA)。

6.2.1 疫苗接种

用以下指标来衡量一个调度中每个工件的瓶颈特征值。

(1) 工件完工时间与交货期的间隔,即

$$g_j = \frac{\widetilde{F}_j - d_j}{d_j} \tag{6.4}$$

其中,d_j 和 $\widetilde{F}_j$ 分别为工件 j 的交货期和完成时间。

(2) 工件的相对松弛时间,即

$$h_j = \frac{d_j - C_{[j]} - \sum_{i \in \mathrm{JS}([j])} p_i}{d_j} \tag{6.5}$$

其中,$[j]$ 为工件 j 的当前操作;$C_{[j]}$ 为当前操作的完成时间;$\mathrm{JS}([j])$ 为工件 j 中当前操作之后的操作集合。

工件 j 的当前操作不同,其对应的松弛时间也不同。松弛时间随着工件 j 的当前操作的变化而变化。

(3) 工件的规范化权值,即

$$v_j = \bar{w}_j = \frac{w_j - w_{\min}}{w_{\max} - w_{\min}} \tag{6.6}$$

其中,w_j 为工件 j 的加权;$w_{\max} = \max_{1 \leqslant j \leqslant n} w_j$;$w_{\min} = \min_{1 \leqslant j \leqslant n} w_j$。

利用以上指标,用模糊推理方法计算每个工件的瓶颈特征值 Γ。指标 g_j, h_j 和 v_j 作为模糊系统的输入,输出为每个工件的瓶颈特征值 Γ_j,表示该工件属于瓶颈工件的程度。模糊系统分别用 G, H, V 和 B 表示输入和输出语言变量,每个语言变量划分为 3 个模糊子集,即

$G = \{\mathrm{NL}, Z, \mathrm{PL}\}, \{$负,零,正$\}$

$H = \{\mathrm{NL}, Z, \mathrm{PL}\}, \{$负,零,正$\}$

$V = \{S, M, L\}, \{$小,中,大$\}$

$B = \{\mathrm{NB}, \mathrm{MB}, B\}, \{$不存在瓶颈,可能存在瓶颈,存在瓶颈$\}$

语言变量对应的模糊子集的隶属度函数采用三角形隶属度函数。由经验得到表 6.2 所示的模糊规则,例如输入 G, H, V 分别为 NL, PL, S 时(即一个工件的延迟时间小,松弛时间大,并且权值小),输出为 NB(即该工件不是瓶颈工件)。用 Mamdani 模型进行模糊推理,其中模糊"与"和"或"分别用"min"和"max"计算。采用最小最大化方法去模糊化。首先计算每个工件的 3 个指标,然后将它们模糊化,作为模糊系统的输入,模糊系统的输出即为工件的瓶颈特征值。

表 6.2　模糊规则[3]

G,H	V		
	S	M	L
NL,PL	NB	NB	NB
Z,Z	MB	B	B
Z,PL	NB	NB	MB
PL,NL	B	B	B
PL,Z	MB	B	B
PL,PL	NB	MB	MB

　　瓶颈工件(即瓶颈特征值大的工件)应优先调度,以减少总拖延时间;而非紧急工件应推迟调度,为瓶颈工件预留时间。用工件瓶颈特征值作为先验知识来构造疫苗,对调度解进行接种,以提高其质量。

　　给定一个调度解(基于优先级列表的编码),其免疫接种过程如下:

　　Step 1,随机选择一个机器,计算在该机器上加工的所有工件的瓶颈特征值$\{\Gamma_i\}_{i=1}^n$。

　　Step 2,令 N 为在该机器上加工的操作的优先级列表,从 N 中随机选择一个操作 N_k。

　　Step 3,计算 $i_1 = \arg\max_{i \in N^P(k)}\{(\Gamma_k - \Gamma_i)^+\}$,其中 $N^P(k)$ 为列表中 N_k 之前的操作集合。

　　Step 4,计算 $i_2 = \arg\max_{i \in N^S(k)}\{(\Gamma_i - \Gamma_k)^+\}$,其中 $N^S(k)$ 为列表中 N_k 之后的操作集合。

　　Step 5,若 $\{i_1, i_2\} \neq \phi$,则 $i^* = \arg\max_{i \in \{i_1, i_2\}}\{|\Gamma_k - \Gamma_i|\}$,交换列表中 N_k 和 N_{i^*} 的位置。

　　其中,$(x)^+ = \max\{x, 0\}$。Step 3 用于找到优先级列表中 N_k 之前的瓶颈值最小的操作。Step 4 用于寻找 N_k 之后的瓶颈值最大的操作。Step 5 确定这两个操作中与 N_k 的瓶颈值相差最大的操作,然后交换该操作与 N_k 在优先级列表中位置。

　　对一个调度解要进行多次接种(每次都执行以上步骤)。假设进行 v 次接种,每次接种后进行如下免疫选择。

　　Step 1,前 $[v/2]$ 次接种,接受每次接种得到的解。

　　Step 2,后 $[v/2]$ 次接种,只有获得更好解时,才接受该解。

6.2.2　免疫模拟退火算法

　　(1) 编码

　　采用基于优先级列表的编码(2.5.3 节)。对于一个 n 工件 m 机器的 JSP,解

的编码为为 m 个列表。每个列表对应一台机器,包含 n 个操作在该机器上的加工优先级。

（2）初始化

初始解的生成方法如下：

Step 1,计算每个工件的松弛时间,即

$$\theta_j = d_j - P_j \tag{6.7}$$

其中, $P_j = \sum_{i \in J_j} p_i$,为工件 j 的总加工时间。

Step 2,计算每个工件的优先级系数,即

$$a_j = (2 - \bar{\theta}_j)(1 + \bar{w}_j) \tag{6.8}$$

其中, $\bar{\theta}_j \in [0,1]$ 和 $\bar{w}_j \in [0,1]$ 为松弛时间和权值的规范化形式,即 $\bar{x}_j = (x_j - x_{min})/(x_{max} - x_{min})$, $x_{min} = \min_j x_j$, $x_{max} = \max_j x_j$, $x_j \in \{\theta_j, w_j\}$ 。工件的权值越高,松弛时间越小,则被调度的优先级越高。

Step 3,对每个机器上的操作按 $\{a_j\}$ 非增排序,构造每个机器的优先级列表,作为初始解。

（3）产生新解

用模拟退火算法时,需要从当前解产生新解。首先选择一个机器,然后改变该机器上操作加工顺序。用式（6.9）来评价每台机器的调度效果,然后选择一个调度效果差的机器,改变其上操作的加工顺序,从而更可能提高调度解的质量,即

$$\psi_l = \sum_{i \in N^l} w_i [(C_i - \delta_i)^+ - (C_{p(i)} - \delta_{p(i)})] \tag{6.9}$$

其中, N^l 为在机器 l 上加工的操作集合; C_i 为操作 i 的完成时间; w_i 为该操作所在工件的权值; $p(i)$ 为操作 i 的直接工件前继操作; δ_i 是操作 i 的截止时间,定义为 $\delta_i = d_i - \sum_{i' \in JS(i)} p_{i'}$ （JS(i) 表示操作 i 的工件后继操作集合）;如果 ψ 大,表明机器 l 上的操作调度效果差,更需要调整操作的加工顺序。

采用轮盘赌方法选择一个机器,机器 l 被选择的概率为 $P_l^M = \psi_l / \sum_{l=1}^{m} \psi_l$ 。选择一台机器后,在该机器的优先级列表中随机选择两个操作,交换它们的位置,由此产生一个新解。

（4）免疫模拟退火算法

假设算法由当前解 $s(k)$（k 为迭代次数）产生一个新解 s',二者的目标函数差为 $\Delta C = C(s') - C(s(k))$,其中 $C(\cdot)$ 为目标函数值。当前解按以下步骤更新。

Step 1,若 $\Delta C \leqslant 0$,则 $s(k+1)=s'$,即接受新解。

Step 2,若 $\Delta C \geqslant 0$,则按概率 $A = \min\{1, \exp(-\Delta C/T)\}$ 接受当前解(其中 T 为当前温度)。

① 如果接受了 s',则对 s' 施加免疫算子,得到一个新解 s''。

如果 $C(s'') \leqslant C(s')$,则 $s(k+1)=s''$。

如果 $C(s'') > C(s')$,则 $s(k+1)=s'$。

② 如果 s' 没有被接受,则 $s(k+1)=s(k)$。

用两组问题实例来验证算法。一组问题实例随机产生,问题的每个操作的加工时间为 $[1,99]$ 上的正态分布;每个工件的交货期随机产生;每个工件的权值服从 $[1,10]$ 区间上的正态分布。另一组实例为从实际制造企业抽象出的问题实例,问题包括不同组件,每个组件包括 $4 \sim 15$ 个操作;每个操作的加工时间从 0.5min 到 150min;机器的数目为 40。算法参数为:初始温度 $T_0 = -|\Delta|_{\max}/\ln p_r$,其中 $|\Delta|_{\max}$ 为随机产生的一组状态中任意两状态的最大距离,$p_r=0.7$;温度更新函数 $T_{k+1}=\lambda T_k$;温度更新最大次数为 $\lceil (n \times m)/300 \rceil \times 100$;每个温度下的最大迭代次数为 50。

把免疫模拟退火算法(ISA)与 TS/SA[17](模拟退火与禁忌搜索混合算法)、混合微粒群算法[18](HPSO)比较。实验结果表明,对于大多数问题实例,免疫模拟退火算法能获得比 TS/SA 和混合微粒群算法更好的最好解和平均解。免疫模拟退火算法和混合微粒群算法的计算时间相近,均明显小于 TS/SA 的计算时间。

6.3　克隆选择与微粒群的混合

Ge 等[7]构造了一种结合微粒群算法(particle swarm optimization,PSO)和克隆选择算法的混合智能算法(hybrid intelligence algoithm, HIA)用于 Job shop 调度问题。算法通过微粒群和克隆选择的交替执行来进化群体,具体介绍如下。

6.3.1　个体表达和初始化

调度解采用基于操作的编码(2.5.2节)。较好初始解有利于算法快速收敛和获得更好调度解,为此基于 Giffler & Thompson 算法[19]产生初始解:

Step 1,令 A 中包含每个工件的第一个操作,则 A 中每个操作 (j,m) 的最早允许加工时间 $s_{jm}=0$。

Step 2,对 A 中所有操作,计算 $t(A)=\min(s_{jm}+p_{jm})$,p_{jm} 为操作 (j,m) 的加工

时间。

Step 3,建立集合 M。对于每个操作 $(j,m) \in A$,若 $s_{jm} < t(A)$,则把机器 m 放入 M 中。

Step 4,建立集合 G。从 M 中随机选择一个机器 m^*。若操作 $(j,m) \in A$ 在机器 m^* 上加工,则将其放入 G 中。

Step 5,对于 G 中每个操作 $(j,m^*) \in G$,计算其最早可完成时间。令 j^* 为完成时间最迟的工件。

Step 6,从 G 中选择操作 (j^*,m^*) 加工。

Step 7,从 A 中删除 (j^*,m^*),并将其直接后继操作加入 A 中。

Step 8,更新 A 中的 s_{jm},返回 Step 2,直到 A 为空,即所有操作被加工完毕。

6.3.2　微粒群调度算法

令搜索空间为 D 维,群体中的第 i 个粒子表示为 $X_i = (x_{i1}, \cdots, x_{id}, \cdots, x_{iD})$。第 i 个粒子所经历的最好位置记为 $P_i = (p_{i1}, \cdots, p_{id}, \cdots, p_{iD})$,即该粒子的 pbest。假设群体中具有最好 pbest 的粒子为第 g 个粒子,则位置 P_g 为 gbest。群体中第 i 个粒子的速度表示为 $V_i = (v_{i1}, \cdots, v_{id}, \cdots, v_{iD})$。微粒群算法按下式改变每个粒子的速度和位置,即

$$v_{id} = w v_{id} + c_1 r_1 (p_{id} - x_{id}) + c_2 r_2 (p_{gd} - x_{id}) \tag{6.10}$$

$$x_{id} = x_{id} + v_{id} \tag{6.11}$$

其中,w 为惯性系数,取值范围为 $[0,1]$;c_1 和 c_2 为学习率,为非负常数;r_1 和 r_2 为 $[0,1]$ 内的随机数;$v_{id} \in [-v_{max}, v_{max}]$,$v_{max}$ 为给定的最大速度。

把微粒群算法用于 JSP 需要重新定义粒子距离以及位置更新。令群体中第 i 个粒子和第 j 个粒子分别为 $X_i = (x_{i1}, \cdots, x_{id}, \cdots, x_{iD})$ 和 $X_j = (x_{j1}, \cdots, x_{jd}, \cdots, x_{jD})$,则两粒子间相似性表示为

$$S(X_i, X_j) = \sum_{k=1}^{D} s(k) \tag{6.12}$$

其中

$$s(k) = \begin{cases} 1, & x_{ik} = x_{jk} \\ 0, & x_{ik} \neq x_{jk} \end{cases} \tag{6.13}$$

令 $f(X_i)$ 为粒子 i 的适应度函数,且 $0 \leqslant f(X_i) \leqslant C, \forall i \in \{1,2,\cdots,n\}$,其中 n 为群体规模。两粒子间距离定义为

$$\text{dis}(X_i - X_j) = k \cdot [\alpha \cdot |f(X_i) - f(X_j)| / C + \beta \cdot (D - S(X_i, X_j))] \tag{6.14}$$

其中,k 为增益系数;α 和 β 为两个正权值,二者的和等于1。

用速度更新粒子位置采用操作调整方法。令 $X=(x_1,\cdots,x_k,\cdots,x_D)$, $Y=(y_1,\cdots,y_k,\cdots,y_D)$ 为两个粒子,操作调整方法如下:

Step 1,随机选择一个位置 k,若 $x_k=y_k=s$(s 为位置 k 的值),则 $m=0$ 且转到 Step 2,若 $x_k\neq y_k$,即 $x_k=s$ 且 $y_k\neq s$,则转到 Step 3。

Step 2,分别在集合 $X'=\{x_i\,|\,1\leqslant i<k\}$ 和 $Y'=\{y_i\,|\,1\leqslant i<k\}$ 从左到右扫描,统计 s 在 X' 中出现的次数 $X'\_\text{times}(s)=t_x$ 和在 Y' 中出现的次数 $Y'\_\text{times}(s)=t_y$。如果 $t_x>t_y$,则转到 Step 4;如果 $t_x<t_y$,则转到 Step 5;如果 $t_x=t_y$,则转到 Step 6。

Step 3,在粒子 Y 中随机选择一个位置 j,使得 $y_j=s$ 并且 $y_j\neq x_j$。交换 y_j 和 y_k,令 $m=1$,转到 Step 2。

Step 4,交换粒子 Y 中的元素,即把位置 k 之后出现 s 的基因与 y_j 进行交换(其中 $j<k,y_j\neq x_j$ 且 $y_j\neq s$),直到 $t_x=t_y$,转到 Step 7。

Step 5,交换粒子 Y 中的元素,即把位置 k 之前出现 s 的基因与 y_j 进行交换(其中 $j>k,y_j\neq x_j$ 且 $y_j\neq s$),直到 $t_x=t_y$,转到 Step 7。

Step 6,如果 $m=0$,随机重新选择一个 k 值;如果 $m=1$,则转到 Step 7。

Step 7,算法终止。

用于 JSP 的微粒群算法的粒子速度和位置更新为

$$v_{id}=\text{int}[wv_{id}+c_1r_1\text{dis}(p_{id}-x_{id})+c_2r_2\text{dis}(p_{gd}-x_{id})] \tag{6.15}$$

$$x_{id}=x_{id}\oplus v_{id} \tag{6.16}$$

其中,"$\oplus$"表示调整操作;$\text{int}[\cdot]$ 表示取整。

6.3.3　免疫调度算法

把问题的特征信息和知识看作疫苗,利用疫苗接种来提高调度解的性能。先找到亲和力最高的抗体(最好抗体),然后选择一个抗体对其进行接种。对于一个 n 工件 m 机器的问题,产生一个长度为 $n\times m$ 的向量,其中每个单元为随机生成的 0 或 1。用这个向量从最好抗体和选择的抗体中抽取元素构成新抗体。若新抗体比选择的抗体亲和力更高,则替换之。

抗体变异时,变异基因的数目与其亲和力成反比。抗体亲和力越高,变异基因的数目越小。一个抗体的变异基因数目为

$$\text{bit}=\text{int}\left[\frac{(f_{\max}-f)(\rho-\eta)}{f_{\max}-f_{\min}}\right]+\eta \tag{6.17}$$

其中,f 为抗体亲和力;$f_{\max}$ 和 $f_{\min}$ 为群体中最大和最小亲和力;ρ 和 η 为变异基因数目的上下界。

变异操作首先从抗体中选择一定数目的位置(由上式确定),然后随机置换这

些位置上的基因,再用变异抗体取代原始抗体。

群体进化一定数目世代后,如果当前最高亲和力值没有提高,则采用两种方法进行受体编辑:

①按初始化方法随机产生一定百分比的抗体,替换群体中最差的一些抗体。

②随机选择一些抗体。对于其中每个抗体,随机选择其中一个基因;向后移动该基因,一次移动一个位置,移动 λ 次得到 λ 个新抗体;若新抗体中亲和力最高的抗体优于原始抗体,则用该新抗体替换原始抗体。

免疫算法步骤如下:

Step 1,用初始化方法产生 pop_size 个抗体作为初始群体,pop_size 为群体规模。

Step 2,用正比选择方法从群体中选出 m 个抗体进行克隆,形成克隆库。

Step 3,对克隆库中的每个抗体进行变异操作。

Step 4,从克隆库中随机选择 s 个抗体,执行接种操作。

Step 5,用克隆库中的最好的 s 个抗体替换群体中最差的 s 个抗体。

Step 6,若最高亲和力经过一定数目世代后没有提高,则进行受体编辑操作。

Step 7,若满足停止准则,算法停止;否则,返回 Step 2。

6.3.4　基于微粒群和克隆选择的混合算法

个体适应值按下式计算,即

$$f_i = 100 \times \mathrm{opt}/T_i(\mathrm{JM}) \tag{6.18}$$

其中,f_i 为第 i 个个体(粒子或抗体)的适应值;opt 为调度问题的理论最优值;$T_i(\mathrm{JM})$ 为第 i 个个体对应的调度最大完成时间。

为了加快算法收敛和保持群体多样性,对适应度作如下线性调整:

Step 1,计算群体的平均适应度 f_{ave},最大和最小适应度 f_{max} 和 f_{min}。

Step 2,如果 $f_{\mathrm{min}} > 2f_{\mathrm{ave}} - f_{\mathrm{max}}$,转到 Step3;否则,转到 Step 4。

Step 3,计算系数 $\alpha = f_{\mathrm{ave}}/(f_{\mathrm{max}} - f_{\mathrm{ave}})$ 和 $\beta = (f_{\mathrm{max}} - 2f_{\mathrm{ave}})f_{\mathrm{ave}}/(f_{\mathrm{max}} - f_{\mathrm{ave}})$,转到 Step 5。

Step 4,计算系数 $\alpha = f_{\mathrm{ave}}/(f_{\mathrm{ave}} - f_{\mathrm{min}})$ 和 $\beta = -f_{\mathrm{min}}f_{\mathrm{ave}}/(f_{\mathrm{ave}} - f_{\mathrm{min}})$,转到 Step 5。

Step 5,新的适应度为 $f' = \alpha f + \beta$。

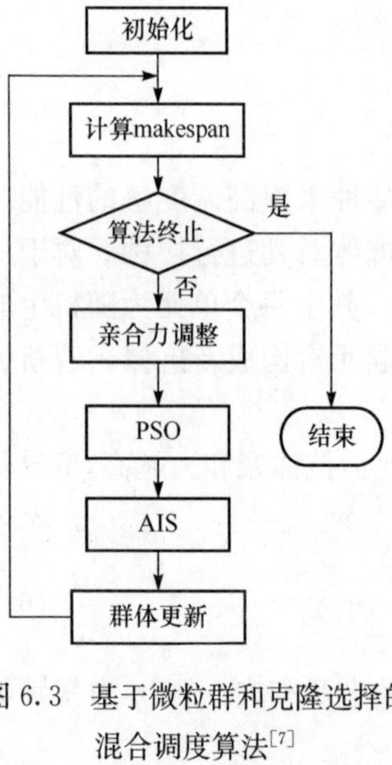

图 6.3　基于微粒群和克隆选择的
混合调度算法[7]

基于微粒群和克隆选择的混合算法如图 6.3 所示。终止条件为找到最优解,或在一定世代内没有找到更优秀的解。

用 43 个 benchmark 问题来验证算法的性能,包括 FT06、FT10、FT20,以及 LA01－LA40,将调度结果与 GRASP[20]、Beam search[21]、Tabu search[22, 23]、RCS[24]、GA[25]、PGA[26]、SBGA[26]、MGA[27]、GP＋PR[28] 等算法比较。对于每个调度问题,HIA 进行 5 次运算,用最好结果与以上比较算法的最好结果比较。实验表明,HIA 能找到 43 个问题中 32 个问题的最优解,除了文献[23]中的 Tabu search,HIA 能获得比其他算法更优的结果。

6.4　细胞自动机、遗传算法与人工免疫的混合

Swiecicka 等[10]提出了一种结合遗传算法(genetic algorithm,GA)、细胞自动机(cellular automata,CA)和人工免疫系统(artificial immune system,AIS)的方法用于并行分布计算系统的任务调度。遗传算法用于寻找适合于调度问题的细胞自动机规则。细胞自动机利用获取的规则来自动发现任务分配问题的最优或次优解。AIS 用于更新细胞自动机规则以应对新的问题实例。

6.4.1　多处理器任务调度

多处理器系统可描述为一个系统图 $G_s = (V_s, E_s)$。V_s 表示 N_s 个节点的集合,每个节点表示一个处理器。E_s 为连接节点的边集合("边"表示处理器间的双向信道),用于定义处理器间拓扑关系。例如,图 6.4(a)给出了一个多处理器系统的系统图,该系统包括两个处理器 P_0 和 P_1。假设所有处理器的计算能力相同,且处理器间的通信不占用处理时间。

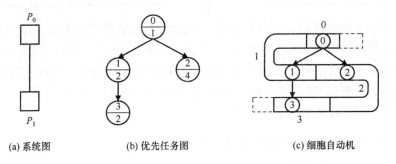

(a) 系统图　　　　　(b) 优先任务图　　　　　(c) 细胞自动机

图 6.4　系统图、优先任务图和细胞自动机[10]

并行程序可用加权有向非循环图 $G_p = \langle V_p, E_p \rangle$ 表示,即优先任务图或程序图。V_p 为包含 N_p 个节点的集合,每个节点代表一个任务。节点 k 的权值 b_k 表示任一处理器执行任务 k 所需的时间。E_p 表示"边"的集合,用以描述任务间的通信。边 (k, l) 的权值 a_{kl} 表示任务 k 和 l 间的通信时间(当两任务位于相邻处理器

时)。若两任务在同一处理器中,则它们间通信时间为 0。图 6.4(b)为 4 个任务的程序图,每个节点中上部分数字代表任务序号,下半部分为处理任务所需时间。

任务调度就是把任务分配给处理器,以满足任务优先约束,同时使得响应时间 T(即总执行时间)最小。一个给定优先任务图的并行程序的响应时间 T 取决于任务在多处理器上的分配,以及在每个处理器上任务执行的顺序。

6.4.2　细胞自动机

细胞自动机是一个由大量细胞组成的离散动态系统。细胞行为取决于局部规则,细胞间进行局部相互作用,涌现出系统整体行为。

以包括 N 个细胞的一维细胞自动机为例。在时刻 t,每个细胞处于其 k 个状态中的一个状态。假设一个细胞的状态为布尔变量,即 $a_i^t \in \{0,1\}$,$i=0,1,\cdots$,$N-1$。某一时刻细胞自动机的所有细胞的状态称为一个配置(configuration)。细胞自动机利用规则来改变每个细胞的状态。规则根据一个细胞及其邻域内的细胞状态来更新该细胞状态。对于一维细胞自动机,一个细胞的邻域包含该细胞以及其两边半径为 r 的邻域内的细胞。

细胞自动机规则通常采用规则表的形式。例如,一个一维二进制状态细胞自动机的规则如表 6.3 所示,其中细胞自动机长度 $L=8$,半径 $r=1$。η 为每个细胞及其邻居的可能状态,中间位置为该细胞状态,两边位置为两个邻居的状态。输出 α 表示中间位置细胞将要更新的状态。

表 6.3　一维二进制状态的细胞自动机的规则表

η	000	001	010	011	100	101	110	111
α	0	1	0	1	1	0	1	0

首先给定细胞自动机中每个细胞以初始状态,然后利用规则表,根据每个细胞当前状态以及其邻域内细胞的状态,来更新该细胞的状态。边界细胞需要根据边界条件(boundary condition)来更新状态。常用的有周期边界条件和空边界条件。周期边界条件把最左(右)边的细胞看作是最右(左)边细胞的右(左)邻居。空边界条件把不存在的细胞的状态看作是 0。

6.4.3　基于细胞自动机和遗传算法的调度

用一个一维的细胞自动机来描述一个程序图,程序图中每个任务对应于细胞自动机中的一个细胞,如图 6.4(c)所示。细胞 0 对应任务 0,细胞 1 对应任务 1,以此类推。图中虚线表示空单元,其状态为 0,即采用空边界条件。

对于一个两处理器系统,程序图对应的细胞自动机中每个细胞有两个状态,即 0 和 1,分别表示该细胞所表示的任务被分配给处理器 P_0 和 P_1。细胞自动机的每个配置对应于所有任务在两个处理器上的一个分配方案。为细胞自动机设置初始状态相当于在两处理器上初始分配所有任务。然后,按其规则进化(即每个细胞的状态按照规则自动演变)。细胞自动机中细胞状态的变化意味着任务分配发生了改变,从而改变了响应时间 T。需要寻求合适的细胞自动机规则,使其能从任一初始状态出发,收敛到一个使 T 最小的任务分配方案。

基于细胞自动机的调度系统结构如图 6.5 所示。系统包括细胞自动机的调度规则学习、常态操作、用 AIS 更新细胞自动机的调度规则。细胞自动机状态更新方式有串行模型(seq)、并行模式(par),以及按随机顺序更新状态的串行模型(seq-ran)。首先,用遗传算法来获取细胞自动机的调度规则。遗传算法群体中包括若干随机生成的个体,每个个体代表一个细胞自动机的规则。把程序图中的任务随机分配给多个处理器,由此获得细胞自动机的初始状态。由初始状态出发,细胞自动机按照个体所代表的规则进行演化,演化后获得的配置为一个任务分配方案,用该方案分配任务得到并行程序的响应时间 T 来评价个体。遗传算法用于寻求一个最优的细胞自动机规则,使得细胞自动机由初始状态按照该规则能演化到一个最优配置,用该配置分配任务时并行程序响应时间最小。

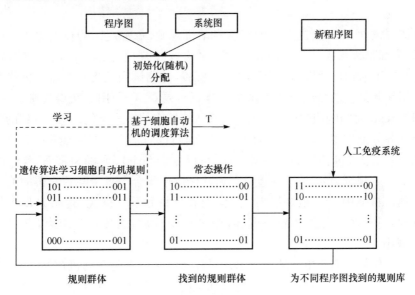

图 6.5　基于细胞自动机的调度系统[10]

用遗传算法优化细胞自动机规则的伪代码如下。

产生初始规则群体,群体规模为 P;

For $l=1$ to G do

产生 I 个测试问题

```
For i＝1 to P do
    T_i^* ＝0;
    For j＝1 to I do
        T_i^* ＝T_i^* ＋CA(rule_i,test_j,CA mode,M steps);
    End
    T_i^* ＝T_i^* /I;
End
按照 T_i^* 对群体中的规则(个体)进行排序;
群体中 E 个最好的规则直接进入下一世代;
For i＝1 to ⌊(P－E)/2⌋ do
    rule_1^parent ＝select();
    rule_2^parent ＝select();
    (rule_1^child ,rule_2^child )＝crossover(rule_1^parent ,rule_2^parent );
    mutation(rule_1^child ,rule_2^child );
End
End
```

群体中包含 P 个随机产生的细胞自动机规则,每个规则的长度为 $L＝k^{2r+1}$ (其中 k 为细胞状态数目, r 为邻域尺寸)。产生一个规模为 I 的测试问题集合,每个问题对应于细胞自动机的一个随机初始配置,且测试问题集合在每一世代都不相同。用问题集合来测试群体中每个个体。函数 CA(·)用来获得规则 $rule_i$ 作用于问题 $test_j$ 时的响应时间 T_i^j;细胞自动机按给定的模式演化 M 步,得到的配置为一个任务分配方案,其响应时间为 T_i^j。细胞自动机模式(CA mode)表示细胞状态的更新方式,包括串行更新(sep)、并行更新(par)、或随机顺序串行更新(seq-ran)等。规则 $rule_i$ 的适应度 T_i^* 为其作用于集合中每个问题获得的响应时间的均值。群体中 E 个最好规则(个体)直接拷贝到下一世代,其他 $P-E$ 个规则随机配对,进行两点交叉和随机变异,经过 G 世代后,遗传算法结束,获得细胞自动机规则。

常态操作如图 6.5 中间部分所示。对任意给定的细胞自动机初始状态,由优化的细胞自动机规则快速地发现细胞自动机的最优配置,然后按此配置分配并行程序的任务。只要程序图没有发生变化,就按此规则分配任务。若程序图发生变化(即任务依赖关系发生变化),则用 AIS 方法进行重调度。

6.4.4　基于人工免疫系统的重调度

用 forrest 等[29]提出的基于遗传算法的 AIS 模型进行重调度。在 AIS 中,把找到的规则看作抗体,调度问题的新实例对应于抗原。如果一个抗体(规则)能够获得一个抗原(程序图)的最优或次优调度,则认为该抗体识别该抗原。

把遗传算法获得的细胞自动机规则放到抗体库中。当出现一个新调度实例时(即新程序图),首先从抗体库中选择最好的一些抗体,再随机产生一些抗体,两部分一起组成初始群体,然后用遗传算子来快速进化这一群体,产生针对新调度实例的细胞自动机规则。初始群体产生过程为:针对新抗原(新程序图),用抗体库中每个抗体(规则)运行细胞自动机得到该抗体的评价值(即运行细胞自动机后得到的任务分配方案对应的响应时间均值);从抗体库中选择 $d \times P$ 个最好规则,其中 $d \in (0,1)$,再随机产生 $(1-d) \times P$ 个规则,一起组成初始群体。

文献[10]利用文献[30]中的任务图和随机生成的任务图进行实验。给定细胞自动机的邻域半径 $r \in \{1,2,3\}$,分别对应于规则的长度 8,32 和 128;群体规模 $P \in \{50,200\}$;优秀规则集合 $E \in \{15,100\}$;测试问题的数目 $I \in \{10,50\}$;细胞自动机执行步数 $M = 4 \times N_p$,其中 N_p 为任务数;变异概率 $p_m = 0.03$。

分别用任务图 tree15,$g40^{[30]}$,gauss18$^{[30]}$,Rnd25_5 进行了实验。下面仅以任务图 g40 来介绍实验结果。该任务图包括 40 个任务,在两处理器系统中其最优响应时间 $T = 80$。当 $r = 2$ 时,学习算法能够收敛到最优值。经过规则学习阶段后,生成的最后群体中包含规则。为了验证这些规则的调度性能,随机产生 1000 个配置,然后用群体中的每个规则进行调度,分别计算每个规则对所有配置的平均响应时间 T,实验结果表明 60% 的规则对所有的配置能找到最优解。

为了验证 AIS 的效果,产生一个新的任务图 Rnd25_lg18。该任务图是由 g18 的任务图和 Rnd25_1 的任务图组合而成,将其作为一个新的调度问题实例,其最优响应时间为 541。用找到的 Rnd25_1 和 g18 的规则对任务图 Rnd25_lg18 执行常态操作,实验结果表明所有规则都不能获得最优响应时间。用遗传算法对调度规则进行重新学习,在 200 世代内找到了次优解。采用 AIS 模型进行调度,即从抗体库中抽取 60% 的规则,随机产生 40% 的规则,一起组成初始群体,然后再用遗传算法进行学习。结果表明,由于 AIS 利用了存储在抗体库中的知识,能在 60 世代内找到最优解。

6.5　禁忌搜索与免疫算法的混合

已有研究表明,禁忌搜索(tabu search, TS)是解决 JSP 的一种非常有效的邻域搜索算法。Zuo 等[31]把 AIS 和 TS 结合,提出一种混合免疫算法(AISTS)用于 JSP。AIS 用于探索全局解空间,以发现高评价值的区域;TS 用于勘探局部区域以寻求高精度调度解。AIS 包括选择、克隆、基于混沌搜索的免疫应答等操作。TS 的邻域是基于析取图模型构造,采用一种较小邻域结构来降低邻域搜索的计算代价。为了减少 JSP 的搜索空间,平衡算法收敛速度和解的质量,AIS 的解采用参数化活动调度(parameterized active scheduling,PAS)。

6.5.1　基于 AIS 和 TS 的混合算法

用文献[32]中的混沌搜索免疫算法(chaos search immune algorithm,CSIA)来获取参数化活动调度。混沌搜索免疫算法是一种模拟适应性免疫应答过程中 B 细胞进化行为的免疫算法,包括选择、交叉、克隆、免疫应答成熟、替换等操作。算法利用一系列的邻域结构来有效平衡局部和全局搜索,把混沌搜索引入到免疫应答操作中,用来勘探局部解空间,同时提高算法的全局搜索能力。进一步把小生境技术引入到选择操作中,来提高算法的全局搜索能力。

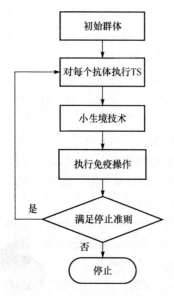

图 6.6　AIS 和 TS 的混合

TS 是一种有效的解决 JSP 的启发式算法。它由初始解出发,在当前解的邻域内循环迭代产生新解。邻域内的每个解称为一个邻居。在每次迭代中,用最好的邻居来取代当前解。为了避免邻域搜索过程中出现循环搜索,把搜索过的解保存在一个记忆列表中,既禁忌列表。对 TS 性能影响较大的是其初始解。通常采用的优先规则方法并不能为 TS 提供最合适的的初始解。这里用 AIS 为 TS 提供初始解,把 TS 引导到高评价值区域。

混合算法的结构如图 6.6 所示。首先,由混沌系统生成初始群体。然后,抗体被解码为参数化活动调度,TS 在每个解的邻域内进行局部搜索以提高解的质量。接着,小生境技术用于维持群体的多样性。最后,用选择、交叉、克隆、免疫应答成熟、替换等操作来进化群体,直到满足收敛准则。

AISTS 的具体步骤如下:

Step 1,由混沌系统产生 N 个抗体组成初始群体。

Step 2,把群体中每个抗体解码为 PAS,再用 TS 在 PAS 的邻域进行局部搜索。

Step 3,用小生境技术来清除相似抗体,维持群体多样性。

Step 4,从群体中选出 integer($\alpha. N$)个高亲和力抗体,其中 $0 < \alpha < 1$ 为选择率。

Step 5,每个被选出的抗体执行交叉操作。

Step 6,每个被选出的抗体进行克隆,总共产生 N 个克隆。

Step 7,每个克隆执行免疫应答成熟操作。

Step 8,群体中一部分低亲和力抗体由混沌系统产生新抗体取代。

Step 9,保留当前群体的最好抗体以避免种群退化。

Step 10,返回 Step 2,直到满足停止准则。

6.5.2　AIS 的操作

(1) 混沌初始化

每个抗体表示为所有操作的优先级和最大延迟时间集合,由 2.5.9 节中的参数化活动调度解码方法解码为一个 PAS。用以下 logistic 映射来产生 N 个抗体,即

$$z_i^{j+1} = \mu_i z_i^j (1 - z_i^j), \quad z_i^j \in [0,1], i = 1, 2, \cdots, l, \quad j = 1, 2, \cdots \quad (6.19)$$

其中,$\mu_i = 4$ 为第 i 个混沌变量的吸引子;$l = 2 \times n \times m$ 为抗体长度;z_i^j 为混沌变量 z_i 第 j 次迭代的值。

令 $j = 0$,给定 l 个混沌变量不同的初始值 $z_i^0 (i = 1, 2, \cdots, l)$,则用式(6.19)可得 l 个混沌变量的值 $z_i^1 (i = 1, 2, \cdots, l)$,将这 l 个值编码为一个抗体。令 $j = 1, 2, \cdots, N-1$,则得到其他 $N-1$ 个抗体。由这 N 个抗体组成初始群体。

(2) 小生境技术

为了使群体进化过程中不易陷入局部最优,用小生境技术来消除相似抗体。假设群体中第 i 个和第 j 个抗体分别表示为 $X^i = (x_1^i, x_2^i, \cdots, x_l^i)$ 和 $X^j = (x_1^j, x_2^j, \cdots, x_l^j)$,则给定二者的欧几里得距离为

$$\| X^i - X^j \| = \sqrt{\sum_{k=1}^l (x_k^i - x_k^j)^2} \quad (6.20)$$

如果该距离小于给定的实数 L,则给定二者中亲和力较低的抗体一个很小的亲和力值。

(3) 选择和交叉

每个选出的抗体执行一个特殊的交叉操作。对于每个抗体 a,选择另一个不同的抗体 b,用这两个抗体构造一个新抗体 c,使抗体 c 的每个基因以概率 Crossprob 来自于 a 的对应基因,以概率 $1 -$ Crossprob 来自于 b 的对应基因,其中 $0 <$ Crossprob < 1 为交叉率。由交叉操作产生 integer($\alpha \cdot N$)个新抗体,从原选出的抗体和新产生的抗体中,再选择 integer($\alpha \cdot N$)个亲和力最高的抗体。

(4) 克隆和免疫应答成熟

每个抗体产生一定数目的克隆。抗体克隆的数目正比于其亲和力,由正比选择方法确定[32]。integer($\alpha \cdot N$)个抗体共产生 N 个克隆,利用混沌序列,每个克隆在其邻域内变异。每个克隆 $X = (x_1, x_2, \cdots, x_l)$ 通过在其每个基因上叠加混沌扰

动来产生新抗体 $X'=(x'_1,x'_2,\cdots,x'_l)$。

$$x'_i=x_i+\beta_i,\quad i=1,2,\cdots,l \tag{6.21}$$

其中,β_i 为混沌扰动,按下式计算,即

$$\beta_i=\alpha_1(2z_i^{j+1}-1),\quad i=1,2,\cdots,l \tag{6.22}$$

其中,z_i^{j+1} 为第 i 个混沌变量在第 j 次迭代时的值;$\alpha_1\in[0,1]$为用于控制扰动范围的比例参数。

如果 X' 比 X 的亲和力高,则用其替换 X;否则,X 的每个基因被叠加一个更大的混沌扰动,即

$$\beta_i=\alpha_2(2z_i^{j+1}-1),\quad i=1,2,\cdots,l \tag{6.23}$$

其中,$\alpha_2>\alpha_1$。

如果 X' 亲和力更高,则用其替换 X;否则,X' 按一个很小概率替换 X。

6.5.3　TS 操作

TS 被施加于每个抗体来提高解的质量,用 TS 获得的解的 makespan 来评价抗体的亲和力。令 s^* 为一个抗体解码后获得的一个 PAS,C^* 为 s^* 的 makespan;maxiter 为最大迭代次数,iter 为迭代计数器,T 为禁忌列表。TS 的步骤如下:

Step 1,令 $s=s^*$,$T\neq\phi$,iter$=0$。

Step 2,计算 s 的移动集合 $V(s)$。如果 $V(s)=\phi$,则算法停止;否则,令 iter$=$iter$+1$。

Step 3,用邻域搜索过程[23]获得下一个解 s',令 $s=s'$。更新禁忌列表 T。

Step 4,若 $C_{\max}(s)<C^*$,则令 $s^*=s$,$C^*=C_{\max}(s)$,iter$=0$,返回 Step 2。

Step 5,若 iter$<$maxiter,则返回 Step 2;否则,算法停止。

TS 的每次迭代中,首先计算当前解 s 的移动集合。若集合为空,则 s 为最优解;否则,获取下一个解 s'。这一过程循环迭代直到达到最大迭代次数。

（1）移动和邻域

当采用 TS 时,移动、邻域、禁忌列表需根据问题来具体定义。这里基于析取图的关键路径来定义移动和邻域。通过非连接弧的反转来实现移动,即改变在同一台机器上的操作加工顺序。

如 2.1.1 节所述,关键路径是析取图中从开始节点到结束节点的最长路径,等于该析取图所代表的调度的 makespan。在关键路径上的操作称为关键操作。因此,对于优化目标为最小化 makespan 的 JSP,该问题等同于确定其析取图中所有非连接图的方向,使得获得的有向析取图中没有循环连接且关键路径最短。假设

一个调度 x 对应的有向析取图为 $G(x)$。该析取图的关键路径可分解为若干关键块，即 $(B_1, B_2, \cdots, B_r)$，每个关键块为在同一机器上的最大连续加工的关键操作的集合。对于每对关键块 B_i 和 B_{i+1} $(1 \leqslant i < r)$，B_i 的最后操作和 B_{i+1} 的第一个操作属于同一工件且在不同机器上加工。

对于一个调度解，通过反转其对应的有向析取图中的非连接弧来构造邻域。令 a 和 b 为在同一机器上加工的两个相邻操作，一个移动 $v = (a, b)$ 定义为反转这两个操作间的非连接弧方向，即交换它们的加工顺序。通常情况下，一个解的邻域由其所有移动构成。为了减少计算代价，采用 Nowicki 等[23] 的较小邻域结构，即邻域只包含一条关键路径上的每个关键块的边界交换。对于关键块 B_2，$B_3, \cdots, B_{r-1}$，只交换每个关键块的开始两个操作和最后两个操作。对于关键块 B_1，只交换最后两操作。对于关键块 B_r，只交换开始两操作。由于只任选一条关键路径，且只交换其上的关键块的边界操作，因此具有较小的邻域结构。

令 $V(x)$ 为调度解 x 的移动集合。对于 $V(x)$ 中的每个移动 v，将其施加于调度 x，得到新调度 $Q(x, v)$。x 的邻域构造为

$$N(x) = \{Q(x, v), v \in V(x)\} \tag{6.24}$$

（2）禁忌列表

禁忌列表为一个先入先出列表，长度为 maxt，表示为 $T = (T_1, T_2, \cdots, T_{\mathrm{maxt}})$，其中 $T_i (i = 1, 2, \cdots, \mathrm{maxt})$ 为禁忌移动。在 TS 的每次迭代中，从当前解 x 的移动集合 $V(x)$ 中选取最好的非禁忌移动 $v = (a, b)$。对当前解 x 施加移动 v 后，产生新解 $Q(x, v)$ 来替换当前解 x。若 T 中的禁忌移动小于 maxt，则将反向移动 $\bar{v} = (b, a)$ 加入禁忌列表 T 中。若 T 中已存 maxt 个移动，则最早进入 T 的移动 T_{maxt} 被删除，把 (b, a) 加入 T 中，禁忌列表变为 $(\bar{v}, T_1, \cdots, T_{\mathrm{maxt}-1})$。

6.5.4　实验结果

用文献[33]，[34]中的 43 个调度问题来评价 AISTS 的性能。调度问题的工件数为 6～30，机器数为 5～15，较难的问题包括 FT10、LA19、LA21、LA24-25、LA27-29，以及 LA36-40。

AISTS 与以下算法比较：

① 贪婪随机自适应搜索（greed randomized adaptive search procedure, GRASP）是文献[20]提出的一种 meta-heuristic 算法。该算法是一个迭代过程，每次迭代包括两部分，即一个构造过程和一个局部搜索。构造过程产生一个可行解，局部搜索在该解的邻域内进行搜索。

② 集束搜索（beam search）[21] 是一种自适应分支定界算法。该算法仅仅评价

搜索树中的部分节点,保留一些节点以进一步搜索,而删除其余节点。

扫描算法(sweep algorithm)[35]也是一种树搜索算法,与集束搜索类似,通过并行搜索有限数目的部分节点来寻找 JSP 的解。

③ 免疫算法。文献[36]提出的人工免疫系统利用克隆选择、超突变,以及一个抗体库来产生调度解。文献[37]提出多模态免疫算法(multi-modal immune algorithm,MMIA)用于 JSP。

④ 混合算法。GA/SA[38] 是由遗传算法与模拟退火构成的混合算法。LSGA[39]是由局部搜索和遗传算法构成的混合算法。混合遗传算法(HGA)[40]是由遗传算法和局部搜索过程构成的混合算法。混合智能算法(HIA)[7]是结合 PSO 和 AIS 构成的混合算法。过滤扇出搜索(filter-and-fan,F&F)[41]利用移动瓶颈过程和动态自适应邻域搜索来产生移动。

(1) AISTS 与其他算法比较

用 VB 实现 AISTS,运行在 CUP 为 3.2GHz AMD Phenom,内存为 2GB 的 PC 机上。AISTS 的群体规模给定为 100,选择率为 0.2,交叉率为 0.7,两个比例因子 α_1 和 α_2 分别为 0.1 和 0.2,小生境距离 $L=2$。TS 的最大迭代次数(maxiter)和禁忌列表长度(maxt)分别为区间[5, 20]和[5, 15]内的值。对于小规模问题,采用较少迭代次数和较短列表长度,对于大规模问题,迭代次数和列表长度相应增加。

对于每个调度问题,AISTS 独立运行 5 次,每次执行 500 世代。对每个问题的 5 次运行中获得的最好解(best solution found,BSF)如表 6.4 所示。文献中其他算法获得的最好结果也在表中给出。表中前 3 列分别为每个问题名称、维数(即工件和机器数目)、已知的最好解(best known solution,BKS),其他列为 AISTS 和其他算法的 BSF 及其相对于 BKS 的百分比相对偏差(percentage relative deviation,PRD),以及 AISTS 获取 BSF 所需世代数。

表 6.5 总结了 AISTS 与其他算法(other algorithm,OA)获得的调度问题实例的已知最好解的数目(number of instances that found the BKS,NIFB),以及平均百分比相对偏差(average percentage relative deviations,APRD)。第 1 列给出了比较的算法,第 2 列为所解决的问题实例的数目(number of instances solved,NIS),第 3、4 列分别给出了 NIFB 及其相对于 NIS 的百分比,第 5 列为 AISTS 相对于其他算法在 NIFB 及其百分比上的提高,第 6~8 列为 AISTS 和其他算法获得的 APRD 以及 AISTS 在这一指标上的提高。

表 6.5 表明,AISTS 能够找到 43 个问题中的 33 个问题的 BKS,占总问题数目的 76.74%。AISTS 获得的 NIFB 高于其他算法,其获得的 APRD 除了 F&F 算法之外好于其他算法。

表 6.4　AISTS 与其他算法比较

| JSPs | Sizes | BSKs | AISTS | | | BS[42] | | GA/SA[38] | | GRASP[20] | | Parallel GRASP[43] | |
			BSF	PRD /%	Gen	BSF	PRD /%	BSF	PRD /%	BSF	PRD /%	BSF	PRD /%
FT06	6×6	55	55	**0.00**	1	—	—	55	0.00	55	0.00	55	0.00
FT10	10×10	930	930	**0.00**	86	1016	9.25	930	0.00	938	0.86	930	0.00
FT20	20×5	1165	1165	**0.00**	121	—	—	1165	0.00	1169	0.34	1165	0.00
LA01	10×5	666	666	**0.00**	1	666	0.00	666	0.00	666	0.00	666	0.00
LA02	10×5	655	655	**0.00**	2	704	7.48	—	—	655	0.00	655	0.00
LA03	10×5	597	597	**0.00**	34	650	8.88	—	—	604	1.17	597	0.00
LA04	10×5	590	590	**0.00**	4	620	5.08	—	—	590	0.00	590	0.00
LA05	10×5	593	593	**0.00**	1	593	0.00	—	—	593	0.00	593	0.00
LA06	15×5	926	926	**0.00**	1	926	0.00	926	0.00	926	0.00	926	0.00
LA07	15×5	890	890	**0.00**	1	890	0.00	—	—	890	0.00	890	0.00
LA08	15×5	863	863	**0.00**	1	863	0.00	—	—	863	0.00	863	0.00
LA09	15×5	951	951	**0.00**	1	951	0.00	—	—	951	0.00	951	0.00
LA10	15×5	958	958	**0.00**	1	958	0.00	—	—	958	0.00	958	0.00
LA11	20×5	1222	1222	**0.00**	1	1222	0.00	1222	0.00	1222	0.00	1222	0.00
LA12	20×5	1039	1039	**0.00**	1	1039	0.00	—	—	1039	0.00	1039	0.00
LA13	20×5	1150	1150	**0.00**	1	1150	0.00	—	—	1150	0.00	1150	0.00
LA14	20×5	1292	1292	**0.00**	1	1292	0.00	—	—	1292	0.00	1292	0.00
LA15	20×5	1207	1207	**0.00**	1	1207	0.00	—	—	1207	0.00	1207	0.00
LA16	10×10	945	945	**0.00**	5	988	4.55	945	0.00	946	0.11	945	0.00
LA17	10×10	784	784	**0.00**	1	827	5.48	—	—	784	0.00	784	0.00
LA18	10×10	848	848	**0.00**	8	881	3.89	—	—	848	0.00	848	0.00
LA19	10×10	842	842	**0.00**	5	882	4.75	—	—	842	0.00	842	0.00
LA20	10×10	902	902	**0.00**	117	948	5.10	—	—	907	0.55	902	0.00
LA21	15×10	1046	1046	**0.00**	471	1154	10.33	1058	1.15	1091	4.30	1057	1.05
LA22	15×10	927	927	**0.00**	169	985	6.26	—	—	960	3.56	927	0.00
LA23	15×10	1032	1032	**0.00**	1	1051	1.84	—	—	1032	0.00	1032	0.00
LA24	15×10	935	943	0.86	228	992	6.10	—	—	978	4.60	954	2.03

续表

JSPs	Sizes	BSKs	AISTS			BS[42]		GA/SA [38]		GRASP[20]		Parallel GRASP[43]	
			BSF	PRD /%	Gen	BSF	PRD /%	BSF	PRD /%	BSF	PRD /%	BSF	PRD /%
LA25	15×10	977	986	0.92	150	1073	9.83	—	—	1028	5.22	984	0.72
LA26	20×10	1218	1218	**0.00**	11	1269	4.19	1218	0.00	1271	4.35	1218	0.00
LA27	20×10	1235	1254	1.54	413	1316	6.56	—	—	1320	6.88	1269	2.75
LA28	20×10	1216	1221	0.41	179	1373	12.91	—	—	1293	6.33	1225	0.74
LA29	20×10	1157	1184	2.33	43	1252	8.21	—	—	1293	11.75	1203	3.98
LA30	20×10	1355	1355	**0.00**	1	1435	5.90	—	—	1368	0.96	1355	0.00
LA31	30×10	1784	1784	**0.00**	1	1784	0.00	1784	0.00	1784	0.00	1784	0.00
LA32	30×10	1850	1850	**0.00**	1	1850	0.00	—	—	1850	0.00	1850	0.00
LA33	30×10	1719	1719	**0.00**	1	1719	0.00	—	—	1719	0.00	1719	0.00
LA34	30×10	1721	1721	**0.00**	1	1780	3.43	—	—	1753	1.86	1721	0.00
LA35	30×10	1888	1888	**0.00**	1	1888	0.00	—	—	1888	0.00	1888	0.00
LA36	15×15	1268	1281	1.03	384	1401	10.49	1292	1.89	1334	5.21	1287	1.50
LA37	15×15	1397	1415	1.29	109	1503	7.59	—	—	1457	4.29	1410	0.93
LA38	15×15	1196	1213	1.42	408	1297	8.44	—	—	1267	5.94	1218	1.84
LA39	15×15	1233	1246	1.05	84	1369	11.03	—	—	1290	4.62	1248	1.22
LA40	15×15	1222	1237	1.23	58	1347	10.23	—	—	1259	3.03	1244	1.80

JSPs	Sizes	BSKs	AIS[36]		LSGA[39]		HGA[40]		SWEEP[35]		HIA[7]		F&F[41]		MMIA[37]	
			BSF	PRD /%	BSF	PRD /%	BSF	PRD /%	BSF	PRD /%	BSF	PRD /%	BSF	PRD /%	BSF	PRD /%
FT06	6×6	55	—	—	—	—	55	0.00	55	0.00	55	0.00	55	0.00	55	0.00
FT10	10×10	930	941	1.18	—	—	930	0.00	941	1.18	930	0.00	930	0.00	955	2.69
FT20	20×5	1165	—	—	—	—	1165	0.00	1165	0.00	1165	0.00	1165	0.00	—	—
LA01	10×5	666	666	0.00	—	—	666	0.00	666	0.00	666	0.00	666	0.00	666	0.00
LA02	10×5	655	655	0.00	—	—	655	0.00	655	0.00	655	0.00	655	0.00	655	0.00
LA03	10×5	597	597	0.00	—	—	597	0.00	604	1.17	597	0.00	597	0.00	597	0.00
LA04	10×5	590	590	0.00	—	—	590	0.00	590	0.00	590	0.00	590	0.00	590	0.00
LA05	10×5	593	593	0.00	—	—	593	0.00	593	0.00	593	0.00	593	0.00	593	0.00
LA06	15×5	926	926	0.00	—	—	926	0.00	926	0.00	926	0.00	926	0.00	926	0.00

续表

JSPs	Sizes	BSKs	AIS[36]		LSGA[39]		HGA[40]		SWEEP[35]		HIA[7]		F&F[41]		MMIA[37]	
			BSF	PRD/%	BSF	PRD/%	BSF	PRD/%	BSF	PRD/%	BSF	PRD/%	BSF	PRD/%	BSF	PRD/%
LA07	15×5	890	890	0.00	—	—	890	0.00	890	0.00	890	0.00	890	0.00	890	0.00
LA08	15×5	863	863	0.00	—	—	863	0.00	863	0.00	863	0.00	863	0.00	863	0.00
LA09	15×5	951	951	0.00	—	—	951	0.00	951	0.00	951	0.00	951	0.00	951	0.00
LA10	15×5	958	958	0.00	—	—	958	0.00	958	0.00	958	0.00	958	0.00	958	0.00
LA11	20×5	1222	—	—	—	—	1222	0.00	1222	0.00	1222	0.00	1222	0.00	1222	0.00
LA12	20×5	1039	—	—	—	—	1039	0.00	1039	0.00	1039	0.00	1039	0.00	—	—
LA13	20×5	1150	—	—	—	—	1150	0.00	1150	0.00	1150	0.00	1150	0.00	1150	0.00
LA14	20×5	1292	—	—	—	—	1292	0.00	1292	0.00	1292	0.00	1292	0.00	—	—
LA15	20×5	1207	—	—	—	—	1207	0.00	1207	0.00	1207	0.00	1207	0.00	1207	0.00
LA16	10×10	945	945	0.00	959	1.48	945	0.00	970	2.65	945	0.00	947	0.21	—	—
LA17	10×10	784	785	0.13	792	0.89	784	0.00	786	0.26	784	0.00	784	0.00	784	0.00
LA18	10×10	848	848	0.00	857	1.06	848	0.00	859	1.30	848	0.00	848	0.00	—	—
LA19	10×10	842	848	0.71	860	2.14	842	0.00	850	0.95	842	0.00	846	0.48	857	1.78
LA20	10×10	902	907	0.55	907	0.55	907	0.55	916	1.55	902	0.00	907	0.55	—	—
LA21	15×10	1046	—	—	1114	6.50	1046	0.00	1090	4.21	1046	0.00	1052	0.57	1088	4.02
LA22	15×10	927	—	—	989	6.69	935	0.86	963	3.88	932	0.54	927	0.00	—	—
LA23	15×10	1032	—	—	1035	0.29	1032	0.00	1032	0.00	1032	0.00	1032	0.00	—	—
LA24	15×10	935	—	—	1032	10.37	953	1.93	960	2.67	950	1.60	941	0.64	—	—
LA25	15×10	977	1022	4.61	1047	7.16	986	0.92	1008	3.17	979	0.20	982	0.51	—	—
LA26	20×10	1218	—	—	1307	7.31	1218	0.00	1218	0.00	1218	0.00	1218	0.00	—	—
LA27	20×10	1235	—	—	1350	9.31	1256	1.70	1283	3.89	1256	1.70	1242	0.57	—	—
LA28	20×10	1216	1277	5.02	1312	7.89	1232	1.32	1226	0.82	1227	0.90	1225	0.74	—	—
LA29	20×10	1157	1248	7.87	1311	13.31	1196	3.37	1216	5.10	1184	2.33	1176	1.64	—	—
LA30	20×10	1355	—	—	1451	7.08	1355	0.00	1355	0.00	1355	0.00	1355	0.00	—	—
LA31	30×10	1784	—	—	1784	0.00	1784	0.00	1784	0.00	1784	0.00	1784	0.00	1784	0.00
LA32	30×10	1850	—	—	1850	0.00	1850	0.00	1850	0.00	1850	0.00	1850	0.00	—	—
LA33	30×10	1719	—	—	1745	1.51	1719	0.00	1719	0.00	1719	0.00	1719	0.00	—	—
LA34	30×10	1721	—	—	1784	3.66	1721	0.00	1721	0.00	1721	0.00	1721	0.00	—	—
LA35	30×10	1888	1903	0.79	1958	3.71	1888	0.00	1888	0.00	1888	0.00	1888	0.00	—	—

续表

JSPs	Sizes	BSKs	AIS[36]		LSGA[39]		HGA[40]		SWEEP[35]		HIA[7]		F&F[41]		MMIA[37]	
			BSF	PRD/%	BSF	PRD/%	BSF	PRD/%	BSF	PRD/%	BSF	PRD/%	BSF	PRD/%	BSF	PRD/%
LA36	15×15	1268	1323	4.34	1358	7.10	1279	0.87	1294	2.05	1281	1.03	1281	1.03	—	—
LA37	15×15	1397	—	—	1517	8.59	1408	0.79	1441	3.15	1415	1.29	1418	1.50	—	—
LA38	15×15	1196	1274	6.52	1362	13.88	1219	1.92	1245	4.10	1213	1.42	1213	1.42	—	—
LA39	15×15	1233	1270	3.00	1391	12.81	1246	1.05	1271	3.08	1246	1.05	1250	1.38	—	—
LA40	15×15	1222	1258	2.95	1323	8.27	1241	1.55	1244	1.80	1240	1.47	1228	0.49	—	—

表 6.5　AISTS 与其他算法得到的 NIFB 和 APRD

用于比较的算法	NIS	NIFB			APRD		
		OA	AISTS	Improvement	OA/%	AISTS/%	Improvement/%
BS[42]	41	16 (39.02%)	31 (75.61%)	15 (36.59%)	4.34	0.29	4.05
GA/SA[38]	11	9 (81.82%)	10 (90.91%)	1 (9.09%)	0.28	0.09	0.19
GRASP[20]	43	23 (53.49%)	33 (76.74%)	10 (23.25%)	1.77	0.28	1.49
GRASP[43]	43	32 (74.42%)	33 (76.74%)	1 (2.32%)	0.43	0.28	0.15
AIS[36]	24	12 (50.00%)	17 (70.83%)	5 (20.83%)	1.57	0.35	1.22
LSGA[39]	25	2 (8.00%)	15 (60.00%)	13 (52.00%)	5.66	0.48	5.18
HGA[40]	43	31 (72.09%)	33 (76.74%)	2 (4.65%)	0.39	0.28	0.11
SWEEP[35]	43	24 (55.81%)	33 (76.74%)	9 (20.93%)	1.09	0.28	0.81
HIA[7]	43	32 (74.42%)	33 (76.74%)	1 (2.32%)	0.31	0.28	0.03
F&F[41]	43	29 (67.44%)	33 (76.74%)	4 (9.30%)	0.27	0.28	−0.01
MMIA[37]	19	16 (84.21%)	19 (100.00%)	3 (15.79%)	0.45	0.00	0.45

（2）AISTS 的不同延迟时间比较

为了表明 AISTS 中采用 PAS 的效果，AISTS 分别采用 PAS 和不同延迟时间的调度进行比较。选取 6 个简单问题实例，包括 FT06、LA01、LA06、LA11、LA26、LA31，以及 6 个较难实例，包括 FT10、FT20、LA19、LA22、LA27、LA29，分别用带有 PAS、活动调度、非延迟调度，以及不同最大延迟时间调度的 AISTS 进行求解。对于每个问题实例，AISTS 采用每种调度运行 5 次，获取的 BSF 如表 6.6 所示。

用 AISTS 找到 BSF 所需世代数目来评价其收敛速度。从表 6.6 可以看出，对于简单的调度实例，带有不同延迟时间调度的 AISTS 都能找到最优解，只需要 1 个世代或几个世代。对于较难的调度实例，在大多数情况下，采用 PAS 的 AISTS 能找到更好的结果。

采用活动调度的 AISTS 的调度结果在大多数情况下要好于采用非延迟调度的结果，但其收敛速度要低于采用非延迟调度的 AISTS。采用非延迟调度的 AISTS 在进化早期阶段容易陷入局部最优，其结果不稳定，即有时可在较少世代内得到较好结果，但有时却不能得到好的结果。这是因为非延迟调度集合较小，导致 AIS 的群体多样性有限；相反，活动调度集合较大，因此群体多样性较大，AISTS 需要更多的世代数来获得更好解。PAS 集合介于活动调度和非延迟调度集合之间，因此可较好地平衡收敛速度和解的质量，获得更好的调度结果。

从表 6.6 可以看出，带有较大延迟时间调度的 AISTS 的结果与采用活动调度的相似，而带有较小延迟时间调度的 AISTS 与采用非延迟调度的 AISTS 的结果相似。这是由于具有较小和较大延迟的调度集合分别接近于非延迟调度和活动调度集合。从表中可以看出，对于几乎所有的问题实例，采用某一固定延迟时间调度的 AISTS 能够得到比采用活动调度和非延迟调度的 AISTS 更好的结果。由此可见，通过调整延迟时间，能够平衡解的质量和收敛速度，从而找到更优的解，这是在 AISTS 中采用 PAS 以及用 AIS 优化其延迟时间的原因。

表 6.6 AISTS 采用不同延迟时间调度的比较

问题实例	规模	BSK	PAS		活动调度		非延迟调度		延迟 120s		延迟 90s		延迟 60s		延迟 30s	
			BSF	Gens	BSF	Gens	BSF	Gens	BSF	Gens	BSF	Gens	BSF	Gens	BSF	Gens
FT06	6×6	55	55	1	55	1	55	1	55	1	55	1	55	1	55	1
FT10	10×10	930	930	86	938	65	997	2	937	59	942	286	938	338	938	51
FT20	20×5	1165	1165	121	1165	75	1178	366	1165	345	1165	35	1165	124	1177	113
LA01	10×5	666	666	1	666	1	666	1	666	1	666	1	666	1	666	1
LA06	15×5	926	926	1	926	1	926	1	926	1	926	1	926	1	926	1

问题实例	规模	BSK	PAS		活动调度		非延迟调度		延迟 120s		延迟 90s		延迟 60s		延迟 30s	
			BSF	Gens	BSF	Gens	BSF	Gens	BSF	Gens	BSF	Gens	BSF	Gens	BSF	Gens
LA11	20×5	1222	1222	1	1222	1	1222	1	1222	1	1222	1	1222	1	1222	1
LA19	10×10	842	842	11	846	190	878	1	842	9	843	62	847	30	852	5
LA22	15×10	927	927	169	932	117	960	3	927	207	940	9	947	74	939	423
LA26	20×10	1218	1218	11	1218	164	1218	2	1218	2	1218	2	1218	3	1218	1
LA27	20×10	1235	1254	413	1265	376	1303	179	1253	159	1269	14	1268	84	1270	206
LA29	20×10	1157	1184	43	1205	403	1232	5	1199	282	1192	382	1204	94	1235	7
LA31	30×10	1784	1784	1	1784	1	1784	1	1784	1	1784	1	1784	1	1784	1

6.6 免疫算法与调度规则的混合

典型卷烟生产过程包括制丝线、储丝柜、机台等生产单元。如何有效地调度这些单元是卷烟生产过程中的关键问题。当前很多卷烟厂仍采用基于经验的手动调度方式，这种方式不但费时而且难以得到最优调度方案。

目前虽然已有一些产品配方设计[44]、卷烟产品燃烧监测[45]和卷烟品牌识别[46]等研究，但是卷烟生产调度的研究还较少，并且已有研究都是针对卷烟生产过程中的一个或两个阶段的调度，没有综合考虑制丝线、储丝柜和机台的综合调度。

Zuo 等[47]将免疫算法与调度规则结合用于解决制丝线、储丝柜和机台的调度问题。首先，把该问题建模为混合整数二次约束规划模型。然后，利用工作流模型来描述该问题，将其转化为工作流资源分配问题。最后，采用免疫算法来获取一个活动优先级集合，将其与调度规则结合来分配工作流资源。活动优先级表达为抗体，用工作流仿真进行评价。这里将提出的方法用于 4 个问题实例，并与其他调度方法比较，以验证方法的有效性。

6.6.1 卷烟生产调度问题

（1）问题描述

卷烟生产制造设备主要包括制丝线、储丝柜、振盘、卷接机台和包装机台。卷烟生产过程包括 3 个阶段：第 1 阶段，由制丝线生产若干批次的烟丝 $K = \{1, 2, \cdots, n\}$，其中 n 为烟丝批次数目；第 2 阶段，每批烟丝（$k \in K$）由制丝线输送到某一储丝柜中；第 3 阶段，每批烟丝通过振盘由储丝柜输送到指定的卷接和包装机台。每个振盘在同一时间只能接收来自一个储丝柜的烟丝。每个振盘通过阀门可将一批烟丝同时输送到若干与其相连的机台,由此一批烟丝可同时在一台或若干机台上加工。

以某一烟厂为例,制造设备的连接如图 6.7 所示。有一个制丝线,有 16 个储丝柜和 16 台卷接机台。每个卷接机台与一个包装机台相连。每台机台属于某种特定类型。每种类型卷烟 $g \in G = \{1, 2, \cdots, v\}$ (v 为卷烟类型数目)只能由一种或几种特性类型的机台加工。16 个机台可分为 w 个设备组。与同一振盘相连的设备属于同一设备组,能加工一种或几种特定类型的卷烟。例如,图 6.7 中的制丝线,储丝柜 1、2、3,振盘 A,以及机台(包括卷接和包装机台)6、7、8、14 构成一个设备组。

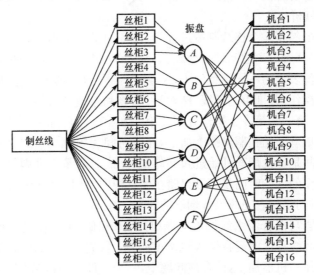

图 6.7　卷烟制造设备的连接

烟厂中一个月内通常有若干个计划单。卷烟生产的关键问题是安排生产设备以完成各计划单。"批"是烟丝传输和加工的最小基本单位。一批烟丝大约为 6000kg,恰好填充满一个储丝柜。

卷烟生产需要遵循以下规则。

① 制丝线在同一时间只能向一个储丝柜输送烟丝,传送一批烟丝大约需要 1h。完成向一个储丝柜输送烟丝后,制丝线可向另一个空储丝柜输送下一批烟丝。

② 一个储丝柜在同一时间只能储存一批烟丝。不同批的烟丝在同一储丝柜中不能同时存在(即不能混合)。

③ 只有当一批烟丝充满一个储丝柜后,存储在其中的烟丝才能通过振盘传送到相应的机台。当储丝柜正在向机台传送烟丝时,制丝线不能向其中输送烟丝。

④ 一个机台可连接几个振盘,但同一时间只能接收来自一个振盘的烟丝。工作人员可利用振盘上的阀门来控制其向哪个机台传送烟丝。

⑤ 每台机台能生产若干类型的卷烟产品。

⑥ 一批烟丝可通过振盘同时被传送到几个机台上加工,加工所用时间依赖于所用机台的数目。

⑦ 当机台由加工一种类型卷烟切换到另一种类型卷烟时,切换准备时间大约为 0.5h。

⑧ 高等级卷烟通常需要在低温机台上加工,而低等级卷烟可在高温机台上加工。机台温度容易升高,但降温所需时间较长,因此高等级卷烟需要优先加工。

(2) 问题分析

卷烟生产虽然是一个连续制造过程,但设备加工的基本单元(一批烟丝)是离散的,因此可将其看做离散问题来处理。一批烟丝相当于一个工件,用于生产不同类型卷烟的烟丝表示为不同类型的工件。一个工件包含加工烟丝、进入储丝柜和制造卷烟 3 个操作,分别由制丝线、储丝柜、卷接和包装机台加工。第 1 个操作在第 1 阶段加工,第 2 和第 3 个操作分别在第 2 和第 3 阶段加工。第 1 个操作的起始时间是一批烟丝开始在制丝线上加工,完成时间为该批烟丝加工完成。第 2 个操作的起始时间是一批烟丝开始进入储丝柜,完成时间是该批烟丝完全进入储丝柜。第 3 个操作的起始时间是一批存储在储丝柜中的烟丝开始在一台或多台机器上加工,结束时间是机台完成该批烟丝的加工。

该调度问题与混合流水线调度问题(HFSP)相似,可看做是一种带有更多约束条件和无中间缓存区的混合流水线调度问题。首先,经典 HFSP 的一个工件可被一个阶段的任一机器加工,而在该问题中,一个工件只能被属于特定设备组的设备加工。其次,经典混合流水线调度问题的一个工件在同一时间只能被一台机器加工,而该问题中,工件在第 3 阶段可同时被一台或多台机台加工。其三,该问题中,每个设备组中存在着不同类型工件的加工顺序约束。

此外,经典混合流水线调度问题阶段间的中间缓存区是无限大的。一个工件在一个阶段加工完毕后,其或者被传送到下一阶段的空闲机器上加工,或者被送到中间缓存区中。无限大的中间缓存区意味着存放在中间缓存区中的工件可在任意时间在下一阶段加工。然而,卷烟生产调度问题不存在中间缓存区(缓存区容量为0),即一个工件在一个阶段完成后,其或者被传送到下一阶段的设备上加工,或者停留在当前设备上阻塞该设备,在该工件离开该设备前,该设备不能再加工其他工件。

(3) 数学规划模型

建立了卷烟生产调度的数学规划模型,其中问题参数(即输入)和决策变量(即输出)分别如表 6.7 和表 6.8 所示。

表 6.7　问题参数

I	卷烟生产阶段集合，$I=\{1,2,3\}$
G	卷烟类型集合，$G=\{1,2,\cdots,v\}$
J	设备集合，$j\in J$
J_i	在第 i 阶段的设备集合，$J_i\subset J$
K	烟丝批次集合，$K=\{1,2,\cdots,n\}$
K_g	生产卷烟类型 g 的烟丝批次集合，$g\in G$
S	设备组集合，$S=\{1,2,\cdots,w\}$
w^g	用于生产卷烟类型 g 的设备组，$g\in G$，$w^g\in S$
o_i^s	在第 i 阶段中属于第 s 个设备组的设备集合，$o_i^s\subset J_i$，$s\in S$，$i\in I$
D_g	卷烟类型 g 的交货期，$g\in G$
u	一台机台加工一批烟丝所用时间
s_{igf}	在第 i 阶段由加工类型 g 切换到类型 f 所需准备时间，$i\in I$，g，$f\in G$
y_{gf}	生产不同类型卷烟的顺序，g，$f\in G$；若类型 g 先于类型 f 加工，则 $y_{gf}=1$；否则，$y_{gf}=0$
r_{ik}	第 k 批烟丝在第 i 阶段的加工时间，$i\in I$，$i<3$，$k\in K$

表 6.8　决策变量

x_{ikj}	二进制决策变量；如果第 k 批烟丝被分配到第 i 阶段的第 j 个设备上加工，则 $x_{ikj}=1$，其中 $i\in I$，$k\in K_g$，$j\in o_i^{w^g}$，$g\in G$
z_{kl}	二进制决策变量；如果第 k 批烟丝先于第 l 批加工，则 $z_{kl}=1$，其中 k，$l\in K$
c_{ik}	第 k 批烟丝在第 i 阶段的完成时间，其中 $i\in I$，$k\in K$
d_{ik}	第 k 批烟丝在第 i 阶段的离开时间，其中 $i\in I$，$k\in K$
C_g	卷烟类型 g 的完成时间，其中 $g\in G$
T_g	卷烟类型 g 的延迟时间，其中 $g\in G$

卷烟生产调度的目标是把所有批次的烟丝分配到生产设备上生产，以完成指定的计划单。一个计划单包括若干类型卷烟，每个类型需要在给定的交货期之前完成以避免订单延迟，因此模型采用平均延迟性能指标。

将该问题建模为混合整数规划模型，即

$$\text{minimize}\sum_{g=1}^{v}T_g/v \tag{6.25}$$

约束条件为

$$c_{3k}\leqslant C_g,\quad k\in K_g,\quad g\in G \tag{6.26}$$

$$C_g-D_g\leqslant T_g,\quad g\in G \tag{6.27}$$

$$\sum_{j\in o_i^{w^g}}x_{ikj}=1,\quad i\in I,\quad i<3,\quad k\in K_g,\quad g\in G \tag{6.28}$$

$$\sum_{j \in o_3^{w^g}} x_{3kj} \leqslant |\, o_3^{w^g}\,|, \quad k \in K_g, \quad g \in G \tag{6.29}$$

$$\sum_{j \in o_3^{w^g}} x_{3kj} \geqslant 1, \quad k \in K_g, \quad g \in G \tag{6.30}$$

$$c_{ik} + Q z_{kl} \geqslant d_{il} + r_{ik}, \quad i \in I, \quad i < 3, \quad k, l \in K, \quad k \neq l \tag{6.31}$$

$$c_{il} + Q(1 - z_{kl}) \geqslant d_{ik} + r_{il}, \quad i \in I, \quad i < 3, \quad k, l \in K, \quad k \neq l \tag{6.32}$$

$$c_{3k} + Q z_{kl} \geqslant d_{3l} + r_{3k}, \quad k, l \in K_g, \quad k \neq l, \quad g \in G \tag{6.33}$$

$$c_{3l} + Q(1 - z_{kl}) \geqslant d_{3k} + r_{3l}, \quad k, l \in K_g, \quad k \neq l, \quad g \in G \tag{6.34}$$

$$c_{il} + Q(1 - y_{gf}) \geqslant d_{ik} + r_{il} + s_{igf}, \quad i \in I, \quad l \in K_f, \quad k \in K_g, \quad f, g \in G, \quad f \neq g, \quad w^g = w^f \tag{6.35}$$

$$d_{1k} + Q z_{kl} \geqslant c_{3l}, \quad k \in K_g, \quad l \in K_f, \quad k \neq l, \quad f, g \in G, \quad w^f = w^g \tag{6.36}$$

$$d_{1l} + Q(1 - z_{kl}) \geqslant c_{3k}, \quad k \in K_g, \quad l \in K_f, \quad k \neq l, \quad f, g \in G, \quad w^f = w^g \tag{6.37}$$

$$x_{3kj} + x_{3lj} = 1, \quad k \in K_g, \quad l \in K_f, \quad j \in o_3^{w^g} \bigcap o_3^{w^f}, \quad f, g \in G, \quad w^g \neq w^f \tag{6.38}$$

$$c_{1k} \geqslant r_{1k}, \quad k \in K \tag{6.39}$$

$$c_{ik} - c_{(i-1)k} \geqslant r_{ik}, \quad i \in I, \quad i > 1, \quad k \in K \tag{6.40}$$

$$c_{ik} \leqslant d_{ik}, \quad i \in I, \quad i < 3, \quad k \in K \tag{6.41}$$

$$c_{3k} = d_{3k}, \quad k \in K \tag{6.42}$$

$$c_{ik} = d_{(i-1)k} + r_{ik}, \quad i \in I, \quad i > 1, \quad k \in K \tag{6.43}$$

$$c_{ik} \geqslant 0, \quad i \in I, \quad k \in K \tag{6.44}$$

$$d_{ik} \geqslant 0, \quad i \in I, \quad k \in K \tag{6.45}$$

$$C_g \geqslant 0, \quad g \in G \tag{6.46}$$

$$T_g \geqslant 0, \quad g \in G \tag{6.47}$$

$$x_{ikj} \in \{0, 1\}, \quad i \in I, \quad k \in K_g, \quad j \in o_i^{w^g}, \quad g \in G \tag{6.48}$$

$$z_{kl} \in \{0, 1\}, \quad k, l \in K \tag{6.49}$$

$$r_{3k} = u / \sum_{j \in o_3^{w^g}} x_{3kj}, \quad k \in K_g, \quad g \in G \tag{6.50}$$

目标函数(6.25)表示最小化平均延迟目标。约束条件(6.26)定义每种类型卷烟的完成时间。约束条件(6.27)定义每种类型卷烟的延迟时间。约束条件(6.28)保证在第1和2阶段为每批烟丝分配一个设备。约束条件(6.29)保证在第3阶段,用于加工一批烟丝的设备数目不大于能处理该批烟丝的设备组在第3阶段中的设备数。约束条件(6.30)保证在阶段3,为每批烟丝至少分配一个能加工该批烟丝的设备。约束条件(6.31)和(6.32)为不同批次烟丝在第1和2阶段上的加工顺序约束。约束条件(6.33)和(6.34)为在第3阶段中同一类型不同批次的烟丝的加工顺序约束。在第 3 阶段中,不同类型的烟丝可在不同设备组上并行加工。约束条件(6.35)用于保证同一设备组上用于生产不同卷烟类型的烟丝的加工顺序。约束条件(6.36)和(6.37)为同一设备组上烟丝在第 1 和 3 阶段的加工顺序约束。对于在同一设备组上加工的烟丝,当一批烟丝在第 3 阶段完成后,则另一批烟丝离开制丝线进入储丝柜。约束条件(6.38)保证在阶段 3 中一个设备在同一时间只能属于一个特定的设备组。约束条件(6.39)和(6.40)保证每批烟丝在所有阶段上加工。约束条件(6.41)保证每批烟丝只有在一个阶段加工完毕后才能离开该阶段。约束条件(6.42)保证每批烟丝在阶段 3 上加工完毕后立即离开机台。约束条件(6.43)保证每阶段中当一批烟丝离开前一阶段后立即在该阶段加工。式(6.44)～式(6.49)给定决策变量的定义域。约束条件(6.50)给定一批烟丝在第 3 阶段上加工所需时间。

参数 Q 为总加工时间的上界,即

$$Q = \sum_{k=1}^{|K|} (r_{1k} + r_{2k} + u)$$

由约束条件(6.50)可知,第 k 批烟丝在第 3 阶段的加工时间 r_{3k} 与其所用机器数目成反比,即 r_{3k} 与 x_{3kj} 呈非线性关系。将式(6.50)带入式(6.33)～式(6.35)中,可得到带有二次项的约束条件,因此该模型为混合整数二次约束规划模型。对于这类模型,若模型带有最小化优化目标且模型中存在不能定义一个凸区域的约束条件,则很多优化软件包不能求解(如 CPLEX)。该模型的优化目标为最小化平均延迟,并且存在不能定义凸区域的约束条件(如式(6.33))。

6.6.2　调度问题的工作流仿真模型

众所周知,混合流水线调度问题是 NP-hard 问题,因此卷烟生产调度问题也是 NP-hard 问题。精确最优化方法(如分支定界)解决该问题时不能在合理的计算时间内得到大规模问题的最优解。这里采用 Meta-heuristic 算法来解决该问题。

Meta-heuristic 算法在每次迭代中需要评价解的质量,获取其目标函数值。仿真模型是评价解的有效方法,其能描述复杂的调度问题且可避免复杂的理论分析。当采用精确方法对规划模型进行求解时,需要搜索最优决策变量以使目标函数最优。若决策变量满足所有约束条件(6.26)～式(6.50),则其为可行解。Meta-heuristic 算法采用不同于精确方法的方式,利用仿真来评价每个候选解。仿真用于模拟采用该解的生产调度过程,且仿真过程中保证满足约束条件式(6.26)～式(6.50)。基于候选解的评价值,Meta-heuristic 算法可得到问题的最优解或次优解。

工作流模型是一种能定义复杂过程及其约束条件的面向过程的模型,具有模型简单,描述能力强,易于理解的优点(2.1.3 节)。卷烟生产调度问题可由多个过程描述,其非线性约束可用面向过程的模型直观表达,因此可采用工作流仿真模型来描述该问题,对调度解进行仿真评价。

卷烟生产调度过程的工作流仿真模型如图 6.8 所示。其中,每个过程表示需要在同一设备组上加工的若干类型卷烟的制造过程。过程视图描述各设备组上烟丝的传输和制造过程。一个设备组对应一个振盘,因此过程视图中过程的数目等于所用振盘的数目。每个过程包括加工烟丝、进入储丝柜、制造卷烟 3 个活动,这 3 个活动对应于卷烟生产的 3 个操作,分别利用制丝线、储丝柜、机台资源。图中 $Activity_{ij}(i=1,3,\cdots,n,\ j=1,\ 2,\ 3)$ 表示第 i 个过程的第 j 个活动。例如,第 1 个过程的活动 $Activity_{11}$ 利用制丝线资源,活动 $Activity_{13}$ 利用机台资源。

工件视图中,一种类型工件对应用于生产一种类型卷烟的烟丝,其中包含若干批烟丝。一个设备组可加工若干类型工件,由过程视图中的一个过程来描述。若两种类型工件需要在不同设备组上加工,则它们触发工作流实例在两个过程上执行。

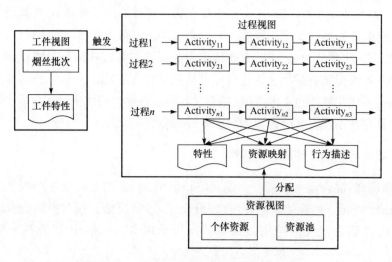

图 6.8　卷烟生产调度的工作流仿真模型

6.6.3　调度算法

调度方法如图 6.9 所示。首先,用工作流模型描述调度问题,将其转化为工作流资源分配问题。然后,将调度规则与活动优先级结合用于分配工作流资源,利用工作流仿真来评价资源分配的效果。最后,利用免疫算法来优化活动优先级,使得资源分配效果最优。获得优化的活动优先级后调度规则与优先级结合,用于实时调度资源。

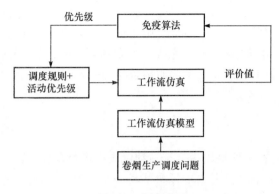

图 6.9　调度方法

调度规则也称为优先级规则。若一个资源同时被多个活动请求,则利用规则为每个活动分配一个优先级,具有最高优先级的活动优先使用该资源。调度规则利用这种方式来处理资源冲突,达到分配资源的目的。调度规则的关键问题是当发生资源冲突时如何设计规则来为每个活动分配合适的优先级。一般来说,调度规则是从实际调度经验中抽取的,这种方式很难给定每个活动最优的优先级来充分利用资源。

为了更有效地调度资源,对于实际调度过程中需要固定调度规则的资源(如储丝柜),则仅采用调度规则;对于难以设计最优调度规则的资源(如制丝线和机台),则给定每个活动一个优先级,将活动优先级与调度规则结合进行调度,并利用免疫算法来优化活动优先级,以最有效地调度资源。

1. 调度规则

在该调度问题的工作流仿真模型中,需要调度制丝线、储丝柜、机台。设计了以下调度规则来分配这些资源。

① 对于所有加工烟丝活动,制丝线按以下规则分配。

若某时刻只有一个活动请求该资源,则该活动使用该资源。

若几个活动同时请求该资源,则具有最高优先级的活动使用该资源。

② 对于进入储丝柜活动,储丝柜按以下规则分配。

如果一个活动对应的两个储丝柜都为空,则该活动使用其中任何一个。

如果一个活动对应的一个储丝柜为空,则该活动使用该储丝柜。

如果一个活动对应的两个储丝柜都存在烟丝,则直到一个储丝柜为空时,该活动使用该储丝柜。

③ 对于制造卷烟活动,机台按以下规则分配。

如果一个机台只能被一个过程中的活动使用,则该活动使用该资源。

如果一个机台可被多个过程中的活动使用,则按以下规则分配机台:若一个过程比其他过程有更多批未完成的烟丝,则将机台分配给该过程的活动;若各过程所剩余的烟丝量相差不大,则当机台完成一批烟丝,状态变为空闲后,将其分配给最先请求该资源的活动;若多个活动同时请求使用一台机台,则将该机台分配给优先级最高的活动。

2. 活动优先级

制丝线和机台在调度规则中基于活动优先级进行调度。由于每个活动在不同时间处理不同批的烟丝,因此给定每个活动一个固定的优先级并不合适。为了使每个活动使用特定的优先级来处理每批烟丝,给每批烟丝分配一个优先级,当一个活动处理该批烟丝时,烟丝的优先级作为活动的优先级,因此活动的优先级随着其处理的烟丝批次而变化。

假设工作流仿真模型中有 n 个过程,第 i 个过程中需要加工 p_i 种类型卷烟,如图 6.10 所示。第 i 个过程中第 j 个类型表示为"Batch type $i.j$",其中包括 $N(i,j)$ 批烟丝。给定每批烟丝一个优先级(即[0,1]区间内的一个实数)。当一个活动处理某批烟丝时,则该批烟丝的优先级作为该活动的优先级。

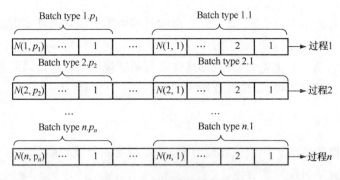

图 6.10　各批烟丝的优先级

通过工作流仿真来评价一个活动优先级集合。仿真过程中,利用活动优先级与调度规则来分配工作流资源,并记录每个活动及其所用资源的开始和结束时间。仿真结束后,利用平均延迟性能指标来评价资源分配效果。

3. 利用免疫算法优化活动优先级

文献[32]提出一种结合混沌搜索和克隆选择算法的混沌搜索免疫算法(CSIA)。与标准遗传算法[48]和克隆选择算法[49]相比,混沌搜索免疫算法具有更强的全局和局部搜索能力。为了更有效地解决这一问题,进一步从以下 3 方面改进。

① 加入小生境技术以提高其全局搜索能力。

② 加入一个特殊的交叉操作以提高其局部搜索。

③ 在免疫应答操作中加入另一个邻域以提高其局部探索能力。

混沌搜索免疫算法中每个抗体代表一个优先级集合,用于寻求最优的活动优先级来分配工作流资源。运行给定的世代数目后算法停止,此时群体中最优抗体即为获得的活动优先级。

算法的步骤如下:

Step 1,由混沌系统产生初始群体。

Step 2,利用小生境技术来调整群体中抗体的亲和力。

Step 3,从群体中选出一部分亲和力最高的抗体。

Step 4,选出的抗体执行交叉和克隆操作。

Step 5,产生的克隆执行免疫应答成熟操作。

Step 6,用新产生的抗体替换群体中一部分亲和力最低的抗体。

Step 7,返回 Step 2,直到满足收敛准则。

下面介绍算法的具体操作。

(1) 抗体编码

一个抗体代表一个活动优先级集合。抗体中每个基因是[0, 1]的实数,代表一批烟丝的优先级。抗体长度为

$$L = \sum_{i=1}^{n} \sum_{j=1}^{p_i} N(i,j) \tag{6.51}$$

其中,n 为工作流仿真模型中过程数目;p_i 为第 i 个过程中卷烟类型数目。

(2) 初始化

初始群体由混沌系统产生。混沌系统用以下 logistic 映射实现,即

$$z_i^{j+1} = \mu_i z_i^j (1 - z_i^j), \quad i = 1, 2, \cdots, L, \quad j = 1, 2, \cdots \tag{6.52}$$

其中,i 为混沌变量的序号;$\mu_i = 4(i=1,2,\cdots,L)$;给定 $z_i^0 (i=1,2,\cdots,L)$ 不同的初始值,利用式(6.52)得到 $z_i^1 (i=1,2,\cdots,L)$,对这 L 个值编码为一个实数编码的抗体;令 $j=1,2,\cdots,N-1$,则按此方法得到另外 $N-1$ 个抗体,这 N 个抗体构成初始群体。

(3) 小生境技术

把小生境技术引入混沌搜索免疫算法中来保持抗体多样性。假设群体中第 i 和第 j 个抗体分别为 $x^i = (x_1^i, x_2^i, \cdots, x_L^i)^T$ 和 $x^j = (x_1^j, x_2^j, \cdots, x_L^j)^T$,它们间欧几里得距离为

$$\| x^i - x^j \| = \sqrt{\sum_{k=1}^{L} (x_k^i - x_k^j)^2} \tag{6.53}$$

若距离小于给定的阈值 l,则给定二者中亲和力低的抗体一个非常小的亲和力值。

（4）选择操作

用抗体 x 代表的活动优先级来分配工作流资源。仿真结束后，仿真结果的平均延迟用于评价该抗体。假设得到的平均延迟为 Mean_tardiness(x)，则抗体 x 的亲和力为

$$\text{Affinity}(x) = \frac{100}{\text{Mean\_tardiness}(x) + c} \tag{6.54}$$

其中，c 为很小的正常数。

从群体中选择 integer(αN) 个亲和力最高的抗体，其中 $0 < \alpha < 1$ 为实数，称为选择率。

（5）交叉操作

每个选出的抗体执行一个特殊的交叉操作。对于每个抗体 a，从群体中随机选出另一个不同于 a 的抗体 b。构造一个新的抗体 c，使其每个基因以概率 Crossover 来自 a 的等位基因，以概率 $1 -$ Crossover 来自于 b 的等位基因，其中 $0 <$ Crossover < 1 为实数，称为交叉率。用这种方式构造 integer(αN) 个新抗体。新产生的抗体与原来选出的抗体一起构成一个包含 $2 \times$ integer(αN) 个抗体的集合，从中选出 integer(αN) 个亲和力最高的抗体执行克隆操作。

（6）克隆操作

每个选出的抗体进行克隆，integer(αN) 个抗体共产生 N 个克隆。每个抗体产生克隆的数目正比于其亲和力，即抗体的亲和力越高，其产生的克隆数目越多。

（7）免疫应答成熟操作

每个克隆利用式（6.52）产生的混沌序列在其邻域内变异。假设克隆 x 表达为 $x = (x_1, x_2, \cdots, x_L)^{\mathrm{T}}$，其变异的克隆 $x' = (x'_1, x'_2, \cdots, x'_L)^{\mathrm{T}}$ 为

$$x' = x + \alpha_1(2z^{j+1} - 1) \tag{6.55}$$

其中，$z^{j+1} = (z_1^{j+1}, z_2^{j+1}, \cdots, z_L^{j+1})^{\mathrm{T}}$ 为混沌向量；$z_i^{j+1}(i = 1, 2, \cdots, L)$ 为第 i 个混沌变量在第 j 次迭代的值；$\alpha_1 \in [0, 1]$ 为比例参数，用于控制混沌搜索的范围；x' 被限制在 $[0, 1]^L$ 区间内，即

$$x'_i = \begin{cases} 0, & x'_i < 0 \\ x'_i, & 0 \leqslant x'_i \leqslant 1, \quad i = 1, 2, \cdots, L \\ 1, & x'_i > 1 \end{cases} \tag{6.56}$$

若 x' 比 x 的亲和力高，则用 x' 替换 x；否则，利用下式在 x 的更大邻域内产生新抗体 x''，即

$$x'' = x + \alpha_2(2z^{j+1} - 1) \tag{6.57}$$

其中，$\alpha_2 > \alpha_1$。

同样，把 x'' 限制在 $[0, 1]^L$ 范围内。若 x'' 比 x 的亲和力高，则用 x'' 替换 x；否则，以一个很小的概率用 x'' 替换 x。

（8）替换操作

N 个克隆按照亲和力降序排列。利用式（6.52）产生的新抗体替换其中 d 个亲和力最低的抗体。

6.6.4　实验结果

把该调度方法用于 4 个问题实例，以验证方法的有效性。制丝线、储丝柜、振盘、机台的连接关系如图 6.7 所示。实际生产过程中，每个设备组利用一个储丝柜。生产调度数据如表 6.9 所示。一种卷烟类型对应于一个卷烟牌别，由特定的烟丝加工而成。

表 6.9　生产调度数据

制丝线生产一批烟丝的时间	$r_{1k}=1$ 小时 $k\in K=\{1,2,\cdots,n\}$
一批烟丝进入储丝柜的时间	$r_{2k}=1$ 小时 $k\in K=\{1,2,\cdots,n\}$
设备组数目	$w=6$
一台机台加工一批烟丝所需时间	$u=8$ 小时
由卷烟类型 g 切换到类型 f 所需的准备时间，其中 $g,f\in G$ 并且 $g\neq f$	$s_{3gf}=0.5$ 小时 $s_{1gf}=s_{2gf}=0$ 小时
一批烟丝加工的卷烟量	120 箱

4 个计划单如表 6.10～表 6.13 所示。每个计划单为一个问题实例，包含若干类型卷烟的生产计划，每个类型在特定设备组上加工。由于一个设备组对应一个振盘，因此表中每个卷烟牌别对应一个振盘。当几个牌别的卷烟需要在一个设备组上加工时，则给定每个牌别一个优先级，具有较小优先级值的牌别先加工。对于每个牌别的卷烟，表中给出需要生产的箱数、开始时间、交货期（月-日），即指定箱数的卷烟在起始时间开始加工，需要在交货期前完成。

4 个问题的实例中，第 1 个和第 2 个实例中包括较少的卷烟牌别，每个设备组只生产一种牌别的卷烟。第 3 和第 4 个实例包括较多的卷烟牌别，每个设备组生产一种或多种牌别的卷烟。第 2 个问题实例只使用部分设备组，其他实例使用所有的 6 个设备组。在第 1 个和第 3 个实例中，不同设备组加工的卷烟箱数有较大不同，而第 2 个和第 4 个实例中的这一差别较小。

（1）比较的调度方法

实际调度过程中制丝线由有经验的调度人员进行调度，没有对机台进行调度，即一台机台只加工来自于一个振盘的烟丝。为了提高机台利用率，文献[50]提出一种启发式算法（heuristic algorithm，HA）来同时调度制丝线和机台。该算法利用基于经验的调度规则来调度制丝线,同时调度机台使其能在不同时刻加工来自不同振盘的烟丝。

把基于混沌搜索免疫算法的调度方法(CSIA-based scheduling algorithm,CSA)与文献[50]中的启发式算法,以及基于经验的调度方法(experienced-based scheduling method,ESM)比较。基于经验的调度方法中利用调度规则调度制丝线而没有调度机台。为了验证混沌搜索免疫算法优化活动优先级的有效性,CSA进一步与基于遗传算法的调度方法(genetic algorithm based scheduling algorithm,GSA)比较 。基于遗传算法的调度方法是由把CSA中的混沌搜索免疫算法替换为标准遗传算法[48](standard genetic algorithm,SGA)而构造。

表 6.10　计划单 1

牌别号	振盘	产量/箱	优先级	开始时间	交货期
1	A	2400	1	11-26	11-30
2	B	1200	1	11-26	11-28
3	C	2400	1	11-26	12-30
4	D	720	1	11-26	11-28
5	E	960	1	11-26	11-28
6	F	2400	1	11-26	12-01

表 6.11　计划单 2

牌别号	振盘	产量/箱	优先级	开始时间	交货期
1	A	2400	1	11-14	11-18
2	C	1800	1	11-14	11-16
3	D	2400	1	11-14	11-18
4	E	1800	1	11-14	11-16
5	F	1800	1	11-14	11-19

表 6.12　计划单 3

牌别号	振盘	产量/箱	优先级	开始时间	交货期
1	A	1200	1	4-7	4-15
2	A	2400	2	4-7	4-15
3	A	840	3	4-7	4-15
4	B	960	1	4-7	4-13
5	B	600	3	4-7	4-13

牌别号	振盘	产量/箱	优先级	开始时间	交货期
6	B	720	2	4-7	4-13
7	C	1800	2	4-7	4-12
8	C	600	1	4-7	4-12
9	D	360	2	4-7	4-12
10	D	360	3	4-7	4-12
11	D	1200	1	4-7	4-12
12	E	960	1	4-7	4-10
13	F	1200	3	4-7	4-16
14	F	1200	2	4-7	4-16
15	F	1200	1	4-7	4-16

表 6.13　计划单 4

牌别号	振盘	产量/箱	优先级	开始时间	交货期
1	A	2400	1	5-10	5-17
2	A	1200	2	5-10	5-17
3	B	2400	1	5-10	5-15
4	C	1200	1	5-10	5-15
5	C	960	2	5-10	5-15
6	D	1200	1	5-10	5-16
7	D	720	2	5-10	5-16
8	D	1200	3	5-10	5-16
9	E	2400	1	5-10	5-15
10	F	600	1	5-10	5-16
11	F	1800	2	5-10	5-16

为了与精确方法比较,采用优化软件包 Lingo 11.0[51]求解问题的规划模型 (6.6.1 节)。之所以采用 Lingo,是因为它能解决二次约束规划问题,无论模型中的二次约束条件是否定义一个凸区域。Lingo 能自动读取模型并选择最合适的优化器,因此不需要为其指定优化器。解决这一问题时,Lingo 自动选择分支定界 (branch-and-Bound)优化器。

(2) 实验结果比较

用 C++实现 CSA、GSA、ESM、HA,在具有 Intel Dual Core 3.33 GHz CPU 和 4.0 GB 内存的 PC 机上运行。用 Lingo 解决该问题时,问题模型用 Lingo 建模语言实现,也运行在该 PC 机上。

该问题是 NP 问题,而 Lingo 采用精确方法求解,因此其不能在合理的计算时间内得到问题的最优解。对于问题实例 1 和 2,限定 Lingo 的运行时间为 10h。对于实例 3 和 4,运行时间限定为 20h。

CSA 的群体规模和选择率分别取为 100 和 0.2,两个比例参数 α_1 和 α_2 分别给定为 0.05 和 0.1,交叉率为 Crossover=0.8,小生境距离阈值为 $l=2$。SGA 中群体规模为 100,交叉率为 0.6,变异率为 0.012。

对于实例 1 和 2,CSA 和 GSA 运行 50 000 次目标函数评价。对于实例 3 和 4,二者运行 80 000 次目标函数评价。CSA 和 GSA 为随机优化算法,因此对每个问题实例,这两个算法各运行 5 次。

CSA、GSA、ESM、HA 对每个实例的比较结果如表 6.14~表 6.17 所示。表中时间单元为小时。Max 表示 5 次运行中具有最大平均延迟的解,该解的最大延迟(maximal-tardiness)和总延迟(sum-of-tardiness)也在同一列中给出。Min 表示 5 次运行中具有最小平均延迟的解。Mean 表示 5 次运行得到的 5 个解的平均平均延迟、平均最大延迟以及平均总延迟。可以看出,4 个算法中 CSA 能获得最好的调度结果。卷烟类型数目和不同卷烟类型产量的差异对调度结果没有显著影响。

表 6.14　计划单 1 的比较结果

	CSA			GSA			ESM	HA
	Mean	Max	Min	Mean	Max	Min		
平均延迟	3.16	3.33	2.83	3.82	4.63	2.83	17.11	13.95
最大延迟	16.00	17.00	15.00	17.53	19.50	15.00	63.33	38.00
总延迟	18.93	20.00	17.00	22.92	27.78	17.00	102.67	83.70

表 6.15　计划单 2 的比较结果

	CSA			GSA			ESM	HA
	Mean	Max	Min	Mean	Max	Min		
平均延迟	5.07	5.45	4.80	5.89	6.32	4.80	16.07	14.60
最大延迟	24.57	27.27	22.00	24.50	27.30	22.00	30.00	37.00
总延迟	25.37	27.27	24.00	29.45	31.60	24.00	80.33	73.00

表 6.16　计划单 3 的比较结果

	CSA			GSA			ESM	HA
	Mean	Max	Min	Mean	Max	Min		
平均延迟	4.37	4.61	4.00	5.21	5.75	4.72	16.03	12.72
最大延迟	13.93	14.67	12.33	15.63	16.50	14.17	58.50	55.67
总延迟	26.20	27.67	24.00	31.26	34.50	28.32	96.17	76.33

表 6.17　计划单 4 的比较结果

	CSA			GSA			ESM	HA
	Mean	Max	Min	Mean	Max	Min		
平均延迟	3.69	4.22	3.17	4.81	5.83	4.11	10.42	8.22
最大延迟	13.87	14.33	15.00	14.83	16.00	12.33	45.50	23.17
总延迟	22.12	25.33	19.00	28.86	34.98	24.66	62.50	49.33

Lingo 在有限时间内得到的解如表 6.18 所示。表中也给出了 Lingo 所用算法的迭代次数和获得的目标函数界值。对于问题实例 3 和 4,Lingo 在 20 小时内没有得到问题的可行解;对于问题实例 1 和 2,Lingo 在 10 小时内得到的解的质量较差,甚至劣于基于经验的调度方法得到的解。这是因为采用 CSA 解决该问题时,只要设备组为空闲状态,则调度规则为其分配一批烟丝。通过这种方式,不大可能获得一个非常差的解。当采用 Lingo 来解决该问题时,其试图得到各批烟丝的一个最优序列及其在机台上的最优分配。若 Lingo 能找到最优解,则该解的调度结果为最优。然而,Lingo 在有限时间内无法得到大规模问题的最优解,由此导致不能充分利用设备组。换言之,即使存在一个空闲的设备组,由于各批烟丝的加工顺序限制,该设备组也可能不能加工烟丝。因此,Lingo 不能得到这 4 个问题实例的满意调度解。

表 6.18　CSA 和 Lingo 得到的解比较

	烟丝批数目	Lingo				CSA	
		运行时间/h	迭代次数	解的平均延迟	解的目标界值	平均运行时间/s	解的平均延迟
问题实例 1	84	10	1 643 586	109.83	0	10.06	3.16
问题实例 2	85	10	1 828 030	127.07	0	8.26	5.07
问题实例 3	130	20	865 257	—	0	30.93	4.37
问题实例 4	134	20	873 946	—	0	34.53	3.69

注释:表中"—"表示在给定时间内没有得到可行解。

在用 Lingo 解决这些问题实例前,先用 Lingo 解决小规模问题实例。设计了两个小规模问题实例,一个包含 6 批烟丝,另一个包含 8 批烟丝。Lingo 能在 9 秒内找到第一个问题实例的最优解,用 1 小时 26 分钟找到第二个问题实例的最优解。CSA 能找到与 Lingo 获得的解相同的解,而所用时间小于 1 秒。

与 ESM 和 HA 相比,CSA 能得到更好的调度结果。在 HA 中,采用基于经验的调度规则来调度资源。当调度问题包含多批烟丝时,采用这种方法很难最优地调度资源。CSA 通过优化活动优先级来调度资源,由此获得更优的调度结果。CSA 的调度结果优于 GSA,这表明 CSIA 具有更好的全局搜索能力,能找到更合适的活动优先级。

从表 6.14~表 6.17 可以看出,当各设备组加工的烟丝量有较大差异时,HA

比 ESM 具有更好的调度结果。这是因为 HA 利用调度规则来调度机台而 ESM 没有调度机台。当各设备组加工的烟丝量显著不同时,机台调度在调度过程中将起到更大作用,能更充分地利用机台来尽快完成计划单。

　　CSA 和 GSA 在 5 次运行中所用的平均、最大、最小时间如表 6.19 所示。可以看出,CSA 获得问题实例 1 和 2 的解需要大约 10 秒,获取问题实例 3 和 4 的解需要大约 30 秒。CSA 的运行时间明显小于 GSA。CSA 解决每个问题实例的进化曲线如图 6.11 所示。纵轴为由式(6.54)获得的亲和力值。每个子图中 5 条曲线为 CSA 的 5 次运行的进化曲线。CSA 分别需要 400 和 600 世代达到 50 000 和 80 000 次评价,因此对问题实例 1 和 2,给定世代数目为 400,对于问题实例 3 和 4,给定世代数目为 600。

表 6.19　CSA 和 GSA 的运行时间比较（单位:秒）

	评价	CSA			GSA		
		Mean	Max	Min	Mean	Max	Min
问题实例 1	50 000	10.06	10.34	9.89	17.58	18.64	17.12
问题实例 2	50 000	8.26	8.38	8.06	16.92	17.46	16.16
问题实例 3	80 000	30.93	34.07	29.44	48.89	50.50	46.63
问题实例 4	80 000	34.53	35.62	33.59	48.48	51.69	45.82

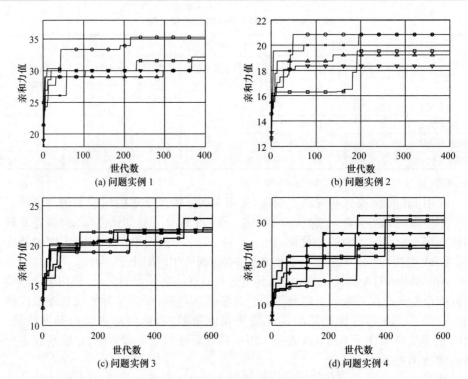

(a) 问题实例 1　　　　　　　　　(b) 问题实例 2

(c) 问题实例 3　　　　　　　　　(d) 问题实例 4

图 6.11　CSA 的进化曲线

6.7 小　结

将免疫算法与其他算法混合可构造更优秀的调度算法。对于复杂调度问题，混合调度算法是一种有效的解决方法。本章介绍了几种混合免疫调度算法。这种算法大致可分为如下几类：

① 免疫算法与基于群体的搜索算法混合，如与微粒群算法、遗传算法、蚁群算法的混合。

② 免疫算法与邻域搜索算法混合，如与模拟退火、禁忌搜索混合，以提高免疫算法的局部搜索能力。

③ 免疫算法与调度规则混合，用免疫算法寻求最合适的调度规则，然后用调度规则进行实时调度。

④ 将免疫机制引入其他智能优化算法中，如将免疫接种、抗体库机制引入到模拟退火、遗传算法、蚁群算法中，以改善这些算法的性能。

参 考 文 献

[1] Zuo X Q, Fan Y S. Solving the Job shop scheduling problem by an immune algorithm//The Fourth International Conference on Machine Learning and Cybernetics, 2005.

[2] Naderi B, Khalili M, Tavakkoli-Moghaddam R. A hybrid artificial immune algorithm for a realistic variant of Job shops to minimize the total completion time. Computers and Industrial Engineering, 2009, 56: 1494-1501.

[3] Zhang R, Wu C. A hybrid immune simulated annealing algorithm for the Job shop scheduling problem. Applied Soft Computing, 2010, 10: 79-89.

[4] Liao G C. Short-term thermal generation scheduling using improved immune algorithm. Electric Power Systems Research, 2006, 76(5): 360-373

[5] 陈爱玲, 杨根科, 吴智铭. 基于混合离散免疫算法的轧制计划编排. 控制与决策, 2007, 22(6): 716-720.

[6] 余建军, 孙树栋, 王军强, 等. 免疫模拟退火算法及其在柔性动态 Job shop 中的应用. 中国机械工程, 2008, 18(7): 793-799.

[7] Ge H W, Sun L, Liang Y C, et al. An effective PSO and AIS-based hybrid intelligent algorithm for job-shop scheduling. IEEE Transactions on Systems, Man, and Cybernetics, Part A: Systems and Humans, 2008, 38(2): 358-368.

[8] 李安强, 王丽萍, 李崇浩, 等. 基于免疫粒子群优化算法的梯级水电厂间负荷优化分配. 水力发电学报, 2007, 26(5): 15-20.

[9] 苏淼, 钱海, 王煦法. 基于免疫记忆的蚁群算法的 WTA 问题求解. 计算机工程, 2008, 34(4): 215-217.

[10] Swiecicka A, Seredynski F, Zomaya A Y. Multiprocessor scheduling and rescheduling with use of cellular automata and artificial immune system support. IEEE Transacions on Parallel and Distributed Systems, 2006, 17(3): 253-262.

[11] Tavakkoli-Moghaddama R, Rahimi-Vaheda A, Mirzaei A H. A hybrid multi-objective immune algorithm for a flow shop scheduling problem with bi-objectives: weighted mean completion time and weighted mean tardiness. Information Sciences, 2007, 177 (22): 5072-5090.

[12] 徐振浩,顾幸生. 用混合算法求解 Flowshop 调度问题. 华东理工大学学报, 2004, 30(2): 234-238.

[13] Taillard E. Benchmarks for basic scheduling problems. European Journal of Operational Research, 1993, 64(2): 278-285.

[14] Cheung W, Zhou H. Using genetic algorithms and heuristics for Job shop scheduling with sequence-dependent setup times. Annals of Operations Research, 2001, 107: 65-81.

[15] Zhou Y, Beizhi L, Yang J. Study on Job shop scheduling with sequence dependent setup times using biological immune algorithm. International Journal of Advanced Manufacturing Technology, 2006, 30: 105-111.

[16] Sule D R. Industrial Scheduling. USA: PWS Publishing Company, 1996.

[17] Zhang C Y, Li P G, Rao Y Q, et al. A very fast TS/SA algorithm for the Job shop scheduling problem. Computers and Operations Research, 2008, 35(1): 282-294.

[18] Xia W, Wu Z. A hybrid particle swarm optimization approach for the Job shop scheduling problem. International Journal of Advanced Manufacturing Technology, 2006, 29(3,4): 360-366.

[19] Giffler J, Thompson G L. Algorithms for solving production scheduling problems. Operations Research, 1960, 8(4): 487-503.

[20] Binato S, Hery W J, Loewenstern D M, et al. A GRASP for Job shop scheduling. Essays and Surveys in Metaheuristics. 2002: 59-79.

[21] Sabuncuoglu I, Bayiz M. Job shop scheduling with beam search. European Journal of Operational Research, 1999, 118(2): 390-412.

[22] Dauzere P S, Paulli J. An integrated approach for modeling and solving the general multiprocessor Job shop scheduling problem using tabu search. Annals of Operations Research, 1997, 70(1): 281-306.

[23] Nowicki E, Smutnicki C. A fast taboo search algorithm for the Job shop problem. Management Science, 1996, 42(6): 797-813.

[24] Nuijten W P W, Aarts E H L. Computational study of constraint satisfaction for multiple capacitated Job shop scheduling. European Journal of Operational Research, 1996, 90(2): 269-284.

[25] Croce F D, Tadei R. A genetic algorithm for the Job shop problem. Computers and Operations Research, 1995, 22(1): 15-24.

［26］Dorndorf U, Pesch E. Evolution based learning in a Job shop scheduling environment. Computers and Operations Research, 1995, 22(1): 25-40.

［27］Wang L, Zheng D Z. A modified genetic algorithm for Job shop scheduling. International Journal of Advanced Manufacturing Technology, 2002, 20(1): 72-76.

［28］Aiex R M, Binato S, Resende M G C. Parallel GRASP with path-relinking for Job shop scheduling. Parallel Computation, 2003, 29(4): 393-430.

［29］Forrest S, Javornik B, Smith R, et al. Using genetic algorithms to explore pattern recognition in the immune system. Evolutionary Computation, 1993, 1: 191-211.

［30］Seredynski F, Zomaya A Y. Equential and parallel cellular automata-based scheduling algorithms. IEEE Transactions on Parallel and Distributed Systems, 2002, 13(10): 1009-1023.

［31］Zuo X Q, Wang C L, Tan W. Two heads are better than one: an AIS- and TS-based hybrid strategy for Job shop scheduling problems. International Journal of Advanced Manufacture Technology, 2012, 63(1-4): 155-168.

［32］Zuo X Q, Fan Y S. A chaos search immune algorithm with its application to neuro-fuzzy controller design. Chaos, Solitons and Fractals, 2006, 30: 94-109.

［33］Lawrence S. Supplement to resource constrained project scheduling: an experimental investigation of heuristic scheduling techniques. Pittsburgh: Carnegie-Mellon University, 1984.

［34］Fisher H, Thompson G L. Probabilistic learning combinations of local Job shop scheduling rules//Industrial Scheduling. Prentice Hall, Englewood Cliffs, 1963: 225-251.

［35］Mejtsky G J, The improved sweep metaheuristic for simulation optimization and application to Job shop scheduling//Winter Simulation Conference, 2008: 731-739.

［36］Coello A C C, Rivera D C, Cortes N C. Use of an artificial immune system for Job shop scheduling//International Conference on Artificial Immune System, 2003.

［37］Luh G C, Chueh C H. A multi-modal immune algorithm for the job-shop scheduling problem. Information Sciences, 2009, 179: 1516-1532.

［38］Wang L, Zheng D Z. An effective hybrid optimization strategy for job-shop scheduling problems. Computers and Operations Research, 2001, 28: 585-596.

［39］Ombuki B M, Ventresca M. Local search genetic algorithms for the Job shop scheduling problem. Applied Intelligence, 2004, 21(1): 99-109.

［40］Goncalves J F, Mendes J J D M, Resende M G C. A hybrid genetic algorithm for the Job shop scheduling problem. European Journal of Operational Research, 2005, 167(1): 77-95.

［41］Rego C, Duarte R. A filter-and-fan approach to the Job shop scheduling problem. European Journal of Operational Research, 2009, 194: 650-662.

［42］Sabuncuoglu I, Bayiz M. Job shop scheduling with beam search. European Journal of Operational Research, 1999, 118: 390-412.

［43］Aiex R M, Binato S, Resende M G C. Parallel GRASP with path-relinking for Job shop scheduling. Parallel Computing, 2003, 29: 393-430.

［44］Feng T J, Ma L T, Ding X Q, et al. Intelligent techniques for cigarette formula design.

Mathematics and Computers in Simulation, 2008, 77(5,6): 476-486.

[45] Kodderitzsch P, Bischoff R, Veitenhansl P, et al. Sensor array based measurement technique for fast-responding cigarette smoke analysis. Sensors and Actuators B, 2005, 107(1): 479-489.

[46] Luo D, Hosseini H G, Stewart J R. Application of ANN with extracted parameters from an electronic nose in cigarette brand identification. Sensors and Actuators B, 2004, 99(2,3): 253-257.

[47] Zuo X Q, Tan W, Lin H P. Cigarette production scheduling by combining workflow model and immune algorithm. IEEE Transactions on Automation Science and Engineering,2013. (In Press).

[48] Goldberg D E. Genetic Algorithms in Search, Optimization and Machine Learning. MA: Addison-Wesley. 1989.

[49] De Castro L N,Zuben F J V. Learning and optimization using the clonal selection principle. IEEE Transaction on Evolutionary Computation, 2002, 6(3): 239-251.

[50] Zuo X Q, Fan Y S, Lin H P, et al. Workflow simulation scheduling model with application to a prototype system of cigarette factory scheduling. Systems Modeling and Simulation: Theory and Applications, 2006;158-162.

[51] Lingo User's Guide. Chicago: LINDO Systems Inc, 2008.

第7章 免疫调度算法的应用

免疫调度算法已被用于加工制造、项目管理、交通运输、通信、发电、炼钢和水库管理等多个领域。本章介绍免疫调度算法在各领域中的应用情况。

7.1 制造领域中的应用

7.1.1 Job shop 调度

大量免疫调度算法被用于解决经典 Job shop 调度问题。

Hart 等[1]针对不确定 Job shop 调度问题提出一种人工免疫系统来生成鲁棒调度。该方法把抗原看作是问题的不确定因素集合,把抗体看作是调度解,要生成一个抗体集合来应对所有的抗原(不确定因素)。每个工件都有一个交货期和一个到达时间,问题中一个或多个工件的到达时间不确定。调度的性能指标为最大延迟时间 T_{max} 最小,用抗体表示调度解。模拟生物免疫系统,抗体由不同基因库组合而成,如图 7.1 所示。抗体采用基于操作的编码(2.5.2 节),对于一个 j 工件 m 机器的 JSP,抗体长度为 $j \times m$。图中的 AIS 包括 l 个基因库,每个基因库中包括 c 个单元,每个单元包含 s 个基因,每个基因值为工件序号。l,c,s 的值可变,但要满足 $ls = jm$,即从 l 个基因库中各取一个单元而组成的抗体长度等于总操作数目。

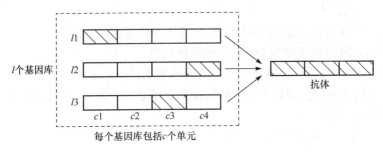

图 7.1 由基因库中的基因合成抗体[1]

一个抗原表示为所有工件的到达时间的集合。所有抗原的集合称为抗原域。对于一个抗原中的所有工件的到达时间,若一个抗体(调度)执行后,每个工件都能在交货期之前完成,则定义该抗体匹配该抗原,匹配分数为 0。若有一个或多个工件完成时间超过交货期,则定义匹配分数为 T_{max}。匹配过程如图 7.2 所示。

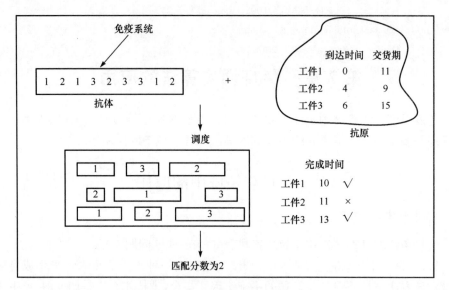

图 7.2　抗体与抗原的匹配值[1]

如图 7.1 所示的 AIS(即基因库)，群体中每个个体代表一个 AIS，编码长度为 $l \times c \times s$。初始群体随机产生，对于给定抗原域，每个个体(即 AIS)的适应度计算如下：

Step 1，从 AIS 中随机抽取基因，组成 N 个抗体(调度解)。

Step 2，从抗原域中随机选择 K 个抗原。

Step 3，对于抗原域中每个抗原 k，执行以下步骤：

　　① 利用抗原 k 中的工件到达时间，计算每个抗体与该抗原的匹配分数。

　　② 抗原 k 的抗原分数为 N 个抗体中最低匹配分数。

Step 4，AIS 的适应度为 k 个抗原分数的均值。

经过若干世代进化后，由 GA 获得的 AIS 能识别抗原域中的抗原，即由该 AIS 组合而成的抗体(调度)的最大延迟时间很小。给定一个抗原，利用获得的 AIS 产生相应抗体的过程如下：

Step 1，由 AIS 随机产生 N 个抗体。

Step 2，计算每个抗体与该抗原的匹配分数，选择最低匹配分数的抗体 AB^*。

Step 3，产生 AB^* 的 C 个克隆，并按概率 p_m 变异克隆的每个基因。

Step 4，计算每个变异克隆的匹配分数，返回匹配分数最低的克隆 C^*。

克隆 C^* 为针对抗原产生的抗体，即给定问题的调度解。

在 Hart 等[1]方法的基础上，Spellward 等[2]研究了基因库所起的作用。对群体进化中使用基因库和不使用基因库进行了对比。不采用基因库时，群体中每个

AIS 代表一个抗体,对每个抗原只评价一次。实验结果表明,采用基因库时,群体的适应度进化曲线与不采用基因库时的进化曲线相似,但在适应度上表现出更大多样性。当增加基因库中的单元数目时,适应度多样性会相应增加,适应度值会略微减小。

Tsai 等[3]提出了一种结合田口方法的免疫算法用于 JSP,采用田口方法进行抗体基因重组,以提高算法的局部勘探能力。Naderi 等[4]将免疫算法与模拟退火算法结合,设计了一种混合算法用于具有准备时间和机器使用约束的 JSP。Ge 等[5]设计了一种人工免疫系统和粒子群算法结合的混合算法用于 Job shop 调度问题。Zhang 等[6]把疫苗接种引入模拟退火算法用于 Job shop 调度问题,采用一种模糊推理方法计算每个工件的瓶颈特征值,基于工件瓶颈特征值对调度解进行疫苗接种。

Chandrasekaran 等[7]提出一种基于克隆选择原理的免疫算法用于 Job shop 调度问题,用 130 个标准算例进行测试,结果表明算法非常有效。Xu 等[8]提出了一种免疫遗传算法用于 Job shop 调度问题。在遗传算法中加入免疫操作,免疫操作包括免疫接种和免疫选择,以充分利用问题的先验知识。Zuo 等[9, 10]用工作流模型为不确定 JSP 建模,用变邻域免疫算法获得针对工件加工时间不确定的鲁棒调度。Zuo 等[11]进一步将多目标免疫算法用于解决不确定 JSP,优化目标为调度的最优性和鲁棒性。Zuo 等[12]提出一种结合免疫算法与禁忌搜索的混合算法来解决 JSP,通过大量 Benchmark 问题验证了算法的有效性。

叶建芳等[13]针对 PSO 在迭代过程中容易过早收敛的问题,引入抗体浓度调节机制,构造了一种基于免疫机制的粒子群优化算法用于 JSP。常桂娟等[14]提出一种免疫遗传算法用于 JSP,利用优先权编码和三个体交叉算子来继承父代优良特性,采用正交实验法来确定算法参数,以加快算法收敛。李蓓智等[15]把免疫遗传算法用于 JSP,利用免疫记忆、抗体激增和抑制机理来解决遗传算法早熟收敛的问题,提高算法优化效率。余建军等[16]用基于动态评价的免疫算法求解 JSP,利用抗体浓度的概念来抑制规模较大且不是最优的抗体,避免算法早熟收敛。苏生等[17]建立了 JSP 的模糊运输模型,利用加权和方法将多目标函数转化为单目标函数,用基于积分值的方法对模糊数进行排序,提出一种基于排列边集编码的免疫算法。

7.1.2　Flow shop 调度

免疫调度算法也被较多地用于 Flow shop 调度问题。

Tavakkoli-Moghaddam 等[18]提出一种基于克隆选择原理的多目标免疫算法用于非等待 Flow shop 调度问题,优化目标为加权平均完成时间和加权平均延迟最小。Hsieh 等[19]提出一种基于克隆选择的免疫算法用于带缓存的 flow shop 调度问题,用抗体间的亲和力来保证记忆集合中抗体的多样性。Amin-Tahmasbi 等[20]用多目标免疫算法解决带排序相关准备时间的置换 Flow shop 调度问题,优化目标为最小化总完成时间和总提前/拖后时间。首先,用优化软件获取理想点。然后,利用理想点产生 N 个初始解,使得每个解距离理想点较近。用海明距离度量抗体的多样性,根据抗体的亲和力和多样性进行选择,通过变异、交叉、更新归档集等操作进化群体,最终获得问题的 Pareto 最优解。徐震浩等[21]针对不确定条件下的 Flow shop 调度问题,采用模糊数学方法来描述数据的不确定性,基于模糊规划理论建立了调度模型,提出一种解决该问题的模糊免疫调度算法。

7.1.3　混合 Flow shop 调度

Zandieh 等[22]提出一种免疫调度算法用于带排序相关准备时间的混合流水线调度问题。Zandieh 等[23]进一步针对带有准备时间和机器随机故障的混合流水线调度,设计了一种基于克隆选择原理的免疫调度算法来产生鲁棒调度。Engin 等[24]基于克隆选择原理和亲和力成熟机制构造了一种免疫算法用于混合流水线调度问题,并给出了一个确定最优算法参数的系统化实验设计方法。Zuo 等[25]将卷烟生产调度问题看作是一种带有更多约束条件和零缓存的混合 Flow shop 调度问题,建立了问题的混合整数二次约束规划模型,进而采用免疫算法和调度规则相结合的方法来获得满意的调度方案。

7.1.4　柔性制造车间调度

Chan 等[26]用免疫算法来解决柔性制造系统的机器选择和操作分配问题。该问题包含多个目标,这些目标相互冲突且具有不精确性,为此采用模糊目标规划为该问题建模。优化目标是在满足机器生产能力和工具使用寿命等条件下,最小化机器操作、材料处理和准备的总成本。Bagheri 等[27]提出了一种用于柔性 Job shop 调度问题的免疫算法,包括克隆、选择、变异、加入新抗体等操作。Prakash 等[28]提出一种改进免疫算法用于柔性制造系统的机器负载问题。该算法在克隆选择算法基础上引入了新的超突变操作,并用记忆集合保留优秀抗体,用混沌序列初时化群体。Alisantoso 等[29]构造了一种免疫算法用于印刷电路板制造中的柔性 flow shop 调度问题。算法中采用免疫网络的抗体浓度调节机制进行选择,以抑制优秀个体过度支配群体;同时保留最优个体作为配对池的种子,使配对池中包括大量优秀个体,以加快算法收敛。对配对池中的个体采用顺序交叉(order crossover,OC)和单点变异操作。当达到给定世代数后,算法结束,将该算法与遗传算法的调度效果进行了比较,结果表明该算法性能优于遗传算法。

刘晓冰等[30]将克隆选择算法用于柔性生产调度问题。调度目标是为工件的每道工序选择合适的机器,以及确定每台机器上各工件的加工顺序,使所有工件的流经时间最小。抗体表示为生产调度方案，采用两层编码，第一层表示工件的工序顺序，第二层表示每道工序所选择的机器。设计了针对该问题的克隆算子。通过 benchmark 问题的仿真实验验证了算法的有效性。徐新黎等[31]考虑实际纸盆车间调度中模具、机器、操作人员等资源约束，以及加工时间和交货日期的不确定性，建立了批量可变的模糊柔性 Job shop 调度问题模型。调度的目标为最小化最大完工时间和最大化客户满意度。结合多智能体系统以及免疫抽取和接种机制，构造了求解该问题的多智能体免疫算法。算法通过竞争、自学习、自适应疫苗接种、模拟退火等操作，更新每个智能体在解空间的位置，以搜索全局最优解。

余建军等[32]提出一种免疫调度算法用于多目标柔性 Job shop 调度问题。将目标函数看作抗原，将调度方案看作抗体。抗体采用工件—设备双层编码方案，第一层为工件编号，表示工件调度的优先顺序；第二层为工序所用的设备号。通过亲和力计算来评价抗体并促进或抑制新抗体的产生，以减小进化过程陷入局部最优的可能性。通过免疫记忆来提高局部搜索能力，加快算法收敛。通过疫苗抽取和接种来增强搜索的稳定性，并引导算法向好的方向进化。最后，用 Benchmark 标准问题的仿真和西安航空发动机（集团）有限公司的调度问题验证了方法的有效性。余建军等[33]将免疫算法与模拟退火算法结合，用于柔性动态 Job shop 调度问题。该问题考虑并行机和多功能设备，具有柔性加工路径。每道工序可从多台设备中选择一台，同一道工序在不同设备上的加工时间不同，且每台设备以一定概率发生故障。算法从一组随机产生的初始解出发，通过选择、交叉、变异、克隆、接种疫苗等操作来产生一组新抗体，然后再对每个新抗体独立地进行模拟退火过程，作为下一代群体中的抗体。这一过程循环迭代，直到满足终止条件。

7.2　项目管理中的应用

Mobini 等[34]用免疫算法来解决资源限制项目调度问题（resource constrained project scheduling problem，RCPSP），优化目标为最小化最大完成时间。用单节点网络图（activity-on-node network）为问题建模。抗体采用活动列表（activity list）编码方式，即表示为活动的优先顺序。为了使算法能找到更好的解，采用前向-反向启发式算法（forward-backward heuristic）来生成初始群体。对群体循环执行克隆选择、亲和力成熟、受体编辑等操作，直到满足停止准则。在亲和力成熟操作中，采用两种变异方式，即单点变异和多点变异。对抗体施加单点变异后，若其亲和力没有提高，则进一步对其施加多点变异。Wu 等[35]提出一种基于混沌搜索的免疫算法用于资源限制项目调度问题，优化目标为最小化最大完成时间。用混沌序列产生初始群体,通过选择、克隆、亲和力成熟等操作进化群体。采用两种变异算子进行克隆变异,即高斯变异和柯西变异,分别对应于小步长变异和大步长变异。Rina 等[36]把免疫算法用于资源限制项目调度问题。随机产生初始群体,其中每个抗体代表一种调度方案。抗体采用整数编码,每个基因位代表相应活动的优先级。算法包括选择、克隆、超突变等操作。

潘晓英等[37]提出一种基于克隆选择原理的优化算法用于多执行模式资源受限项目调度问题(multi-mode resource constrained project scheduling problem, MRCPSP)。抗体编码为项目活动的执行序列和所采取的执行模式序列。采用半随机方式产生初始抗体,即利用拓扑排序方法保证调度序列满足时序约束的条件下,随机选择工作模式。算法通过选择、克隆、克隆重组、克隆变异等操作进化群体。王冰等[38]针对不确定资源受限项目调度问题,用模糊数描述不确定的项目活动执行时间和项目交货期,以最大化客户满意度和调度鲁棒性作为优化目标,采用基于克隆选择原理的免疫算法进行优化。实验结果表明,该方法能在客户满意度和项目调度的鲁棒性之间进行很好地折中。

7.3　交通领域中的应用

7.3.1　车辆路由问题

车辆路由问题可描述为给定若干车辆,要确定每台车辆的行车路线,使这些车辆在满足一定约束条件下,有序地通过一系列装货点或卸货点,达到诸如路程最短、费用最小、耗时最少等目标。

Hu 等[39]用多目标免疫算法解决香烟运输路由的区域划分问题。该问题可描述为把一个较大地理区域划分为若干个运输区域,目标是平衡运输负载、减少运输成本。根据零售商的平均需求,按一定周期重新划分区域,优化目标包括路由数目、所有路由的距离和工作时间等 7 个目标,提出一种多目标协同进化免疫算法解决该问题。Hu 等[40]研究了紧急事件发生时的集装箱运输路由问题,把问题的各种要素引喻为免疫系统中的各单元,用各单元间的亲和力来描述它们间的关系,建立了集装箱运送过程的亲和力模型和集装箱运输的路径选择问题的多目标整数规划模型,再用目标加权的方式把多目标变为单目标,最后采用优化软件包求解。

李菁等[41]用免疫算法解决车辆路由问题,优化目标为车辆的行程距离最小。抗体对应于问题的解,采用整数编码方式,表示为各车辆的行车路线。抗体与抗原间亲和力代表抗体的目标函数,抗体间亲和力采用一种基于分组匹配的方法来计算。利用这两种亲和力对候选解进行评价和选择,通过抗体间的相互激励作用来提高最优点附近的搜索效率,通过记忆细胞对抗体的抑制作用来摆脱局部最优。

张海刚等[42]用免疫算法解决双向车辆路由问题(vehicle scheduling problem with backhauls),建立了问题的规划模型,以配送总里程最短作为优化目标。抗体采用整数编码,每个基因位表示一个客户(车辆要向客户送货和取货)。一个抗体表示为车辆的一个行驶路径。算法包括克隆、交叉、突变、选择等操作。

7.3.2　公交调度问题

公交调度主要包括:根据客流量确定合理的发车时刻表,即确定合理的发车时间间隔;根据发车时刻表安排公交车辆和司机。杨智伟等[43]利用实际公交 IC 卡数据,建立了基于公交线路时段客流数据的公交发车时刻表优化模型,以乘客期望满意率和企业期望满意率加权平均值作为优化目标。抗体编码为全天各时段的发车时间间隔。用基于免疫网络的人工免疫算法对该问题求解,获得了全天不同时段的最优发车间隔。Shui 等[44]提出一种基于文化克隆选择算法的公交车辆调度方法,首先生成候选车辆块集合,然后用文化克隆选择算法从集合中选出一个车辆块子集构成车辆调度解,最后通过车辆发车时刻调整过程来提高调度解的质量。该算法的特点是能够快速地获得满意的车辆调度方案。

7.4　计算机领域中的应用

7.4.1　多处理器的任务调度

理论上,若干个任务在 m 个处理器上执行要比在一个处理器上执行速度快 m 倍,但实际情况并非如此,因为这些任务并非各自独立执行,需要在 m 个处理器上进行调度,并且还可能面临资源是否可用等不确定因素。

Swiecicka 等[45]针对多处理器任务调度问题,提出了一种结合遗传算法、细胞自动机和人工免疫系统的任务调度方法。遗传算法用于寻找适合于调度问题的细胞自动机规则,细胞自动机利用获取的规则进行任务调度,人工免疫系统用于更新细胞自动机的规则,以应对新的问题实例。

Lee 等[46]提出一种基于任务复制(task duplication)的人工免疫系统[46,47]用于异构环境下的多处理器任务调度。用有向非循环图(directed acyclic graph,DAG)(又称任务图)来描述并行程序 $G=(V,E)$。V 为 n 个节点的集合,E 为 e 个边的集合。节点表示任务,边表示任务执行的先后关系约束。边 $(i,j) \in E$ 同时表示任务 i 和 j 间的通信,即任务 i 的输出传送给任务 j 以启动其执行。入口任务(entry task)n_{entry} 为没有前继任务的任务,没有后继任务的任务为出口节点(exit task)n_{exit}。任务 n_i 的所有前继任务中,最晚完成的任务称作 n_i 的最有影响的前继任务(most influential parent,MIP),表示为 $MIP(n_i)$。

任务 n_i 的权值 w_i 表示其计算成本,该任务在处理器 p_j 上的计算成本表示为

$w_{i,j}$，平均计算成本为$\overline{w}_i$。边的权值$c_{i,j}$表示任务n_i和n_j的通信成本，只有两个任务分配在不同处理器上时，才存在通信成本。假设系统中有相互连接的p个处理器，构成集合P，处理器间的通信速度相同，则任务n_i的最早开始和完成时间由下式得到，即

$$\text{EST}(n_i,p_j)=\begin{cases}0, & n_i=n_{\text{entry}}\\ \text{EFT}(\text{MIP}(n_i),p_k), & p_k\in P & j=k\\ \text{EFT}(\text{MIP}(n_i),p_k)+c_{\text{MIP}(n_j),i}, & p_k\in P & j\neq k\end{cases} \qquad (7.1)$$

$$\text{EFT}(n_i,p_j)=\text{EST}(n_i,p_j)+w_{i,j} \qquad (7.2)$$

其中，$\text{EST}(n_i,p_j)$和$\text{EFT}(n_i,p_j)$为任务n_i在处理器p_j上的最早起始时间和完成时间，与实际的起始时间$\text{AST}(n_i,p_j)$和完成时间$\text{AFT}(n_i,p_j)$可能不同，因为若一个任务的起始时间晚于其最早起始时间，则会影响其后继任务的起始时间。

调度的目标是把集合P中的p个处理器分配给集合V中的v个任务，使得调度长度(schedule length，SL)最小，同时又不违反任务执行先后顺序约束。调度长度即makespan，定义为$\text{SL}=\max\{\text{AFT}(n_{\text{exit}})\}$。

用基于任务复制的人工免疫系统(artificial immune system with duplication，AISD)解决上述调度问题。该系统包括三个阶段，即克隆选择、任务复制、无效任务清除，具体步骤如下：

Step 1，随机产生初始抗体群体(抗体表示调度)。

Step 2，for 每世代 do

　　　　for 抗体群体 AB 中的每一个抗体 ab_i do

　　　　　　克隆 ab_i，克隆数目正比于其亲和力(用调度长度来衡量)。

　　　　　　for 克隆集合 C_i 中的每一个克隆 c_i^j do

　　　　　　　　产生随机调度集合 M，集合 M 中调度的数目反比于 ab_i 的亲和力。

　　　　　　　　for M 中的每个随机调度 m_k do

　　　　　　　　　　利用 m_k 来变异 c_i^j。

　　　　　　　　　　清除 c_i^j 中的冗余任务。

　　　　　　　　　　计算 c_i^j 的亲和力。

　　　　　　　　end

　　　　　　end

　　　　　　用比抗体 ab_i 亲和力高的最好克隆替换 ab_i。

　　　　end

　　　　用随机产生的抗体替换群体 AB 中的 $b\%$ 的抗体

　　end

算法中抗体 ab_i 的克隆数目为

$$NC=\max\{0,2|AB|-|AB|((SL(ab_i)-SSL)/SSL)\} \tag{7.3}$$

克隆 c_i^l 的变异次数(即集合 M 中调度的数目)为

$$NM=\max\{2,2|AB|((SL(ab_i)-SSL)/SSL)\} \tag{7.4}$$

其中,$SL(ab_i)$ 为抗体 ab_i 的调度长度;SSL 为群体 AB 中的所有抗体的最小调度长度。

用 M 集合中的随机产生的调度与克隆 c_i^l 结合以变异 c_i^l,即任务复制[47]。

Yu 等[48]提出一种人工免疫系统用于异构计算环境下的多处理器任务调度。假设所有处理器相互连接,各处理器的计算能力不同。一个任务只能在一个处理器上执行。若两任务在不同处理器上执行,相互通信需要时间。用 DAG 来描述任务间依赖关系,首先用 AIS 把每个任务分配到一个处理上,然后再用启发式算法对每个处理器上的任务排序。

抗体采用整数编码,长度为总任务数。每个基因代表一个任务,取值为1到 m(m 为处理器数)。若某一基因取值为 $w(1\leqslant w\leqslant m)$,则表示该基因代表的任务被分配给处理器 w。按下式计算群体中每个抗体 i 的适应亲和力,即

$$F_a(i)=\frac{1}{(\text{makespan}(i)-b_{\text{makespan}}+1)} \tag{7.5}$$

其中,$\text{makespan}(i)$ 为抗体 i 解码生成的调度的 makespan;b_{makespan} 为群体中最好抗体的 makespan。

抗体 i 的邻近亲和力为

$$A_a(i)=\frac{\displaystyle\sum_{j=1}^{N_s}\text{dist}(i,j)}{N_s\times N_t} \tag{7.6}$$

其中,N_t 为抗体中的任务数;N_s 为选择的抗体数目。

抗体亲和力为适应亲和力和邻近亲和力的加权和,即

$$\text{Affinity}(i)=F_a(i)\times\text{Average}(A_a)+A_a(i)\times\text{Average}(F_a) \tag{7.7}$$

其中,$\text{Average}(A_a)$ 和 $\text{Average}(F_a)$ 分别为群体中抗体的平均邻近亲和力和适应亲和力。

按抗体亲和力进行选择,抗体被选择的次数与其亲和力值成正比。经过选择后,形成下一世代群体。对群体中所有抗体进行变异,抗体中每个任务的变异概率相同。当一个任务变异时,相当于把该任务随机分配给一个处理器。

一个抗体代表所有任务在各处理器上的分配,再用一个启发式算法来确定每个处理器上的任务排序,从而获得抗体所代表调度的 makespan。启发式算法依次对每个任务进行调度,每次调度一个任务,直到所有任务都完成。一个任务若没有前继任务,或其所有前继任务都被调度完毕,则为就绪任务。在所有就绪任务中,选择对减少调度 makespan 最关键的任务进行调度。为了选择最关键的就绪任

务,不仅需要计算就绪任务的完成时间,而且要计算就绪任务的所有后继任务的完成时间。然后,把导致总完成时间最大的就绪任务看作关键任务,对其优先调度。当所有任务调度完毕后,用调度的完成时间来计算抗体的亲和力。

人工免疫系统和启发式算法的步骤如下:

Step 1,初始化抗体群体。

Step 2,对于每一世代群体,执行以下步骤:

　　　　　对于群体中每个抗体,执行以下操作:

　　　　　　　　按照抗体把任务分配给处理器。

　　　　　　　　按启发式算法确定各处理器上的任务执行顺序。

　　　　　　　　计算调度的 makespan。

　　　　　　　　利用调度的 makespan 计算抗体的适应亲和力。

　　　　　　　　计算抗体的邻近亲和力。

　　　　　　　　计算抗体的亲和力。

　　　　　执行抗体选择操作。

　　　　　对选择的抗体进行变异操作。

Step 3,选择最后世代群体中的最好抗体作为问题的解。

7.4.2　分布式计算的任务分配

King 等[49,50]提出一种免疫智能体模型用于分布式系统的任务分配和性能优化,包括两种类型智能体,即 H 细胞和 S 细胞,分别用于管理硬件和软件资源。利用自适应共振理论(一个三层决策树)来快速、实时地分类抗原信息并确定适当的建议行为。Wilson 等[51]提出一种基于免疫网络理论和危险理论的人工免疫系统用于异构计算环境的资源管理,用来快速、有效地调度资源。实验结果表明,该方法能够有效平衡负载和提高资源利用率。

孟宪福等[52]提出一种免疫算法来解决 P2P 环境下的任务调度问题,用 DAG 来描述任务间的依赖关系。调度目标为任务的并行执行时间、任务之间的通信时间和调度费用。抗体定义为节点上的任务列表。构造了一种种群初始化算子,把任务调度到不同节点上,以使各节点负载均衡。设计了基于熵的克隆选择算子、交叉算子、变异算子。利用问题的先验知识来构造疫苗对抗体进行接种,以减少任务执行时间、任务间通信时间以及调度费用。陈廷伟等[53]把免疫遗传算法用于网格环境中的任务调度问题。用 DAG 来描述任务间的依赖关系,将 S 个任务映射到 M 个资源上,形成任务-资源分配图。每一个任务调度方案表示成一个任务-资源分配图,将网格任务调度问题转化为任务-资源分配图优化问题。抗体采用整数编码,表示为任务执行的顺序,每个基因包括两个分量,分别为任务编号和资源编号。

7.4.3 任务调度的异常检测

Nicholas 等[54]研究了实时嵌入系统的任务调度问题,把树枝细胞算法用于实时嵌入系统任务调度的异常检测,用于来检测任务调度中的超限异常情况。

7.5 通信领域中的应用

Xue 等[55]研究了无线传感器网络中数据发送和接收的路由选择问题,目标是确定一条数据传输路由,使得路由上所有节点的能量消耗最小。把该问题描述为一个具有更多约束的柔性 Job shop 调度问题,然后采用基于克隆选择的免疫算法来解决。

7.6 发电厂中的应用

7.6.1 机组负荷分配

机组负荷分配问题是指在满足设备安全和供电需求的前提下,优化机组负荷分配以降低电厂能耗,提高经济效益。该问题是一个复杂的组合优化问题,需要在满足多个约束条件下找到最优或次优的机组调度方案。

Huang[56]把免疫遗传算法用于火力发电调度问题,即对火电机组进行合理地调度(确定火电机组的开启和关闭时间),以最小化机组的燃料成本和启动成本。把优化目标函数和限制条件看作抗原,抗体看作问题的解,采用免疫遗传算法进行优化计算,利用电厂的实际数据验证了算法的有效性。Liao 等[57]用免疫遗传算法解决短期火电机组调度问题。通过调度机组的开关状态,达到最小化燃料成本、机组启动成本、关闭成本等优化目标。抗体采用实数编码,长度为 M。每个基因对应一个机组,共代表 M 个机组。基因的取值表示机组的电力负荷值。采用免疫遗传算法进行优化。把混沌搜索引入算法中以避免早熟收敛,采用模糊逻辑来自适应调节交叉率和变异率,使算法既能够保持群体较大多样性,又能较快地收敛。

李蔚等[58]用免疫遗传算法来优化火电机组的负荷分配,优化目标为调度周期内各台机组的总煤耗量最小。抗体编码为每台机组的运行状态持续时间。若抗体所代表的解违反了约束条件,则降低其亲和力,使其在进化中易被淘汰。李安强等[59]把免疫机制引入到粒子群算法中用于梯级水电厂的负荷分配问题。该问题包括两方面,即梯级电站之间的负荷分配和各电站内的机组负荷分配。用免疫记忆机制来保存适应度高的粒子,当新生成的粒子不满足约束条件时,用记忆粒子替代。利用粒子适应度计算种群中 N 个粒子和随机新生成的 M 个粒子的浓度,根据粒子浓度从中选择 N 个粒子作为下一代群体来保持种群多样性。从优秀粒子中抽取基因片段作为疫苗,对种群中随机选择的抗体进行接种,以提高算法搜索效率。

7.6.2　电厂经济调度

Basu[60]将免疫算法和序列二次规划(sequential quadratic programming,SQP)结合用于电厂的动态经济调度问题。优化目标为各机组的耗费燃料最小。抗体表示问题的解,编码为各机组单元的实际电力输出。采用基于克隆选择原理的免疫算法,包括选择、克隆、超突变等操作。引入年龄算子(ageing operator),即若一个抗体在群体中存活超过 τ_B 世代,则将其清除,以此保持群体多样性、避免早熟收敛。每一世代中,以当前最好抗体作为初始解,用 SQP 进行局部搜索以提高解的质量。Panigrahi 等[61]把克隆选择算法用于电厂的经济负荷调度。目标函数为发电成本,表示为各发电机组的电力输出的二次函数。抗体采用二进制编码,每台机组的输出用二进制表示,由各台机组的二进制输出值组成抗体。若抗体表示的调度违反约束条件,则对其施加一个惩罚值。算法采用锦标赛选择、克隆扩增、抗体突变等操作进化群体。Chen 等[62]用一种改进的免疫算法解决热电厂的经济调度问题。优化目标包括燃料成本、废气排放成本、转运电量成本。决策变量包括每个锅炉的蒸汽、燃料比,将决策变量用二进制编码为抗体。用免疫遗传算法进行优化,其中采用一种改进的交叉和变异算子。

7.7　钢厂中的应用

Zhao 等[63]提出一种基于图形处理器(graphic processing unit,GPU)的并行免疫算法(parallel immune algorithm,PIA)用于旅行商问题,并进一步把该算法用于钢厂的冷轧压调度问题。算法中的个体编码为经历城市的排序。每个个体运行于并行计算系统中的一个处理器上独立进化,按照一定的概率分别执行双点交换、多点交换、基因串移动操作。

用一个疫苗库来存储旅行商问题的特征信息,即与每个城市相邻最近的城市。每个城市与离其最近的城市构成一个基因对,放入疫苗库中。群体进化过程中,对于一个抗原(表示调度解),任选疫苗库中的一个疫苗对其接种,如图 7.3 所示。接种时,把该疫苗放入抗原的不同位置,分别评价接种效果(即接种后抗原的评价值),选取评价值最高的位置进行接种。为了避免一个疫苗被多次接种而导致陷入局部最优,用一个禁忌列表来记忆接种过的疫苗,位于列表中的疫苗不再被选择接种,采用先进先出方式来更新禁忌列表。

PIA 的步骤为:

Step 1,初始化 GPU 设备和算法参数。

Step 2,把城市距离数据和初始化数据载入 GPU 中。

Step 3,由城市距离数据中抽取疫苗,存储到 GPU 结构的共享内存中。

Step 4,对群体中每个个体执行三个遗传操作。

Step 5,对新生成的个体进行免疫接种,同时更新禁忌列表。

Step 6,计算每个个体的适应值,用锦标赛选择方法产生下一世代种群,并记录当前最好解。

Step 7,若达到迭代数目,则输出当前最好解;否则,返回 Step 4。

把该算法用于冷轧压调度中,调度目标为对一个批次的钢卷(数目通常超过100)进行最优排序,使得滚压机的磨损和准备时间最小。建立了该问题的双 TSP 模型,然后用该免疫算法求解。

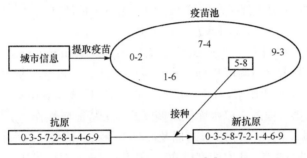

图 7.3　疫苗接种过程[63]

孙学刚等[64]用一种免疫文化算法解决轧制线上加热炉组的调度问题。建立了加热炉调度的数学规划模型。调度的目标为合理地安排坯料装入各个加热炉的顺序和时间,使得轧机的生产效率和加热炉的能效最大。采用免疫算法来搜索最优调度方案,借助该算法形成的公共认知信息来指导和加速搜索。免疫算法在种群进化过程中,若当前世代发现的最优个体与样本库中已有个体相异,则将其加入到样本库中(其中包含若干世代的最优个体)。从样本库中抽取信息形成知识,包括钢种次序、来源次序、各炉分配坯料数量的比例,利用这些知识生成一些新个体形成信念群体。在算法的选择阶段,将本世代群体,变异群体及信念群体合并构成候选群体,从中选择个体构成下一代群体。

陈爱玲等[65]将轧制计划的编制问题归结为车辆路径问题。假设有 N 块板坯需要安排 K 个轧制单元,则把这 N 块板坯看作 N 个顾客,K 个轧制单元看作 K 台车辆,各个轧制单元板坯之间的总惩罚作为运输成本。优化目标为最小化板坯间宽度、厚度、硬度和温度跳变引起的惩罚,提出一种混合优化方法来求解该问题。该方法利用人工免疫算法来安排轧制订单(板坯)到相应的轧制单元,利用模拟退火算法来调节每个轧制单元中订单的轧制顺序。

7.8　水库管理中的应用

左幸等[66]用免疫算法来解决梯级水库群短期调度问题。调度目标为安排 N 个带有电站的水库发电,使得水库的短期效益最大(日发电量收入最大)。用四川省电力市场中南桠河梯级水电站的数据验证了算法的有效性。向波等[67]采用免疫粒子群算法解决水库库区水沙联调问题,对水库发电和排沙进行协调,寻求兼顾二者的最优调度方案。有两个优化目标,分别为给定时段内库容最大和发电量最大。优化第一个目标(即优化库区泥沙淤积总量),而把第二个目标转化为约束条件(即保证一定发电量作为约束条件)。所用的免疫粒子群算法把粒子浓度调节机制和疫苗接种机制引入标准微粒群算法中。用位于长江支流白龙江中下游的水电站数据进行了仿真实验,表明该方法的有效性。

王小林等[68]利用人工免疫识别系统(artificial immune recognition system, AIRS)[69]来提取水库的调度规则。水库主要考虑 3 个供水目标,即灌溉用水、工业市政用水、居民生活用水,有 4 种供水模式(调度模式),其中 3 个为限制供水模式,1 个为正常供水模式。以水库供水调度的 5 个特征属性作为影响因素,即水库蓄水量、径流量、需水量、调度时段,以及反映年径流丰枯变化的水文年型。需要由 5 个影响因素进行决策,获取调度模式。AIRS 中,抗原对应于历史决策数据,编码表示为"if... then..."规则形式。以 1956-1985 年的历史决策数据作为训练样本用于 AIRS 学习,最终获取供水的调度规则。再用 1986～2000 年的数据对规则进行检验,并对 AIRS 分类精度的各种影响因素进行了分析。

7.9　小　　结

本章介绍了免疫调度算法在各领域中的应用情况。已有的文献中,更多地是提出新颖的免疫调度算法用于解决各领域的 Benchmark 调度问题,例如,Benchmark 车间调度、项目调度、车辆路由问题等。一些文献则侧重于解决各领域的实际调度问题,如公交调度、多处理器任务调度、机组负荷分配、炼钢生产调度等问题。将免疫调度算法用于实际问题,针对问题需求,设计或改进免疫调度算法,不仅为实际问题的解决提供有效的方法,而且对免疫调度算法研究也将起到促进作用。

参 考 文 献

[1] Hart E, Ross P, Nelson J. Producing robust schedules via an artificial immune system. Evolutionary Computation, 1998, 6(1): 61-81.

［2］Spellward P, Kovacs T. On the contribution of gene libraries to artificial immune systems//Genetic and Evolutionary Computation Conference, 2005.

［3］Tsai J T, Ho W H, Liu T K, et al. Improved immune algorithm for global numerical optimization and job-shop scheduling problems. Applied Mathematics and Computation, 2007, 194: 406-424.

［4］Naderi B, Khalili M, Tavakkoli-Moghaddam R. A hybrid artificial immune algorithm for a realistic variant of job shops to minimize the total completion time. Computers and Industrial Engineering, 2009, 56: 1494-1501.

［5］Ge H W, Sun L, Liang Y C, et al. An effective PSO and AIS-based hybrid intelligent algorithm for job-shop scheduling. IEEE Transactions on Systems, Man, and Cybernetics, Part A: Systems and Humans, 2008, 38(2): 358-368.

［6］Zhang R, Wu C. A hybrid immune simulated annealing algorithm for the Job shop scheduling problem. Applied Soft Computing, 2010, 10: 79-89.

［7］Chandrasekaran M, Asokan P, Kumanan S, et al. Solving jobshop scheduling problems using artificial immune system. International Journal of Advanced Manufacture Technology, 2006, 31: 580-593.

［8］Xu X, Li C. Research on immune genetic algorithm for solving the job-shop scheduling problem. International Journal of Advance Manufacture Technology, 2007, 34: 783-789.

［9］Zuo X Q. Robust scheduling method based on workflow simulation model and biological immune principle//Genetic and Evolutionary Computation Conference, 2007.

［10］左兴权, 钟义信. 基于工作流仿真模型的鲁棒调度方法//中国控制与决策学术年会, 2007.

［11］Zuo X Q, Mo H W, Wu J P. A robust scheduling method based on multi-objective immune algorithm. Information Science, 2009, 179: 3359-3369.

［12］Zuo X Q, Wang C L, Tan W. Two heads are better than one: an AIS-and TS-based hybrid strategy for job shop scheduling problems. International Journal of Advanced Manufacture Technology, 2012, 63(1-4): 155-168.

［13］叶建芳, 王正肖, 潘晓弘. 免疫粒子群优化算法在车间作业调度中的应用. 浙江大学学报, 2008, 42(5): 863-879.

［14］常桂娟, 张纪会. 基于正交试验的免疫遗传算法在调度问题中的应用. 信息与控制, 2008, 37(1): 46-51.

［15］李蓓智, 杨建国, 丁惠敏. 基于生物免疫机理的智能调度系统建模与仿真. 计算机集成制造系统, 2002, 8(6): 446-450.

［16］余建军, 孙树栋, 郑锋. 基于动态评价免疫算法的车间作业调度研究. 机械工程学报, 2005, 41(3): 25-31.

［17］苏生, 战德臣, 徐晓飞. 基于免疫算法的并行机间歇过程模糊生产调度. 计算机集成制造系统, 2006, 12(8): 1252-1257.

［18］Tavakkoli-Moghaddam R, Rahimi-Vahed A R, Mirzaei A H. Solving a multi-objective no-wait flowshop scheduling problem with an immune algorithm. International Journal of Advanced Manufacture Technology,2008,36:969-981.

[19] Hsieh Y C,You P S,Liou C D. A note of using effective immune based approach for the flow shop scheduling with buffers. Applied Mathematics and Computation, 2009, 215: 1984-1989.

[20] Amin-Tahmasbi H,Tavakkoli-Moghaddam R. Solving a bi-objective flowshop scheduling problem by a multi-objective immune system and comparing with SPEA2 + and SP-GA. Advances in Engineering Software,2011,42:772-779.

[21] 徐震浩,顾幸生. 不确定条件下的 flow shop 问题的免疫调度算法. 系统工程学报,2005,20(4):374-380.

[22] Zandieh M,Ghomi S M T F,Husseini S M M. An immune algorithm approach to hybrid flow shops scheduling with sequence dependant setup times. Applied Mathematics and Computation,2006,180:111-127.

[23] Zandieh M,Gholami M. An immune algorithm for scheduling a hybrid flow shop with sequence dependent setup times and machines with random breakdowns. International Journal of Production Research,2009,47(24):6999-7027.

[24] Engin O,Doyen A. A new approach to solve hybrid flow shop scheduling problems by artificial immune system. Future Generation Computer Systems,2004,20:1083-1095.

[25] Zuo X Q,Tan W,Lin H P. Cigarette production scheduling by combining workflow model and immune algorithm. IEEE Transactions on Automation Science and Engineering,2013. (In Press)

[26] Chan F T S,Swarnkar R,Tiwari M K. Fuzzy goal-programming model with an artificial immune system (AIS) approach for a machine tool selection and operation allocation problem in a flexible manufacturing system. International Journal of Production Research, 2005, 43(19):4147-4163.

[27] Bagheri A,Zandieh M,Mahdavia M Y. An artificial immune algorithm for the flexible job-shop scheduling problem. Future Generation Computer Systems,2010,26:533-541.

[28] Prakash A,Khilwani N,Tiwari M K,et al. Modified immune algorithm for job selection and operation allocation problem in flexible manufacturing systems. Advances in Engineering Software,2008,39:219-232.

[29] Alisantoso D,Khoo L P,Jiang P Y. An immune algorithm approach to the scheduling of a flexible PCB flow shop. International Journal of Advanced Manufacturing Technology, 2003,22:819-827.

[30] 刘晓冰,吕强. 免疫克隆选择算法求解柔性生产调度问题. 控制与决策,2008,23(7):781-785.

[31] 徐新黎,应时彦,王万良. 求解模糊柔性 Job-shop 调度问题的多智能体免疫算法. 控制与决策,2010,25(2):171-184.

[32] 余建军,孙树栋,刘易勇. 基于免疫算法的多目标柔性 Job-shop 调度研究. 系统工程学报,2007,22(5):511-519.

[33] 余建军,孙树栋,王军强. 免疫模拟退火算法及其在柔性动态 Job Shop 中的应用. 中国机械工程,2007,18(7):793-799.

[34] Mobini M D M,Mobini Z,Rabbani M. An artificial immune algorithm for the project scheduling problem under resource constraints. Applied Soft Computing,2011,11:1975-1982.

[35] Wu S,Wan H D,Shukla S K,et al. Chaos-based improved immune algorithm（CBIIA） for resource-constrained project scheduling problems. Expert Systems with Applications,2011, 38:3387-3395.

[36] Rina A,Tiwari M K,Mukherjee S K. Artificial immune system based approach for solving resource constraint project scheduling problem. International Journal of Advanced Manufacturing Technology,2007,34(5):584-593.

[37] 潘晓英,刘芳,焦李成. 多执行模式项目调度问题的克隆选择优化. 模式识别与人工智能, 2008,21(3):303-309.

[38] 王冰,李巧云,尹磊. 基于人工免疫算法的鲁棒满意项目调度. 计算机集成制造系统, 2011,17(5):1089-1095.

[39] Hu Z,Ding Y,Shao Q. Immune co-evolutionary algorithm based partition balancing optimization for tobacco distribution system. Expert Systems with Applications, 2009, 36: 5248-5255.

[40] Hu Z. A container multimodal transportation scheduling approach based on immune affinity model for emergency relief. Expert Systems with Applications,2011,38(3):2632-2639.

[41] 李菁,王宗军,蒋元涛,等. 免疫算法在车辆调度问题中的应用. 运筹与管理,2003,12(6): 96-100.

[42] 张海刚,吴燕翔,顾幸生. 基于免疫遗传算法的双向车辆调度问题实现. 系统工程学报, 2007,22(6):649-653.

[43] 杨智伟,赵骞,赵胜川. 基于人工免疫算法的公交车辆调度优化问题研究. 武汉理工大学学报,2009,33(5):1004-1007.

[44] Shui X G,Zuo X Q,Chen C. A cultural clonal selection algorithm based fast vehicle scheduling approach//IEEE Congress on Evolutionary Computation,2012.

[45] Swiecicka A. Seredynski F,Zomaya A Y. Multiprocessor scheduling and rescheduling with use of cellular automata and artificial immune system support. IEEE Transaction on Parallel and Distributed Systems,2006,17(3):253-262.

[46] Lee Y C,Zomaya A Y. Immune system support for scheduling//Processing of Advanced Information and Knowledge(Advances in Applied Self-Organizing Systems),2008.

[47] Lee Y C,Zomaya A Y. An artificial immune system for heterogeneous multiprocessor scheduling with task duplication//IEEE International Parallel and Distributed Processing Symposium,2007.

[48] Yu H. Optimizing task schedules using an artificial immune system approach//Genetic and Evolutionary Computation Conference,2008.

[49] King R,Russ S H,Lambert A,et al. An artificial immune system model for intelligent

agents. Future Generation Computer Systems,2001,17:335-343.

[50] Russ S H,Lambert A,King R. An artificial immune system model for task allocation//Symposium on High Performance Distributed Computing,1999.

[51] Wilson L A. Distributed,heterogeneous resource management using artificial immune systems//IEEE International Symposium on Parallel and Distributed Processing,2008.

[52] 孟宪福,解文利. 基于免疫算法多目标约束 P2P 任务调度策略研究. 电子学报,2011,39(1):101-107.

[53] 陈廷伟,张斌,郝宪文. 基于免疫遗传算法的网格任务调度. 东北大学学报(自然科学版),2007,28(3):329-332.

[54] Nicholas L,Iain B. Improving the reliability of real-time embedded systems using innate immune techniques. Evolutionary Intelligence,2008,1(2):113-132.

[55] Xue W L,Chi Z X. An immune algorithm based node scheduling scheme of minimum power consumption and no collision for wireless sensor networks//IFIP International Conference on Network and Parallel Computing,2007.

[56] Huang S J. Enhancement of thermal unit commitment using immune algorithms based optimization approaches. Electrical Power and Energy Systems,1999,21:245-252.

[57] Liao G C,Tsao T P. Application embedded chaos search immune genetic algorithm for short term unit commitment. Electric Power Systems Research,2004,71:135-144.

[58] 李蔚,刘长东,盛德仁. 基于免疫算法的机组负荷优化分配研究. 中国电机工程学报,2004,24(7):241-245.

[59] 李安强,王丽萍,李崇浩. 基于免疫粒子群优化算法的梯级水电厂间负荷优化分配. 水力发电学报,2007,26(5):15-20.

[60] Basu M. Hybridization of artificial immune systems and sequential quadratic programming for dynamic economic dispatch. Electric Power Components and Systems, 2009, 37: 1036-1045.

[61] Panigrahi B K,Yadav S R,Agrawal S,et al. A clonal algorithm to solve economic load dispatch. Electric Power Systems Research,2007,77:1381-1389.

[62] Chen S L,Tsay M T,Gow H J. Scheduling of cogeneration plants considering electricity wheeling using enhanced immune algorithm. Electrical Power and Energy Systems,2005,27:31-38.

[63] Zhao J,Liu Q,Wang W,et al. A parallel immune algorithm for traveling salesman problem and its application on cold rolling scheduling. Information Sciences,2011,181:1212-1223.

[64] 孙学刚,负超,安振. 基于免疫文化算法的特钢加热炉调度优化. 控制理论与应用,2010,27(8):1007-1011.

[65] 陈爱玲,杨根科,吴智铭. 基于混合离散免疫算法的轧制计划编排. 控制与决策,2007,22(6):716-720.

[66] 左幸,马光文,徐刚. 人工免疫系统在梯级水库群短期优化调度中的应用. 水科学进展,2007,18(2):277-281.

[67] 向波,纪昌明,彭杨. 基于免疫粒子群算法的水沙调度模型研究. 水利发电学报,2010,
　　　29(1):97-101.

[68] 王小林,成金华,尹正杰,等. 人工免疫识别系统提取水库供水调度规则的性能分析. 系统
　　　工程理论与实践,2009,29(10):129-137.

[69] Watkins A,Timmis J,Boggess L. Artificial immune recognition system (AIRS):an immune-
　　　inspired supervised learning algorithm. Genetic Programming and Evolvable Machines,
　　　2004,5(3):291-317.